# 普通动物学
# 学习指导

宋晓军　曹善东　主编

中国海洋大学出版社
·青岛·

**图书在版编目（CIP）数据**

普通动物学学习指导 / 宋晓军，曹善东主编 . —青岛：中国海洋大学出版社 , 2023.6

ISBN 978-7-5670-3541-6

Ⅰ . ①普… Ⅱ . ①宋… ②曹… Ⅲ . ①动物学 Ⅳ . ① Q95

中国国家版本馆 CIP 数据核字（2023）第 117167 号

PUTONG DONGWUXUE XUEXI ZHIDAO

| | |
|---|---|
| 出版发行 | 中国海洋大学出版社 |
| 社　　址 | 青岛市香港东路 23 号　　邮政编码　266071 |
| 网　　址 | http://pub.ouc.edu.cn |
| 出 版 人 | 刘文菁 |
| 责任编辑 | 邓志科 |
| 电　　话 | 0532-85901040 |
| 电子信箱 | dengzhike@sohu.com |
| 印　　制 | 青岛国彩印刷股份有限公司 |
| 版　　次 | 2023 年 6 月第 1 版 |
| 印　　次 | 2023 年 6 月第 1 次印刷 |
| 成品尺寸 | 185 mm × 260 mm |
| 印　　张 | 22.25 |
| 字　　数 | 440 千 |
| 印　　数 | 1—1000 |
| 定　　价 | 68.00 元 |
| 订购电话 | 0532-82032573（传真） |

发现印装质量问题，请致电 0532-58700166，由印刷厂负责调换。

# 编委会

# 目录

# 第一章 绪论

## 知 识 速 览

　　自然界由生物与非生物组成。一切具有生命，能表现新陈代谢、生长发育和繁殖、遗传变异、感应性和适应性等生命现象的都是生物。动物是其中非常重要的一个类群。动物的分类阶元包括界、门、纲、目、科、属、种7个，动物的命名采用双名法。根据细胞数量和分化、胚层、体制、体腔、体节、附肢、脊索以及内部器官的发生发展，把整个动物界划分为若干门类。由于动物种类繁多，各分类学家对门的分类意见还未完全一致。本章重点掌握生物的分界（五界分类系统）；掌握动物学的分类知识及物种和双名法的概念。

## 知 识 要 点

### 一、生物的分界

两界分类系统：由林奈提出，以生物能否运动为标准将生物分为动物界和植物界。

三界分类系统：随着显微镜的广泛使用，科学家发现某些单细胞生物既具有动物的特性，也具有植物的特性。这种中间类型的生物是进化的证据，却是分类的难题。因此，霍格和赫克尔把原生生物另立为界，提出了原生生物界、植物界、动物界的三界分类系统。

四界分类系统：随着电子显微镜的发展和使用，科学家发现不同生物之间的细胞结构有所差异，于是提出原核生物和真核生物的概念。考柏兰将原核生物另立为界，提出四界分类系统，即原核生物界、原始有核界、后生植物界和后生动物界。

五界分类系统：1969年，惠特克根据细胞结构的复杂程度及营养方式提出了五界分类系统，即原核生物界、原生生物界、真菌界、动物界和植物界。

六界分类系统：五界分类系统没有反映出非细胞生物类群，我国著名昆虫学家陈世骧在1979年提出了包含3个总界的六界分类系统，即非细胞总界（病毒界）、原核总界（细菌界和蓝藻界）和真核总界（植物界、真菌界和动物界）。

目前普遍认为的六界分类系统，在陈世骧的基础上又进行了修订，即原核生物界、原生生物界、真菌界、病毒界、动物界和植物界。

## 二、动物学及其分科

### （一）什么是动物学

动物学是研究动物的形态结构、分类、生命活动规律及其同环境之间相互关系的一门科学。

### （二）动物学发展史

1. 国外动物学发展史

（1）亚里士多德（古希腊；Aristotle，前384—前322）。动物学之父。著有《动物历史》，其中描述了约450种动物，将动物分为有血动物和无血动物，并使用了种、属的术语。对解剖学和胚胎学也有巨大贡献。

（2）列文虎克（Antonie van Leeuwenhoek，1632—1723）。荷兰生物学家，发明了显微镜，看到了很多自由生活和寄生生活的原生动物。把眼虫描述为"中间绿，两端白"的虫子。后人尊称他为原生动物之父。

（3）林奈（Carl van Linné，1707—1778）。瑞典生物学家。创建了动物分类系统和双名法，将动植物分成界、纲、目、属、种5个阶元，为现代分类学奠定了基础。

（4）拉马克（Jean-Baptiste Lamarck，1744—1829）。法国博物学家，著有《动物学哲学》《无脊椎动物自然史》，提出"用进废退""获得性遗传"学说，提出物种进化的思想，是进化论的创始人。

（5）达尔文（Charles Darwin，1809—1882）。英国博物学家，著有《物种起源》，1859年提出自然选择学说。是现代进化论奠基者。

（6）居维叶（Georges Cuvier，1769—1832）。法国自然科学家，比较解剖学和古生物学的奠基人，确立了器官相关定律。主要著作有《比较解剖学讲义》（1801—1805）、《四足动物化石骨骸的研究》（1812）、《按结构分类的动物界》（1817）等。

（7）赫克尔（Ernst Haeckel，1834—1919）。德国动物学家，提出生物发生律

（又叫重演律，是指个体发展史是系统发展史简单而迅速的重演）。

（8）施莱登（Matthias Schleiden，1804—1881）。德国学者，1838年发表《植物发生论》，与施旺一起提出细胞学说。

（9）施旺（Theodor Schwann，1810—1882）。德国学者，1839年发表《关于动植物结构和生长的一致性的显微结构研究》。

（10）孟德尔（Gregor Johann Mendel，1822—1884）。奥地利遗传学家，提出孟德尔定律，为近代遗传学的发展奠定基础。

（11）摩尔根（Thomas Hunt Morgan，1866—1945）。美国实验胚胎学家、遗传学家，提出基因学说。

（12）沃森（James Dewey Watson）和克里克（Francis Harry Compton Crick）。1953年提出了DNA双螺旋结构模型，极大地促进了动物科学在分子水平上的研究和发展。

2. 国内动物学发展史

（1）3000多年前就掌握了蚕和家畜饲养技术。

（2）《诗经》中记载了100多种动物。

（3）《周礼》中将生物分为两大类，相当于动物和植物，将动物分为毛物、羽物、介物、鳞物、嬴物5类。

（4）医书：《齐民要术》《本草纲目》对不同动植物的药用价值做了详细记载与描述。

**（三）发展趋势**

宏观：生态学、保护生物学的发展。

微观：从分子、细胞水平来理解生物现象。

整合动物学（integrative zoology）：使用多学科的手段，来解决动物学研究中所面临的一些重要科学问题。

**（四）为什么学动物学？**

（1）人类的原始冲动——好奇心。人类的好奇心是推动科学进步的重要力量。

（2）为人类服务。

（3）保护自然环境。

（4）奠定专业基础。

### （五）学习动物学的方法

**1. 2个观点**

进化的观点和生态的观点。

**2. 4种方法**

观察描述：现象，一般指的是形态特征。

实验法：透过现象看本质，一般是生命活动规律。

比较法：通过比较获得结论。

综合实验法：上述方法相结合。

**3. 阅读最新文献**

《兽类学报》《动物学报》和《水生生物学报》等中英文期刊。

## 三、动物分类知识

### （一）分类的阶元

基本分类阶元：界（kingdom）、门（phylum）、纲（class）、目（order）、科（family）、属（genus）、种（species）。

### （二）种、亚种、品种的概念

**1. 物种（简称为种）**

物种是生物界发展的连续性与间断性统一的基本间断形式；在有性生物，物种呈现为统一的繁殖群体，由占有一定空间，具有实际或潜在繁殖能力的种群所组成，而且与其他物种这样的群体在生殖上是隔离的。

生殖隔离的形式：

（1）个体相遇而不交配。

（2）个体间能交配，但不能产生后代（不受精或胚胎不发育）。

（3）杂种能正常生长发育，但不能繁殖后代。如：马♀×驴♂→骡（不育）。

**2. 亚种**

同种个体由于生活在不同地区，断绝了交流，长期适应于不同的地理环境，而与原种或分布在其他地区的同种动物在性状上发生了某些变异而分化成了不同的类型，这种群体叫亚种或地理亚种。这一概念多用于动物。例如：虎有东北虎、华南虎等亚种。

**3. 品种**

经人工栽培的植物或饲养的动物，在人为条件下产生某些变异，经过人工选择和培育，形成了具有不同的经济性状的类型，这种类型叫品种。

### （三）命名法

双名法：每个物种的学名（science name）由2个拉丁字或拉丁化的文字组成。前一个为属名（单数主格名词），第一个字母要大写；后一个为种名（多为形容词或名词），第一个字母要小写。命名人附在最后（一般简写），第一个字母大写。

如：中华圆田螺*Cipangopaludina chinensis*、狼*Canis lupus*、家犬*Canis familiaris*。

如果动物的种名还没有定名，在属名后加上"sp."，如：*Canis* sp.。

书写规则：印刷体，学名用斜体排版，命名人姓氏用直体排版；手写体，学名下加下划线。

亚种的命名：在种名后加上亚种的名称，即三名法。例如：猪的学名是*Sus scorfa*，在我国有3个亚种，即华北白胸野猪*S. scorfa leucomystax*、华南野猪*S. scorfa chirodonta*、家猪亚种*S. scorfa domestica*。

## 试题集锦

### 一、名词解释

双名法；五界分类系统；生物发生率；物种；亚种；自然分类系统。

### 二、填空题

（1）关于生物的分界有多种方法，其中，六界分类系统是将生物分为动物界、植物界、_____、_____、_____和_____。

（2）动物学的研究方法一般有_____、_____、_____、_____。

（3）动物的主要分类阶元由大到小依次是_____、门、_____、目、_____、属、_____。

（4）三名法依次是由_____、_____、_____和_____构成的。

（5）自然分类系统以动物的形态结构为基础，根据_____、_____、_____和_____上的许多证据进行分类，基本上能反映出动物界的自然演化过程及动物之间的_____。

（6）关于动物的分类，20世纪60年代以来出现了四大分类学派，分别是_____、_____、_____和_____。

## 三、选择题

（1）在分类系统中，有下列单位：a. family；b. phylum；c. species；d. genus。按从高到低的层次排列为（　　　）。

　　A. dabc　　　　　　　　B. badc　　　　　　　C. abcd　　　　　　　D. bacd

（2）关于佛罗里达文昌鱼的学名书写正确的是（　　　）。

　　A. Branchiostoma floridae　　　　　　　　B. *Branchiostoma floridae*

　　C. *Branchiostoma Floridae*　　　　　　　D. Branchiostoma Floridae

（3）生殖隔离的表现形式不包括（　　　）。

　　A. 个体相遇而不交配

　　B. 个体间能交配，但不能产生后代（不受精、或胚胎不发育）

　　C. 杂种F1代能够正常发育和繁殖

　　D. 杂种能正常生长发育，但不能繁殖后代

（4）《物种起源》的作者是（　　　），发表于（　　　）年。

　　A. 达尔文　1860　　　　　　　　　B. 拉马克　1860

　　C. 达尔文　1859　　　　　　　　　D. 拉马克　1859

（5）（多选）下列属于林奈的贡献是（　　　）。

　　A. 提出"用进废退"进化理论

　　B. 提出"两界论"分类系统

　　C. 提出物种命名的"双名法"规则

　　D. 将动植物分成界、纲、目、属、种5个阶元

## 四、判断题

（1）动物学是研究动物的形态结构特征、分类、生命活动规律及其同环境之间相互关系的一门科学。　　　　　　　　　　　　　　　　　　（　　　）

（2）亚里士多德是古代英国的著名科学家，著有《动物历史》，被称为"动物学之父"。　　　　　　　　　　　　　　　　　　　　　　　　（　　　）

（3）动物学的学习方法要坚持两个观点，即进化的观点和生态的观点。

　　　　　　　　　　　　　　　　　　　　　　　　　　　　　　（　　　）

（4）品种也是分类阶元，相当于亚种。　　　　　　　　　　　　（　　　）

（5）亚种是指种内个体，在地理上或生态上充分隔离后形成的群体。（　　　）

（6）生殖隔离能够产生新的物种，而地理隔离只能在种内产生亚种。（　　　）

（7）品种的产生是人工选育的结果。　　　　　　　　　　　　　（　　　）

（8）双名法命名规则中要求书写时需要斜体，所以界、门、纲、目、科、属、种7个分类阶元书写时都需要斜体。　　　　　　　　　　　　　（　　）

## 五、简答题

（1）简述五界分类系统。

（2）动物学研究的目的和意义有哪些？动物学的研究方法又有哪些？

（3）动物的主要门类有哪些？

## 六、论述题

（提高题）观察动物的生存环境，似乎发现"用进废退"有其适用的地方。例如：哺乳动物的主要特征之一就是全身被毛，而水生哺乳动物为了减小在水里游泳时的阻力，毛发已经褪去；漆黑岩洞的地下水中生存的鱼类，由于不需要感知光线的变化，视觉能力退化；动物机体内的寄生虫由于生活环境相对稳定，其消化系统和神经系统同样出现了不同程度的退化。根据所学知识回答：① 这些现象是否说明"用进废退"的合理性？② 结合最新进化生物学的研究理论，论述例子中的这些现象产生的原因。

## 参考答案

### 一、名词解释

双名法：每个物种的学名由两个拉丁字或拉丁化的文字组成。前一个为属名，第一个字母要大写；后一个为种名，第一个字母要小写。命名人附在最后（一般简写），第一个字母大写。

五界分类系统：惠特克根据细胞结构的复杂程度及营养方式于1969年提出了五界分类系统，即原核生物界、原生生物界、真菌界、动物界和植物界。

生物发生率：个体发展史是系统发展史简单而快速的重演。

物种：物种是生物界发展的连续性与间断性统一的基本间断形式；在有性生物，物种呈现为同一的繁殖群体，由占有一定空间，具有实际或潜在繁殖能力的种群所组成，而且与其他物种这样的群体在生殖上是隔离的。

亚种：同种个体由于生活在不同地区，断绝了交流，长期适应于不同的地理环境，而与原种或分布在其他地区的同种动物在性状上发生了某些变异而分化成了不同的类型，这种群体叫亚种或地理亚种。

自然分类系统：现在所用的动物等分类系统，是以动物等形态或解剖的相似性和差异性的总和为基础的。根据古生物学、比较胚胎学、比较解剖学、比较基因组学上的许多证据，基本上能反映动物界的自然亲缘关系，称为自然分类系统。

## 二、填空题

（1）真菌界；原生生物界；原核生物界；病毒界。

（2）描述法；比较法；实验法；综合研究法。

（3）界；纲；科；种。

（4）属名；种名；亚种名；命名人姓氏缩写。

（5）古动物学；比较解剖学；比较胚胎学；比较基因组学；亲缘关系。

（6）传统分类学派；支序分类学派；进化分类学派；数值分类学派。

## 三、选择题

（1）—（5）：BBCC（BCD）。

## 四、判断题

（1）—（5）：√×√×√；（6）—（8）：√√×。

## 五、简答题

（1）五界分类系统是1969年，惠特克根据细胞结构的复杂程度及营养方式提出的，他将真菌从植物界中分离出来另立一界真菌界。五界分类系统包括原核生物界、原生生物界、真菌界、植物界、动物界五界。

（2）目的：动物资源的保护、开发和可持续利用，农业和畜牧业发展需要动物学做基础，医药卫生方面也离不开动物学，工业工程方面也需要动物学的研究。因此，动物学研究的目的意义在于保护自然环境、奠定专业基础、为人类服务和满足人类的原始冲动——好奇心。人类的好奇心是推动科学进步的重要力量。

研究方法：① 观察描述现象，一般指的是形态特征；② 实验法：透过现象看本质，一般是生命活动规律；③ 比较法：通过比较获得结论；④ 综合实验法：上述方法相结合。

（3）详见刘凌云《普通动物学》第4版第12页。

## 六、论述题

① 例子中的现象看似能够用"用进废退"理论解释，但是究其原因是自然选择，并不能说明"用进废退"的合理性；② 动物的演化与其生存环境息息相关。与生存环境的相适应，是动物演化的基础。在此过程中，突变与自然选择起了关键作用。DNA发生突变后有利于动物适应环境的突变在自然选择的作用下被保留下来，而有害突变被自然选择淘汰。但是，一些与生存适合度不相关的突变有可能被随机保留下来，进而导致某些与生存适合度不相关的性状发生较大变化。例子中的水生

哺乳动物的毛发导致其在水中游泳的阻力变大，失去毛发能够减小阻力，有利于适应新的环境。所以，毛发发育相关基因发生突变后，在自然选择的作用下被保留了下来以适应新的环境。漆黑的岩洞中没有视觉能力对鱼类生存的适合度没有影响。长期的突变导致其视觉相关的基因失去功能，而出现例子中的现象。因此，动物的演化与生存环境密切相关，在自然选择的作用下，不同突变在不同的环境下被有选择地保留下来，以适应新的环境。而不影响生存适合度的突变更接近于中性选择，突变被随机保留。

# 第二章　动物体的基本结构与机能

**知 识 速 览**

　　动物体的形态结构千差万别，但是它们身体结构的基本单位都是细胞。在动物界中，由一个细胞组成，或者由相对独立的多个细胞聚集形成的细胞群体称为单细胞动物。而由多种分化细胞组成的动物称为多细胞动物。多细胞动物细胞分化的结果是形成了多种组织。组织由一些形态相似、机能相同的细胞群及其非细胞结构的间质组成，共同完成一定机能的集体，可分为上皮组织、结缔组织、肌肉组织和神经组织。不同类型的组织结合而成的具有一定形态特征和生理功能的结构称为器官。功能上密切联系的不同器官，相互协同以完成机体某一方面的生理机能，就成为一个系统。

**知 识 要 点**

一、细胞

（一）细胞学说及其意义

略。

（二）真核细胞的基本结构

真核细胞一般由细胞膜、细胞质和细胞核构成，植物细胞还具有细胞壁。

（三）细胞的机能

　　① 利用和转变能量；② 生物合成；③ 自我复制和分裂繁殖能力；④ 协调细胞整体生命活动的能力。

（四）细胞周期

　　概念：细胞从前次分裂结束开始到下次分裂结束为止的全过程叫细胞周期。包括分裂间期和分裂期。分裂间期包括DNA合成前期（$G_1$期，合成DNA复制所需要的酶、底物和RNA），DNA合成期（S期），DNA合成后期（$G_2$期，合成纺锤体和星体蛋白）。

细胞分裂的类型：无丝分裂、有丝分裂和减数分裂。

## 二、组织

四大基本组织包括上皮组织、结缔组织、肌肉组织和神经组织。

### （一）上皮组织

组成特征：由密集的上皮细胞和少量间质组成。

### （二）结缔组织

组成特征：由少量细胞和大量间质组成。

分类：疏松结缔组织、致密结缔组织、软骨组织、骨组织、血液和脂肪组织。

### （三）肌肉组织

组成特征：主要由肌细胞组成。

分类：骨骼肌、心肌、平滑肌和斜纹肌。

### （四）神经组织

组成特征：主要由神经细胞和神经胶质细胞组成。

功能：接受刺激、传导冲动。

## 三、器官和系统

### （一）器官

不同类型的组织结合而成的具有一定形态特征和生理功能的结构称为器官。

### （二）系统

功能上密切联系的不同器官，相互协同以完成机体某一方面的生理机能，就成为一个系统。

## 试题集锦 ·····································································

### 一、名词解释

组织；器官；系统；细胞周期；哈氏管；闰盘；尼氏小体。

### 二、填空题

（1）动物的四大基本组织有_____、_____、_____和_____。

（2）细胞分裂的3种不同形式有_____、_____和_____。

（3）神经组织由_____和_____组成。

（4）神经细胞的功能主要包括_____和_____。

（5）神经元由_____、_____和_____组成。

（6）动物细胞的基本结构有_____、_____和_____。

（7）肌细胞的主要功能是将_____能转化为_____能。

（8）动物机体内的结缔组织主要有疏松结缔组织、_____、_____、_____、_____、_____。

（9）生物体结构与机能的基本单位是_____。

（10）细胞中的化合物可分为无机物和_____两大类。前者主要包括_____、_____和_____；后者主要包括_____、_____、_____、_____等。

（11）根据分子结构不同，核酸可分为_____和_____。

（12）细胞周期包括_____和_____。根据DNA复制情况，又将_____期分为_____、_____和_____3个时期；根据染色体的变化，可以将_____期分为_____、_____、_____和_____4个时期。

（13）细胞已经生长分化，但不处于生长分裂的阶段称为_____期。

（14）根据机能不同，上皮组织可以分为_____、_____和_____等。

（15）在细胞中，与蛋白质合成有关的细胞器是_____；贮存、加工、转运蛋白质的细胞器是_____；对物质起消化作用的细胞器是_____。

## 三、选择题

（1）下列选项中受意识支配的组织是（　　　）。

A. 骨骼肌　　　　　B. 心肌　　　　　C. 平滑肌　　　　　D. 眼睛

（2）主要功能为保护作用的组织是（　　　）。

A. 神经组织　　　　B. 上皮组织　　　　C. 结缔组织　　　　D. 肌肉组织

（3）下列选项中不是结缔组织的是（　　　）。

A. 血液　　　　　　B. 骨骼肌　　　　　C. 软骨　　　　　　D. 脂肪组织

（4）下列属于器官的是（　　　）。

A. 胃　　　　　　　B. 蛋白质　　　　　C. 肌纤维　　　　　D. 脂肪

（5）在细胞周期中，DNA的合成复制发生在（　　　）。

A. $G_1$期　　　　　B. S期　　　　　　C. $G_2$期　　　　　D. M期

（6）在细胞有丝分裂过程中，（　　　）是观察染色体形态、计算染色体数目最合适的时期。

A. 前期　　　　　　B. 中期　　　　　　C. 后期　　　　　　D. 末期

（7）在减数分裂过程中，从初级精母细胞，到次级精母细胞，最后形成精细胞的数目变化依次为（　　　），染色体变化为（　　　）。

A. 1—2—4　　　　B. 1—1—2　　　　C. 1—2—2　　　　D. 2—1—1

E. $2n$—$2n$—$n$　　　F. $2n$—$n$—$n$　　　G. $2n$—$2n$—$2n$　　　H. $n$—$n$—$2n$

（8）在减数分裂过程中，从初级卵母细胞，到次级卵母细胞，最后形成卵细胞的数目变化依次为（　　　），染色体变化为（　　　）。

A. 1—2—4　　　　B. 1—1—2　　　　C. 1—2—2　　　　D. 1—1—1

E. $2n$—$2n$—$n$　　　F. $2n$—$n$—$n$　　　G. $2n$—$2n$—$2n$　　　H. $n$—$n$—$2n$

（9）广义上讲，血液是一种结缔组织，其中的血清属于（　　　）。

A. 细胞　　　　　B. 间质　　　　　C. 纤维　　　　　D. 基质

（10）基质和细胞较少，主要由大量胶原纤维或弹力纤维组成的结缔组织是（　　　）。

A. 疏松结缔组织　　B. 致密结缔组织　　C. 软骨组织　　D. 骨组织

（11）对血液组织的结构组成，正确的阐述是（　　　）。

A. 由多种血细胞和大量血清组成　　　　B. 由多种血细胞和大量血浆组成

C. 由大量的血细胞和少量血清组成　　　D. 由大量的血细胞和少量血浆组成

（12）下列属于细胞的部分结构的是（　　　）。

A. 肌原纤维　　　B. 弹性纤维　　　C. 胶原纤维　　　D. 肌纤维

## 四、判断题

（1）动物细胞的主要成分是生物大分子蛋白质、脂肪、核酸和糖类。（　　　）

（2）高尔基体被称为细胞的"动力工厂"。（　　　）

（3）细胞核与动物的遗传有密切的关系，并能清除细胞内衰老的细胞器。（　　　）

（4）在一般的细胞周期中，分裂期所用的时间要远远大于分裂间期的时间。（　　　）

（5）动物的上皮组织是由许多排列紧密的细胞和少量的细胞间质所组成的。（　　　）

（6）横纹肌受意识支配，故也称随意肌。（　　　）

（7）血液是一种结缔组织。（　　　）

（8）减数分裂包括两次连续的细胞分裂，第一次分裂后染色体数目不变，第二次分裂后染色体数目减半。（　　　）

（9）动物细胞内所有细胞器都是膜构成的。　　　　　　　　　（　　）

（10）蛋白质是动物细胞生命活动的基础。　　　　　　　　　　（　　）

（11）生物的遗传和变异主要由核酸决定。　　　　　　　　　　（　　）

（12）线粒体是细胞内主要的供能细胞器，被称为细胞的"动力工厂"。

　　　　　　　　　　　　　　　　　　　　　　　　　　　　　（　　）

（13）中心粒对细胞无丝分裂具有重要作用。　　　　　　　　　（　　）

（14）核仁的主要机能是合成核酸。　　　　　　　　　　　　　（　　）

（15）染色质的主要成分是DNA和组蛋白。　　　　　　　　　（　　）

（16）在有丝分裂前期，在中心粒周围出现的星芒状细丝，称为纺锤体。

　　　　　　　　　　　　　　　　　　　　　　　　　　　　　（　　）

（17）两星体之间出现的一些纺锤状的细丝称为纺锤体。　　　　（　　）

（18）在有丝分裂过程中，所有纺锤丝都与染色体的着丝点连接。（　　）

（19）上皮细胞都覆盖在动物的体表。　　　　　　　　　　　　（　　）

（20）上皮组织一面向着外界或腔隙，一面借基膜与结缔组织相连，故上皮细胞具有极性。　　　　　　　　　　　　　　　　　　　　（　　）

（21）分布于动物身体外表的腺细胞称为外分泌腺。　　　　　　（　　）

（22）结缔组织的特点是细胞种类多、数量少、细胞间质多。　　（　　）

（23）透明软骨的特点是基质内含有大量成束的胶原纤维。　　　（　　）

（24）基质内含有大量的弹力纤维是弹性软骨的特点。　　　　　（　　）

（25）硬骨组织之所以坚硬是因为基质中含有大量的骨蛋白。　　（　　）

（26）斜纹肌广泛存在于高等脊椎动物体内。　　　　　　　　　（　　）

（27）平滑肌细胞中肌原纤维一般不见横纹，其超微结构与横纹肌也不相同。

　　　　　　　　　　　　　　　　　　　　　　　　　　　　　（　　）

（28）神经细胞的功能是由轴突接受刺激、传导冲动到胞体，树突则传导冲动离开胞体。　　　　　　　　　　　　　　　　　　　　　　（　　）

## 五、简答题

（1）四类基本组织的结构特征及其主要机能是什么？

（2）减数分裂与有丝分裂有何区别？

（3）有丝分裂一般分为几个时期？各期的主要特点是什么？

（4）动物四大组织的主要特征及其主要机能是什么？

## 参考答案

### 一、名词解释

组织：是一些形态相似，机能相同的细胞群及其非细胞结构的间质结合在一起，共同完成一定机能的集体，可分为上皮组织、结缔组织、肌肉组织和神经组织。

器官：不同类型的组织结合而成的具有一定形态特征和生理功能的单位称为器官。

系统：功能上密切联系的不同器官，相互协同以完成机体某一方面的生理机能，就成为一个系统。

细胞周期：在细胞增殖过程中，从一次分裂结束到下一次分裂结束的过程，为细胞周期，包括分裂间期和分裂期。

哈氏管：密质骨的内外环骨板之间有许多呈同心圆排列的哈氏骨板，其中心管为哈氏管。

闰盘：是心肌细胞之间的界限，在闰盘处相邻两细胞膜凹凸相嵌，细胞膜特殊分化，紧密连接或缝隙连接。闰盘对兴奋传导有重要作用。

尼氏小体：神经细胞胞质内一种嗜碱性染料的小体，实际上是成堆的粗糙型内质网，存在于树突，但不存在于轴突。

### 二、填空题

（1）上皮组织；结缔组织；肌肉组织；神经组织。

（2）无丝分裂；有丝分裂；减数分裂。

（3）神经细胞；神经胶质细胞。

（4）感受刺激；传导冲动。

（5）胞体；树突；轴突。

（6）细胞膜；细胞质；细胞核。

（7）化学；机械。

（8）致密结缔组织；脂肪组织；骨组织；软骨组织；血液。

（9）细胞。

（10）有机物；水；无机盐；蛋白质；核酸；脂类；糖类。

（11）核糖核酸；脱氧核糖核酸。

（12）分裂间期；分裂期；分裂间期；$G_1$；S；$G_2$；分裂期；前期；中期；后期；末期。

（13）$G_0$。

（14）被覆上皮；腺上皮；感觉上皮。

（15）内质网；高尔基体；溶酶体。

## 三、选择题

（1）—（5）：ABBAB；（6）—（10）：B（AF）（DF）DB；（11）—（12）：BA。

## 四、判断题

（1）—（5）：×××√；（6）—（10）：√√××√；

（11）—（15）：√√××√；（16）—（20）：×√××√；

（21）—（25）：×√×√×；（26）—（28）：×××。

## 五、简答题

（1）① 上皮组织：是由密集的细胞和少量的细胞间质组成，在细胞之间又有明显的连接复合体。一般细胞密集排列呈膜状，覆盖在体表和体内各种器官、管道、囊、腔的内表面及内脏器官的表面。上皮组织具有保护、吸收、排泄、分泌、呼吸等作用；② 结缔组织：是由多种细胞和大量的细胞间质构成的。细胞的种类多，分散在细胞间质中。细胞间质有液体、胶状体、固体基质和纤维，形成多样化的组织。其具有支持、保护、营养、修复和物质运输等功能；③ 肌肉组织：主要由收缩性强的肌细胞构成，一般细胞排列呈柱状。其主要机能是将化学能转变为机械能，使肌纤维收缩，机体进行各种运动；④ 神经组织：由神经元和神经胶质细胞组成。神经元具有高度发达的感受刺激和传导兴奋的能力。神经胶质细胞有支持、保护、营养和修补等作用。神经组织是组成脑、脊髓以及周围神经系统其他部分的基本成分，它能接受内外环境的各种刺激，并能发出冲动联系骨骼肌和机体内部脏器协调活动。

（2）有丝分裂和减数分裂的主要区别有以下几点：① 有丝分裂是一种最普遍的细胞分裂方式，有丝分裂导致动植物的生长，而减数分裂是生殖细胞形成过程中的一种特殊的细胞分裂方式；② 有丝分裂的结果是染色体数目不变，DNA数目减半，减数分裂的结果是染色体和DNA都减半；③ 有丝分裂无同源染色体分离，减数分裂同源染色体要分离；④ 有丝分裂DNA复制1次分裂1次，减数分裂DNA复制1次分裂2次；⑤ 1个细胞经过一次有丝分裂产生2个细胞，1个细胞经过一次减数分裂产生4个细胞；⑥ 减数分裂前期同源染色体要进行联会，有丝分裂无联会现象。

（3）有丝分裂一般分为间期、前期、中期、后期和末期。间期又分为$G_1$期、S期和$G_2$期。其中，$G_1$期主要合成DNA复制所需要的酶和底物、RNA等；S期主要进行DNA的合成；G$_2$期合成纺锤体和星体的蛋白质。之后细胞进入分裂期，分裂期分为前期，中期，后期，末期。前期：染色体出现，中心粒参与形成纺锤体，核膜、核仁消失；中期：纺锤体达到最大程度，一些纺锤丝从纺锤体两极分别与染色体的着丝点连接，染色体高度螺旋，呈浓缩状，是观察染色体形态、计数染色体数目的最佳时期；后期：每个染色体的2个染色单体分开向两极移动，直至染色单体到达两极；末期：核膜、核仁重新出现，染色体解螺旋，变细，变长，逐渐消失，与此同时，纺锤丝也逐渐消失，形成新的细胞核。在重建细胞核的同时，胞质分裂，形成2个细胞。

（4）上皮组织：由密集的细胞和少量的间质组成，覆盖于体表和体内各管、腔、囊的内表面及内脏器官的表面，有保护、感觉、吸收、分泌、排泄和呼吸等作用，可分为被覆上皮，腺上皮和感觉上皮。

结缔组织：由多种细胞和大量细胞间质组成，分布于器官和器官以及组织与组织之间，有连接、支持、营养、修复、储存和保护等功能，包括疏松结缔组织、致密结缔组织、脂肪组织、骨组织、软骨组织和血液组织等。

肌肉组织：主要由收缩性强的肌细胞组成，一般呈长纤维状，通过收缩使机体进行各种运动，根据肌细胞的形态可分为横纹肌、心肌、平滑肌和斜纹肌。

神经组织：主要由神经细胞和神经胶质细胞组成。神经细胞是神经组织中形态与机能的基本单位，具有接受刺激，传导冲动的能力。神经细胞包括胞体、树突和轴突。树突短，数量多，功能是接受刺激，传导冲动到胞体。轴突细长，仅1个，功能是传导冲动离开胞体。有髓神经纤维轴突外围以髓鞘，无髓鞘者称无髓神经纤维。神经纤维多种多样，按突起多少可分为假单极神经元、双极神经元和多极神经元。神经胶质细胞较神经细胞数量多、体积小。有突起，但不分为树突和轴突，具有支持、保护、营养、修复等功能。

# 第三章　原生动物门（Phylum Protozoa）

**知识速览**

　　原生动物是动物界里最原始、最简单的类群。一般由单细胞组成，也有单细胞的群体，细胞分化出各种细胞器完成不同的生理功能。通过鞭毛、纤毛或伪足运动；营养方式为植物性营养、动物性营养和腐生性营养，伸缩泡可以调节胞内水分平衡，同时兼有排泄的功能。生殖方式为无性生殖和有性生殖（配子生殖和接合生殖）。原生动物种类繁多，分布广泛，自由生活或寄生。原生动物门分为4个纲：鞭毛纲、肉足纲、孢子纲和纤毛纲。

**知识要点** ⋯⋯⋯⋯⋯⋯⋯⋯⋯⋯⋯⋯⋯⋯⋯⋯⋯⋯⋯⋯⋯⋯⋯⋯⋯⋯⋯

### 一、原生动物门的主要特征

（1）单细胞或者单细胞的群体。

（2）个体微小，形态多样。

（3）运动胞器多样：鞭毛、纤毛和伪足。

（4）营养方式多样：植物性营养、动物性营养和腐生性营养。

（5）呼吸、循环和排泄：体表呼吸；物质运输通过扩散作用进行，有些种类通过内质流动来完成；代谢废物通过体表或者伸缩泡进行排泄。

（6）生殖方式多样：无性生殖包括横二分裂、纵二分裂、裂体生殖、孢子生殖和出芽生殖。有性生殖包括配子生殖和接合生殖。

（7）环境不良时可形成包囊。

（8）具有应激性：对外界环境的刺激能做出相应反应。

### 二、原生动物门的分类

#### （一）鞭毛纲

1. 代表动物——绿眼虫

绿眼虫生活在有机质丰富的池沼、水沟或缓流中。温暖季节可大量繁殖，使水呈绿色。虫体梭形，前端钝圆，后端尖。体表覆以具弹性、带斜纹的表膜。胞质中有叶绿体，细胞内细胞核大而圆。运动胞器是鞭毛，自胞口伸出，鞭毛下连接2条细的轴丝。每一轴丝在储蓄泡底部和一类似中心粒的基体相连，鞭毛由基体产生。每一基体又由一根丝体连至核，表明鞭毛可能受核的控制。体前端有一胞口，向后连一膨大的储蓄泡。绿眼虫的胞口能否取食固体食物颗粒尚不确定。储蓄泡旁有一个伸缩泡，可将胞质中过多的水分及部分代谢废物排入储蓄泡，再经胞口排到体外。

绿眼虫有趋光性，是因为其在鞭毛基部紧贴着储蓄泡有一红色眼点，靠近眼点，近鞭毛基部有一膨大部位，能感受光线强弱，称光感受器。

绿眼虫在有光条件下进行光合营养，产物为半透明副淀粉粒，储存在胞质中。无光条件下，通过体表进行渗透营养。

绿眼虫的生殖方式一般为纵二分裂，不良条件下，可形成包囊。

2. 鞭毛纲的主要特征

（1）运动胞器为鞭毛，数量一到多条。鞭毛的结构为"9+2"结构，即中间有2个中央微管，周围有9个双联体，每个双联体都有2个短臂指向下一个双联体，每个双联体都有放射辐指向中央微管。

（2）营养方式：植物性营养，动物性营养和腐生性营养。

（3）无性生殖一般为纵二分裂，有性生殖为配子生殖或整个个体的结合。

3. 鞭毛纲的重要类群

（1）植鞭亚纲：有色素体，行植物性营养，多自由生活，如绿眼虫、团藻、盘藻、实球藻、空球藻、夜光虫。植鞭亚纲的夜光虫、沟腰鞭毛虫、裸甲腰鞭虫是引起赤潮的原生动物。

（2）动鞭亚纲：无色素体，异养。少数自由生活，多数与多细胞动物共生或寄生，如利什曼原虫、锥虫、鳃隐鞭虫。利什曼原虫寄生于人、犬及多种啮齿动物和蜥蜴等的网状内皮组织或皮肤的巨噬细胞中，引起巨噬细胞大量破坏或增生，使肝脾肿大，发高烧，贫血，以至死亡。利什曼原虫由白蛉子传播，引起黑热病，故又称黑热病原虫。分布于我国的杜氏利什曼原虫，是我国五大寄生虫之一。

### （二）肉足纲

**1. 代表动物——大变形虫**

大变形虫生活在清水或水流缓慢、藻类较多的浅水中。直径200～600 μm，能做变形运动，不断改变形状。体表是极薄的质膜，质膜下为外质。外质之内为内质。内质流动，其内有细胞核、伸缩泡及处在不同消化程度的食物泡。内质中处于外层的为呈半固态的凝胶质，位于内部的为呈液态的溶胶质。伪足不仅是运动胞器，也是摄食胞器。淡水中的变形虫有伸缩泡调节水分平衡，排出部分代谢废物。变形虫的生殖方式为二分裂，为典型的有丝分裂。环境不良时可形成包囊。

**2. 肉足纲的主要特征**

（1）运动胞器为伪足，可做变形运动。

（2）异养。

（3）自由生活。

（4）体表裸露或有外壳。

（5）无性生殖为二分裂。如具有性生殖，为配子生殖。

**3. 肉足纲的重要类群**

（1）根足亚纲：伪足指状、叶状、丝状、根状或网状，无轴丝。如表壳虫、痢疾内变形虫。

（2）辐足亚纲：伪足针状具轴，体呈球形，营漂浮生活。

### （三）孢子纲

**1. 代表动物——间日疟原虫**

间日疟原虫均寄生，能引起疟疾。此病发病时一般多发冷发热，而且在一定的间隔时间内发作，俗称"打摆子"或"发疟子"，是我国五大寄生虫病之一。间日疟原虫生活史中有性世代和无性世代交替进行的现象称世代交替。间日疟原虫在人体内进行无性繁殖，在按蚊体内进行有性生殖。因此，人是间日疟原虫的中间寄主，按蚊是其终末寄主。

**2. 间日疟原虫的生活史**

间日疟原虫的生活史见图3.1。

**3. 孢子纲的主要特征**

（1）全部寄生生活，异养。

（2）无运动胞器，或在生活史的一定阶段以鞭毛或伪足为运动胞器。

（3）都具有顶复合器结构，与侵入宿主细胞密切相关。

（4）生活史复杂，经历裂体生殖、配子生殖和孢子生殖，有无性世代和有性世代的交替。

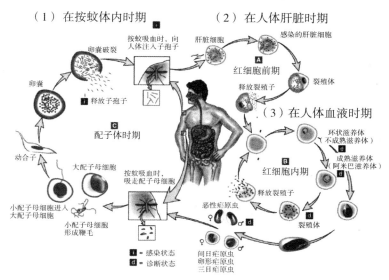

图3.1　间日疟原虫的生活史（引自Stephen A. Miller）

4.孢子纲的重要类群

孢子纲的主要类群有球虫、血孢子虫等。

### （四）纤毛纲

1.代表动物——草履虫

草履虫生活在有机质丰富、缓流的沟渠、小河和池塘中。一般前端圆，后端尖，形似草鞋，全身布满纤毛。草履虫表面为表膜，胞质分为内质和外质，纤毛由表膜下基体发出。表膜下的外质中有一排与表膜垂直排列的小杆状囊泡，称刺丝泡，一般认为具有防御和附着在某一物体上的作用。内质内有细胞核、食物泡和伸缩泡等。草履虫有大核1个、小核1个。大核的功能是营养代谢，小核的功能是遗传。内外质间有两个伸缩泡，一前一后。伸缩泡伸出放射排列的收集管。有复杂的摄食胞器称口沟，食物泡与溶酶体融合，进行细胞内消化。不能消化的食物残渣由胞肛排出。无性生殖为纵二分裂，有性生殖为接合生殖。接合生殖过程见图3.2。

2.纤毛纲的主要特征

（1）以纤毛为运动胞器。

（2）结构复杂，有营养核（大核）和遗传核（小核）。

（3）无性生殖为横二分裂，有性生殖为接合生殖。

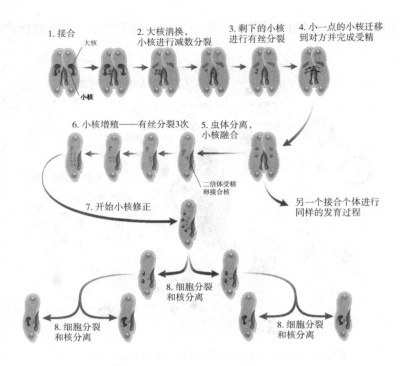

图3.2　草履虫接合生殖过程（引自Stephen A. Miller）

### 3. 纤毛纲的重要类群

全身有纤毛的种类有草履虫、四膜虫、小瓜虫等。有些纤毛不发达，仅限虫体腹面，如尾棘虫、游仆虫。有些纤毛仅在围口部，如钟虫、车轮虫。

## 试题集锦

### 一、名词解释

包囊；伪足；变形运动；滋养体；伸缩泡；光合营养；吞噬营养；渗透营养；胞饮作用；赤潮；黑热病；细胞内消化；裂体生殖；刺丝泡；世代交替；中间寄主；终末寄主；顶复合器；生活史；裂殖体；裂殖子；寄生；无性世代；有性世代。

### 二、填空题

（1）一般情况下，原生动物的细胞质可以分为_____质和_____质两部分。

（2）有些原生动物具有两个核，一大核和一小核，大核是_____倍体，与细胞的_____有关，小核是_____倍体，与细胞的_____有关。

（3）原生动物的运动类器官一般有_____、_____和_____几种。

（4）鞭毛由_____发出。

（5）鞭毛和纤毛的区别在于：鞭毛长，数量_____，摆动无规律；纤毛短，数量_____，摆动有规律。

（6）鞭毛和纤毛除了运动功能之外还有_____功能。

（7）原生动物的营养方式有_____、_____和_____。

（8）原生动物中起消化功能的细胞器是_____，参与呼吸的细胞器是_____，调节渗透压的细胞器是_____。

（9）原生动物无性繁殖的形式为_____、_____、_____和_____；有性繁殖的形式为_____和_____。

（10）原生动物在遇到不良环境时可以通过形成_____度过不良环境。

（11）植鞭亚纲和动鞭亚纲的主要区别是植鞭亚纲有_____体，而动鞭亚纲没有。植鞭亚纲是_____和_____营养方式，而动鞭亚纲是_____营养方式。

（12）杜氏利什曼原虫是属于_____纲的原生动物；鳃隐鞭毛虫主要危害_____动物，寄生在_____部位。

（13）大变形虫的主要营养方式是_____。

（14）间日疟原虫的生活史中有_____、_____和_____3种生殖方式。

（15）间日疟原虫的孢子生殖时期是在_____体内完成的。

（16）顶复合器结构是_____纲原生动物的主要特征。

（17）部分肉足纲的原生动物是裸露的，但也有些肉足纲的原生动物具有_____质或_____质的外壳。

（18）痢疾内变形虫是_____纲的原生动物。

（19）间日疟原虫在人体内进行_____生殖，经过几个生殖周期后有些裂殖子发育成_____细胞和_____细胞，是为有性生殖的开始；在按蚊体内进行_____和_____生殖。

（20）原生动物主要分为_____、_____、_____和_____4个纲。

（21）眼虫之所以具有趋光性，是由于其具有_____和_____。

（22）眼虫通过_____在有光的条件下进行_____，把二氧化碳和水合成糖类，这种营养方式称为_____；在无光的条件下，眼虫通过_____吸收溶解于水中的有机物质，这种营养方式称为_____。

（23）变形虫在运动时，由体表任何部位形成临时性的细胞质突起称为_____。

### 三、选择题

（1）绿眼虫在有光的条件下进行植物性营养，在无光的条件下可以进行（　　）。

  A. 植物性营养　　　B. 动物性营养　　　C. 渗透性营养　　　D. 吞噬营养

（2）绿眼虫在有光的条件下，进行光合营养，产物为半透明的（　　），贮存于细胞质中，这是眼虫的特征之一。

  A. 叶绿体　　　　　B. 食物泡　　　　　C. 副淀粉粒　　　　D. 淀粉粒

（3）眼虫的无性生殖方式是（　　）。

  A. 纵二分裂　　　　B. 横二分裂　　　　C. 出芽生殖　　　　D. 孢子生殖

（4）锥虫多寄生于脊椎动物的（　　）。

  A. 消化道内　　　　B. 肝脏内　　　　　C. 血液内　　　　　D. 淋巴液内

（5）草履虫的无性生殖方式是（　　）。

  A. 纵二分裂　　　　B. 横二分裂　　　　C. 出芽生殖　　　　D. 孢子生殖

（6）草履虫体内起防御作用的细胞器是（　　）。

  A. 刺细胞　　　　　B. 刺丝泡　　　　　C. 胞口　　　　　　D. 伸缩泡

（7）（提高题）能诱导变形虫发生胞饮作用的最合适的物质是（　　）。

  A. 纯净水　　　　　　　　　　　　B. 富含糖类的液体

  C. 富含氨基酸的液体　　　　　　　D. 矿物质水

（8）原生动物的伸缩泡最主要的作用是（　　）。

  A. 调节水分平衡　　　　　　　　　B. 排出食物残渣

  C. 排出代谢废物　　　　　　　　　D. 进行气体交换

（9）变形虫最常见的生殖方式是（　　）。

  A. 接合生殖　　　　B. 配子生殖　　　　C. 出芽生殖　　　　D. 分裂生殖

（10）刺丝泡为（　　）动物所特有。

  A. 刺胞动物　　　　B. 草履虫　　　　　C. 利什曼原虫　　　D. 疟原虫

（11）刺丝泡的主要机能是（　　）。

  A. 防御　　　　　　B. 摄食　　　　　　C. 排泄　　　　　　D. 呼吸

（12）草履虫的主要营养方式是（　　）。

  A. 渗透性营养　　　B. 光合营养　　　　C. 吞噬营养　　　　D. 混合营养

（13）能行出芽生殖的原生动物是（　　）。

  A. 团藻　　　　　　B. 夜光虫　　　　　C. 钟虫　　　　　　D. 喇叭虫

（14）能进行光合作用的原生动物是（　　　）。

A. 绿眼虫　　　　　　B. 变形虫　　　　　　C. 疟原虫　　　　　　D. 草履虫

（15）（提高题）不是由昆虫传播的寄生原虫是（　　　）。

A. 利什曼原虫　　　　B. 锥虫　　　　　　　C. 痢疾内变形虫　　　D. 疟原虫

（16）疟原虫在按蚊体内的生殖方式是（　　　）。

A. 配子生殖和孢子生殖　　　　　　　　　　B. 孢子生殖和裂体生殖

C. 裂体生殖和配子生殖　　　　　　　　　　D. 配子生殖和分裂生殖

（17）杜氏利什曼原虫的传播媒介是（　　　）。

A. 白蛉子　　　　　　B. 按蚊　　　　　　　C. 苍蝇　　　　　　　D. 跳蚤

（18）生殖方式为横二分裂和接合生殖的动物是（　　　）。

A. 绿眼虫　　　　　　B. 草履虫　　　　　　C. 大变形虫　　　　　D. 疟原虫

（19）两只草履虫通过一次接合生殖可以产生（　　　）后代个体。

A. 2个　　　　　　　B. 4个　　　　　　　　C. 8个　　　　　　　　D. 16个

（20）具有胞饮作用的动物是（　　　）。

A. 眼虫　　　　　　　B. 变形虫　　　　　　C. 疟原虫　　　　　　D. 草履虫

（21）接合生殖属于（　　　）。

A. 有性生殖　　　　　B. 无性生殖　　　　　C. 孢子生殖　　　　　D. 出芽生殖

（22）黑热病由（　　　）引起。

A. 血吸虫　　　　　　B. 利什曼原虫　　　　C. 疟原虫　　　　　　D. 锥虫

（23）草履虫是动物学研究的好材料，其体内大核的功能是（　　　）。

A. 生殖　　　　　　　B. 营养代谢　　　　　C. 有丝分裂　　　　　D. 减数分裂

（24）间日疟原虫的中间寄主是（　　　）。

A. 人　　　　　　　　B. 按蚊　　　　　　　C. 白蛉子　　　　　　D. 钉螺

（25）下列动物中能进行孢子生殖的是（　　　）。

A. 眼虫　　　　　　　B. 变形虫　　　　　　C. 疟原虫　　　　　　D. 草履虫

（26）下列动物中能进行裂体生殖的是（　　　）。

A. 眼虫　　　　　　　B. 变形虫　　　　　　C. 疟原虫　　　　　　D. 草履虫

（27）间日疟原虫配子母细胞在（　　　）内形成。

A. 人红血细胞　　　　B. 人肝细胞　　　　　C. 按蚊胃　　　　　　D. 按蚊唾液腺

（28）疟疾的传播媒介是（　　　）。

A. 白蛉子　　　　　　B. 按蚊　　　　　　　C. 苍蝇　　　　　　　D. 跳蚤

（29）具有世代交替的原生动物为（　　）。

A. 眼虫　　　　　　　　　　　　B. 大变形虫

C. 间日疟原虫　　　　　　　　　D. 草履虫

（30）观察草履虫的纤列系统（感动系统），要有5个步骤：① 在显微镜下观察；② 强光照射；③ 加入质量分数3%～5%硝酸银染色；④ 载玻片上涂上蛋白胶；⑤ 放一滴草履虫液晾干。正确的观察顺序是（　　）。

A. ④—⑤—③—②—①　　　　　B. ⑤—④—②—③—①

C. ②—⑤—④—③—①　　　　　D. ⑤—④—③—②—①

（31）昏睡病是由（　　）引起的。

A. 日本血吸虫　　　　　　　　　B. 披发虫

C. 利什曼原虫　　　　　　　　　D. 锥虫

（32）绿眼虫在运动中有趋光性，其中能感受光线的结构是（　　）。

A. 眼点　　　　　　　　　　　　B. 储蓄泡

C. 靠近眼点近鞭毛基部的膨大　　D. 副淀粉粒

（33）下列生殖方式属于动物有性生殖的是（　　）。

A. 纤毛虫的接合生殖　　　　　　B. 轮虫的孤雌生殖

C. 疟原虫的裂体生殖　　　　　　D. 瘿蝇的幼体生殖

（34）草履虫是一种常用的生物实验材料。现将100只草履虫移入150 mL稻草培养液中进行常规培养，并每天固定时间对其进行观察和计数。右图所示为此次实验记录的每日草履虫数量。根据上述材料回答以下两个小题：

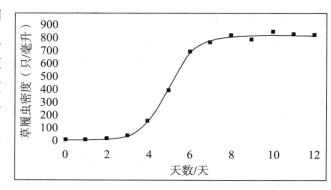

① 下述叙述中（　　）是正确的。

A. 在实验开始后的第4～7天，观察到较多二裂生殖的情况

B. 在实验开始后的第4～7天，观察到较多接合生殖的情况

C. 在实验开始后的第9天以后，观察到较多二裂生殖的情况

D. 在实验开始后的第9天以后，观察到较多接合生殖的情况

②下面叙述中（　　）是正确的。

A. 在实验最开始时计数草履虫密度，必然是0.67只/毫升

B. 此次实验中草履虫的增长符合逻辑斯谛增长

C. 此次实验中该培养液中最多可容纳约800只草履虫

D. 草履虫之所以不能无限制增长是由于空间不足

（35）在间日疟原虫的生活史中，疟原虫在2倍体时期存在于（　　）中。

A. 人肝细胞　　　　　B. 人红细胞　　　　　C. 按蚊消化道壁　　D. 按蚊唾液腺

## 四、判断题

（1）原生动物都是由单个细胞组成的。　　　　　　　　　　　　　　　　（　　）

（2）按蚊是间日疟原虫的中间宿主。　　　　　　　　　　　　　　　　　（　　）

（3）人是间日疟原虫的中间宿主。　　　　　　　　　　　　　　　　　　（　　）

（4）原生动物纤毛与鞭毛有相同的结构，都是由基体发出的。　　　　　　（　　）

（5）眼虫的伸缩泡主要是调节水分平衡，随水排出一些新陈代谢废物。　（　　）

（6）纤毛纲的动物无性生殖方式是横二分裂。　　　　　　　　　　　　　（　　）

（7）眼虫体表膜覆以具弹性的、带斜纹的表膜，表膜就是质膜。　　　　　（　　）

（8）表膜使眼虫保持一定形状，从而使眼虫不能做收缩变形运动。　　　（　　）

（9）眼虫的鞭毛是细胞表面的突起物，与机体相连，不受核的控制。　（　　）

（10）基体对眼虫的分裂起着类似中心粒的作用。　　　　　　　　　　　（　　）

（11）（提高题）在黑暗条件下培养，绿眼虫只要几周就失去叶绿素，若这样连续培养长达15年后，绿眼虫将会永远失去绿色。　　　　　　　　　　（　　）

（12）（提高题）若用高温、抗生素、紫外光等处理眼虫，使其丧失绿色，只要再放回阳光下，眼虫又可重新变绿。　　　　　　　　　　　　　　　（　　）

（13）夜光虫生活在海水中，因其受海水波动的刺激在夜间发光而得名。

（　　）

（14）鳃隐鞭虫寄生于鱼鳃，可使鱼因呼吸困难而死。　　　　　　　　　（　　）

（15）大变形虫喜欢生活于有机质丰富、重度污染的水体中。　　　　　　（　　）

（16）表壳虫的外壳由细胞本体分泌而成。　　　　　　　　　　　　　　（　　）

（17）根据有孔虫的化石，不仅能确定地质年代，而且还能找到煤矿。　（　　）

（18）放射虫在内外质之间有一几丁质的中央囊，故适于底栖生活。　　（　　）

（19）当有机体内环境对疟原虫不利时，进入红细胞的裂殖子即发育成大小配子母细胞。　　　　　　　　　　　　　　　　　　　　　　　　　　　（　　）

（20）草履虫的呼吸和排泄都是通过体表进行。　　　　　　　（　　）

（21）接合生殖是纤毛虫特有的一种生殖方式。　　　　　　　（　　）

（22）草履虫一般生活在清洁、缓流的小溪中。　　　　　　　（　　）

（23）草履虫在有光的情况下进行光合营养，无光的条件下进行吞噬营养。
　　　　　　　　　　　　　　　　　　　　　　　　　　　　（　　）

（24）眼虫的胞口具有摄食和排遗的双重功能。　　　　　　　（　　）

（25）伸缩泡的主要作用在于排出体内多余的水分，调节渗透压，故海产原生动物的伸缩泡特别发达。　　　　　　　　　　　　　　　　（　　）

（26）在培养液中，绿眼虫常聚在背光的一侧。　　　　　　　（　　）

（27）眼虫常生活在有机质丰富的池塘、水沟和浅海等地方。　（　　）

（28）原生动物鞭毛和纤毛结构相似，主要由许多纵行微管构成。（　　）

（29）草履虫把含氮废物和多余水分排到体外的过程叫排泄，把不能消化的食物残渣排到体外的过程叫排遗。　　　　　　　　　　　　　（　　）

## 五、简答题

（1）如何理解原生动物是动物界最原始、最简单的一类动物？

（2）简述原生动物门的主要特征。

（3）原生动物分为哪几个纲？划分的主要依据是什么？

（4）简述眼虫、变形虫、间日疟原虫和草履虫的主要形态结构与生命活动。

（5）哪一类原生动物反映了单细胞动物向多细胞动物的过渡过程？为什么？

（6）单细胞动物群体与多细胞动物有何区别？

（7）鞭毛的超微结构及其运动原理是什么？

（8）简述鞭毛纲的主要特征。

（9）简述杜氏利什曼原虫的形态特征及黑热病的防治方法。

（10）何谓变形运动？变形运动的机制是什么？

（11）简述肉足纲的主要特征。

（12）疟疾复发的根源是什么？

（13）通过疟原虫的超微结构观察可得出哪些新观点？

（14）简述孢子纲的主要特征。

（15）简述纤毛纲的主要特征。

（16）（提高题）试述研究原生动物的科学意义。

## 六、填图题

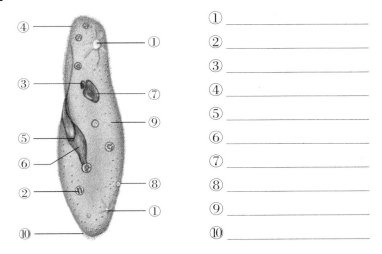

① _____

② _____

③ _____

④ _____

⑤ _____

⑥ _____

⑦ _____

⑧ _____

⑨ _____

⑩ _____

## 参考答案

### 一、名词解释

**包囊：** 多数原生动物在环境不利的情况下能缩回伪足或脱掉鞭毛或纤毛，身体缩小呈球形，虫体向外分泌保护性物质，将自己包裹起来，这就是包囊。在包囊内，虫体代谢率降低，几乎处于休眠状态，但可以存活很久。环境适宜时虫体破囊而成。出囊前，虫体可进行一次或多次分裂。在演化过程中，包囊的形成是原生动物度过环境不良时期的一种适应性机制。

**伪足：** 变形虫运动时，由体表任何部位形成的临时性细胞质突起称为伪足，它是变形虫的临时运动器官。

**变形运动：** 变形虫借助伪足不断改变细胞的形状并不断向伪足伸出的方向移动位置，这种现象称为变形运动。

**滋养体：** 寄生症原虫摄取营养的阶段称为滋养体。

**伸缩泡：** 原生动物细胞内的一种细胞器，具有调节水分平衡和排泄的功能。

**光合营养：** 像绿眼虫这样具有色素体能进行光合作用合成有机物质的营养方式称为光合营养，又称为植物性营养。

**吞噬营养：** 像变形虫这样靠吞食固体食物颗粒或其他微小生物为食的营养方式称为吞噬营养，又称为动物性营养。

**渗透营养：** 通过体表渗透摄取周围溶解在水中的有机物质的营养方式称为渗透营养，又称为腐生性营养。

胞饮作用：当环境中的液体含有氨基酸等营养物质时，变形虫体表面质膜内陷成管状，将含有营养物质的水"饮入"细胞，与溶酶体结合后形成胞饮小泡，进行消化。

赤潮：有些海产鞭毛虫如夜光虫、沟腰鞭毛虫、裸甲腰鞭毛虫等在海水被大量的亚硝酸根、硝酸根、磷酸根离子污染时，可因大量繁殖密布海面而造成自然缺氧死亡，并分解释放出金色拟脂物质，使海面呈暗红色或褐色，并散发出臭味，称为赤潮。由于赤潮的产生使海面严重缺氧，并伴有毒素产生，因而造成沿海鱼、虾及大量贝类的死亡，给水产资源带来严重损失。

黑热病：利什曼原虫寄生于人、犬等动物的网状内皮细胞和皮肤的巨噬细胞中，引起巨噬细胞大量破坏和增生，使肝脾肿大，发高烧，贫血，以致死亡。这种由利什曼原虫寄生引起，通过白蛉子进行传播的疾病称为黑热病。

细胞内消化：食物泡进入细胞与溶酶体融合，由溶酶体所含的水解酶消化食物，由于这个过程是在细胞内完成的，称为细胞内消化。

裂体生殖：进入宿主的孢子虫滋养体成熟后，首先是核分裂为多个，称为裂殖体，然后细胞质随着核分裂，包在每个核的外边，形成很多个裂殖子，这种复分裂方式称为裂体生殖。

刺丝泡：草履虫细胞内，整齐地排列于表膜之下的一些小杆状结构，受到刺激时能放出具有防御机能的刺丝的细胞器。

世代交替：在动物的生活史中，无性繁殖和有性繁殖交替进行的现象。

中间寄主：寄生动物在其体内进行无性繁殖的寄主。

终末寄主：寄生动物在其体内进行有性繁殖的寄主。

顶复合器：是原生动物孢子虫的一个特殊结构，包括类锥体（conoid）、极环（polar ring）、棒状体（rhoptry）、微线体（micronemes）。这些结构的作用尚不十分清楚，可能与穿刺寄主细胞有关。

生活史：生物在一生中所经历的发育和繁殖阶段的全部过程。

裂殖体：原生动物进行裂体生殖时，细胞核分裂为多个，而细胞尚未分裂，此期称为裂殖体。

裂殖子：原生动物裂体生殖时产生的子体即裂殖子，即核先分裂，然后细胞质分裂，形成的许多新的个体。

寄生：一种生物寄居于另一种生物的体内或体表，从而摄取养分以维持生活的现象。

无性世代：动物生活史中，在寄主体内进行无性生殖的时期。

有性世代：动物生活史中，在寄主体内进行有性生殖的时期。

## 二、填空题

（1）外；内。

（2）多；营养代谢；二；遗传。

（3）鞭毛；纤毛；伪足。

（4）基体。

（5）少；多。

（6）感觉（应激反应）。

（7）光合营养；吞噬营养；渗透营养。

（8）溶酶体；线粒体；伸缩泡。

（9）分裂生殖；出芽生殖；孢子生殖；质裂；配子生殖；接合生殖。

（10）包囊。

（11）叶绿体；光和营养；渗透营养；吞噬营养。

（12）鞭毛；鱼类；鳃。

（13）胞吞（吞噬营养）。

（14）裂体生殖；配子生殖；孢子生殖。

（15）按蚊。

（16）孢子。

（17）石灰质；几丁质。

（18）肉足。

（19）裂体生殖；大孢子母细胞；小孢子母细胞；配子生殖；孢子生殖。

（20）鞭毛纲；肉足纲；孢子纲；纤毛纲。

（21）眼点；光感受器。

（22）叶绿体；光合作用；光合营养；体表；渗透性营养。

（23）伪足。

## 三、选择题

（1）—（5）：CCACB；（6）—（10）：BCADB；（11）—（15）：ACBAC；

（16）—（20）：AABCB；（21）—（25）：ABBAC；（26）—（30）：CABCA；

（31）—（35）：DCA（①AD；②D）C。

## 四、判断题

（1）—（5）：××√√√；（6）—（10）：√√××√；

（11）—（15）：××√√×；（16）—（20）：√××√√；

（21）—（25）：√×××；（26）—（29）：××√√。

## 五、问答题

（1）① 结构简单，多为单细胞或者单细胞的群体。原生动物是由单个细胞构成，称之为单细胞动物。它们之中虽然也有群体，但是群体中的每个个体细胞一般还是独立生活，彼此间的联系并不密切；② 个体微小，形态多样，没有功能分化。它们虽然在形态结构上有的比较复杂，但只是一个细胞本身的分化，是最简单的动物；③ 运动胞器多样，如鞭毛、纤毛和伪足；④ 营养方式多样，如植物性营养、动物性营养和腐生性营养；⑤ 体表呼吸；物质运输通过扩散作用进行，有些种类通过内质流动来完成；代谢废物通过体表或者伸缩泡进行排泄；⑥ 生殖方式多样。无性生殖包括横二分裂、纵二分裂、裂体生殖、孢子生殖和出芽生殖。有性生殖包括配子生殖和接合生殖。因此，在发展上原生动物是处于低级的、原始阶段的动物。

（2）① 由单细胞或者单细胞的群体组成；② 个体微小，形态多样；③ 运动胞器有鞭毛、伪足和纤毛；④ 营养方式有植物性营养、动物性营养和腐生性营养；⑤ 没有呼吸循环胞器，气体交换通过体表进行；代谢废物通过体表或伸缩泡进行排泄，伸缩泡也是调节渗透压平衡的胞器；⑥ 原生动物的生殖有无性生殖（包括二分裂，复分裂，孢子生殖和出芽生殖）和有性生殖（包括配子生殖和接合生殖）；⑦ 具有感光性等感应性保证了动物的生存与繁衍；⑧ 环境不良时可以形成包囊。

（3）原生动物分为鞭毛纲、肉足纲、孢子纲和纤毛纲。划分的主要依据是原生动物的运动胞器。

（4）眼虫、变形虫、间日疟原虫和草履虫均为原生动物，它们都是单细胞生物体。其形态结构和运动、营养、生殖、调节水分平衡及趋性等生命活动具体阐述如下：① 眼虫体表覆以具弹性、带斜纹的表膜，使虫体保持一定形状，又能做收缩变形运动。胞质内有叶绿体，是能够进行光合自养的动物细胞。虫体后部有大而圆的细胞核。眼虫的运动胞器为鞭毛；体前端有一胞口，向后连一膨大的储蓄泡；储蓄泡旁有一收缩泡，主要用来调节水分平衡；眼虫具有趋光性；在有光的条件下，眼虫行光合营养，无光条件下行渗透营养；生殖方式一般为纵二分裂，不良环境下可形成包囊。② 变形虫体表具有极薄的质膜，质膜之下的细胞质包括外质和内质，内质又分为外层半固态的凝胶质和内部液态的溶胶质，内质中央为细胞核。伪足是变形虫的运动胞器兼摄食胞器；淡水变形虫通过伸缩泡调节水分平衡，排出部分代谢废物；生殖方式主要为二分裂，不良环境下可形成包囊。③疟原虫均寄生，能引起疟疾。此病发病时一般多发冷发热，而且在一定的间隔时间内发作，俗称"打摆子"或"发疟子"，是我国五大寄生虫病之一。生活史中有有性世代和无性世代交替进行的现象称世代交替。疟原虫在按蚊体内进行有性生殖，因此按蚊是其终末寄主。疟原虫无运动胞器或仅在生活史的一定阶段以鞭毛或者伪足为运动胞器；异养；在人体内可寄生于肝细胞和红血细胞主要进行裂体生殖，在按蚊体内进行配子生殖和孢子生殖；具有顶复合器结构，与侵入宿主细胞密切相关。④草履虫一般前端圆，后端尖，形似草鞋。全身布满纤毛，为其运动胞器。草履虫表面为表膜，胞质分为内质和外质。表膜下的外质中有一排与表膜垂直排列的小杆状囊泡，称刺丝泡，一般认为具有防御和附着在某一物体上的作用。内质内有核、食物泡和伸缩泡等。草履虫有大核1个，小核1个、大核的功能是营养代谢，小核的功能是遗传。内外质间有两个伸缩泡，一前一后。伸缩泡伸出放射排列的收集管。有复杂的摄食胞器，称口沟，食物泡与溶酶体融合，进行细胞内消化。不能消化的食物残渣由胞肛排出。无性生殖为纵二分裂，有性生殖为接合生殖。

（5）团藻等群体鞭毛虫反映了单细胞动物向多细胞动物的过渡过程。盘藻群体由4、16或32个个体组成，群体以个体分泌的胶状物质相互粘连在一个平面上，各个体形态相似，每个个体都能进行营养和繁殖，其形态与多细胞动物很相似。有的个体出现了功能的分化，推测是单细胞动物到多细胞动物的过渡类群。这为多细胞动物起源于单细胞动物提供了形态学证据。

（6）单细胞动物群体和多细胞动物最本质的区别在于细胞分化程度不同。多细胞动物的细胞一般分化为组织，或再进一步形成由器官、系统构成的整体，其生存依赖于机体的完整。而原生动物群体内的细胞一般没有细胞的分化，最多只有体细胞和生殖细胞的分化，群体内的个体具有相对独立性。

（7）鞭毛是鞭毛虫的运动器官，在光镜下，呈现为极细小的原生质丝。在电镜下观察其横切面，可见其最外层是细胞膜，最内层是典型的"9+2"微管结构，即周围有9组双联体微管，中央有两个单独的微管。每组双联微管上有两个短臂对着下组双联体微管，每组双联体有放射辐伸向鞭毛中心，双联体之间有弹性联丝。现有资料表明，微管由蛋白质大分子组成，与横纹肌的肌动蛋白相似。微管上的臂由肌球蛋白组成。鞭毛的运动是靠微管间的滑动引起的，与肌肉收缩时肌肉之间的滑动类似。鞭毛的运动需消耗能量，微管上的臂有ATP酶的活性，分解ATP提供能量。

（8）鞭毛纲的主要特征：① 以鞭毛为运动胞器；② 具有原生动物所具有的三大营养方式，眼虫在有光的条件下行光合营养，在无光的条件下行渗透营养；③ 生殖方式有无性生殖和有性生殖两大类，环境不良时可形成包囊。

（9）杜氏利什曼原虫的基本形态分为白蛉子体内的前鞭毛体（或鞭毛体）和人体内的无鞭毛体。前鞭毛体梭形，由基体伸出一根鞭毛。无鞭毛体椭球形，无鞭毛。寄生于白蛉子体内的前鞭毛体大量繁殖后代侵入食道、口腔。当白蛉子叮咬人时，进入人体肝细胞、脾、骨髓等网状细胞，鞭毛消失，只留下鞭毛根，成体缩短，发育成无鞭毛体。无鞭毛体大量繁殖，使人得病。人得病后发热，肝脾肿大，贫血。防治黑热病的原则是消灭白蛉子，治疗病人，杀灭病原，注意个人防护。

（10）变形虫在运动时，任何部位的外质都可以向外突出成指状，内质流入其中，即溶胶质向运动的方向流动，并向外突出，形成伪足。当内质达到突起前端后，向两边分开，接着转变成凝胶质，同时后边的凝胶质又转变成溶胶质，不断地向前流动。这样身体不断地向伪足伸出的方向移动，运动过程中身体形状不断改变的现象称作变形运动。电镜下观察发现变形虫有类似脊椎动物的横纹肌的肌动蛋白和肌球蛋白的物质，故目前比较一致的看法是变形虫运动类似肌肉收缩。

（11）① 具有运动摄食功能的伪足；② 有些种类具壳；③ 营养方式为吞噬营养；④ 呼吸和排泄主要靠体表渗透作用；⑤ 生殖多为二分裂；⑥ 不良环境下可形成包囊。

（12）过去认为，进入人体肝细胞的子孢子完成裂体增殖形成裂殖子后，胀破肝细胞散出体外，可有3个途径：一部分被吞噬细胞所吞噬，一部分进入红细胞（称为红细胞内期）使人患病，而还有一部分进入新的肝细胞，此期称红细胞外期。在红细胞内期疟原虫通过治疗被消灭后，红细胞外期的疟原虫就成为疟疾复发的根源。最近许多学者认为红细胞外期的存在尚未完全被证实。疟疾复发的根源是进入人体后的子孢子有两种遗传型（速发型和迟发型），迟发型子孢子需经数月或一年以上的休眠期后才进入裂体增殖，从而侵染红细胞。

（13）以胞口摄取营养，而不是渗透；虫体是细胞间寄生，而不是细胞内寄生。疟原虫进入红细胞时，不是穿过细胞膜，而是在红细胞形成的凹陷内，然后虫体被包进细胞，虫体外包有一层红细胞的细胞膜；小配子鞭毛具有"9＋2"微管结构。

（14）缺乏运动胞器（某些种生活史的某一时期可行变形运动或有鞭毛）；全营寄生生活；一般缺乏摄食胞器，靠体表渗透获得营养；裂殖体都具顶复合器结构，与虫体侵入寄主细胞有关；生活史复杂，繁殖能力强，有世代交替现象；生活史中一般包含裂体生殖、配子生殖和孢子生殖3个阶段。其中，通过裂体生殖、孢子生殖都能大量繁殖后代。孢子生殖为本纲所特有。

（15）以纤毛作为运动胞器是本纲的主要特征；核和运动胞器出现高度分化，核有大小核之分；大核司营养，小核与生殖有关。细胞质分化出胞口、胞咽、胞肛、伸缩泡、刺丝泡等多种胞器。刺丝泡为草履虫等纤毛虫所特有。有特殊的有性生殖方式（接合生殖）和无性的横二分裂生殖方式；应激性强；以包囊度过不良环境时期。

（16）原生动物均为单细胞动物，所有多细胞动物都是由此演化而来的，因此对了解动物的演化具有重要意义。为建立控制和消灭寄生于人体和经济动物的病原虫的方法提供理论依据。有些种类的原生动物可作为监测水质污染的指示生物。不少种类可作为地质、找矿的参考依据。原生动物结构简单，繁殖速度快，观察方便，易于采集和培养，常作为生物科学基础理论研究的好材料，在研究细胞质遗传、细胞质与细胞核在遗传中的相互作用以及细胞类型的转变等方面起着非常重要的作用。

## 六、填图题

①伸缩泡；②食物泡；③小核；④表膜；⑤口沟；⑥胞口；⑦大核；⑧肛点；⑨内质；⑩纤毛。

# 第四章 多细胞动物的起源

**知 识 速 览**

　　根据已有证据，一般认为多细胞动物起源于单细胞动物，动物由单细胞向多细胞的进化发展是生物演化史上极为重要的阶段。多细胞动物以单细胞为发育起点，由单细胞组成，但不同于单细胞群体动物。多细胞动物的胚胎发育很复杂，不同类的动物，胚胎发育各有其特点，但在胚胎发育过程中，有几个相同的阶段。学习重点：原肠胚的形成、中胚层及体腔的形成、生物发生律、多细胞动物起源的证据。学习难点：胚后期、端细胞法、吞噬虫学说。

**知 识 要 点**

## 一、从单细胞到多细胞

长期以来学者们认为动物演化的顺序是原生动物（protozoa）到后生动物（metazoa），其间还有一类中生动物（mesozoa）。单细胞动物属于原生动物，绝大多数多细胞动物属于后生动物。

### （一）中生动物的主要特征

（1）个体小，0.5～10 mm。

（2）小型的内寄生动物，全部寄生。

（3）结构简单；细胞数目恒定，一般为8～42个细胞。

### （二）中生动物的多样性

1. 菱形虫纲（Rhormbozoa）

现有人将其独立为门。包括双胚虫（Dicyemida）和异胚虫（Heterocyemida）两类。寄生在头足类软体动物的肾内。

2. 直泳虫纲（Orthonecta）

现有人将其独立为门。为最简单的多细胞生物之一，寄生于扁形动物、多毛纲动物、纽形动物、腹足纲动物、双壳纲贝类和棘皮动物等海生无脊椎动物体内。

**（三）多细胞动物起源于单细胞动物的证据**

（1）古生物学：越古老的地层中，动物化石越简单，如太古代有大量的有孔虫，晚近的地层动物化石种类多且复杂。

（2）形态学：现有原生动物的团藻等群体与多细胞动物相似，为中间类型。

（3）胚胎学：多细胞动物的胚胎发育经历了受精卵、卵裂、囊胚、原肠胚等一系列过程。根据生物发生律，个体发育史是系统发展史简单而迅速的重演，说明多细胞动物起源于单细胞动物。

**二、胚胎发育的重要阶段**

多细胞动物从受精卵开始，经卵裂、囊胚形成、原肠胚形成、中胚层及体腔形成（端细胞法和体腔囊法）、胚层分化等一系列过程到成体。

**（一）受精与受精卵**

精卵细胞结合形成受精卵。受精卵是单细胞，是新个体的开始。

**（二）卵裂**

受精卵经过多次连续迅速的细胞分裂，形成许多小细胞的发育过程称为卵裂。每次卵裂产生的子细胞称分裂球（blastomeres）。卵裂的方式分为完全卵裂和不完全卵裂。完全卵裂包括完全均等卵裂（如：海星、文昌鱼）和完全不均等卵裂（蛙）；不完全卵裂包括盘裂（如：鸟类）和表面卵裂（如：昆虫）。

**（三）囊胚的形成**

经过卵裂，受精卵被分割成很多小细胞，这些由小细胞组成的中空球形体称为囊胚（blastula）。囊胚的形成是卵裂的结果。囊胚中间的空腔称为囊胚腔，囊胚层细胞构成囊胚壁。

**（四）原肠胚的形成**

由囊胚的一部分细胞通过不同的形式（内陷、内移、外包、分层、内转等）迁移到囊胚内部，形成两胚层的原肠胚，留在外面的称为外胚层，迁到内面的称为内胚层。

**（五）中胚层及体腔的形成**

形成方式：端细胞法（裂体腔法）和肠腔法（体腔囊法）。

**（六）胚层的分化与器官的形成**

外胚层：皮肤上皮及其衍生物如指甲、羽毛等、神经组织、主要的感觉器官、

晶体、眼网膜、消化道的两端、内耳上皮等。

中胚层：分化成动物的大部分器官，如真皮及其衍生物、骨骼、肌肉、循环和排泄系统、脂肪组织、结缔组织、体腔膜和系膜。

内胚层：分化成消化道中肠的上皮、原肠的突出物，如消化道、呼吸道上皮、肺、肝、甲状腺、膀胱。

### 三、生物发生律

生物发展史可分为两个相互密切联系的部分，即个体发育和系统发育（动物的进化过程），也就是个体的发育史和由同一起源所产生的生物群的发展历史。个体发育史是系统发展史的简单而迅速的重演，但个体发育过程的重演性只是一种简单的、迅速的重演，而不是完全的重演。实际上个体发育并不能完全真实地反映系统发展。赫克尔根据动物形态学与胚胎学研究成果提出了生物发生律：生物个体发育（主要是胚胎发育）简短重演了其祖先系统发展的主要过程。

### 四、多细胞动物起源的学说

#### （一）群体学说（colonial theory）

大多数学者认为，多细胞动物起源于群体鞭毛虫类似的祖先。对此也有两种假说：原肠虫学说和吞噬虫学说。

赫克尔的原肠虫学说：最早的多细胞动物产生于球形群体的单细胞动物，以内陷形成多细胞动物，与原肠胚相似，有两胚层和原口。

梅契尼柯夫的吞噬虫学说：多细胞动物的祖先是由一层细胞构成的单细胞群体，后来个别细胞摄取食物后进入群体，形成内胚层。

#### （二）合胞体学说（syncytial theory）

认为多细胞动物起源于多核纤毛虫的原始类群，后生动物的祖先是具合胞体结构的多核细胞。

#### （三）共生学说（endosymbiotic theory）

不同种的原生动物共生在一体，发展为多细胞动物。

**试 题 集 锦** ························································································

### 一、选择题

（1）多细胞动物早期胚胎发育的几个阶段为（　　　）。

A. 受精、卵裂、囊胚期、原肠胚期、中胚层及体腔的形成、胚层的分化

B. 受精、卵裂、囊胚期、中胚层及体腔的形成、胚层的分化

C. 受精、卵裂、囊胚期、原肠胚期、中胚层及体腔的形成

D. 受精、卵裂、囊胚期、胚层的分化

（2）（多选）关于中生动物下列说法正确的是（　　　）。

A. 中生动物全部是多细胞动物

B. 目前发现的中生动物全部营寄生生活

C. 中生动物在每个种内细胞数目是固定的

D. 中生动物与单细胞群体的原生动物类似

（3）（多选）关于卵裂下列说法正确的是（　　　）。

A. 卵黄的分布影响卵裂方式　　　　　　　B. 卵黄的多少影响卵裂方式

C. 卵黄不影响卵裂　　　　　　　　　　　D. 卵裂有完全卵裂和不完全卵裂

（4）胚层的形成对动物进一步的发育有很重要的意义，每个胚层都奠定了一定组织和器官的基础。下面关于不同胚层分化形成器官的描述中错误的是（　　　）。

A. 外胚层形成了中枢神经系统

B. 消化道上皮由外胚层和内胚层参与形成

C. 中胚层形成了肝脏

D. 中胚层形成了肌腱和韧带

（5）下列哪一组器官均为中胚层衍生物（　　　）。

A. 脑下垂体前叶、脊髓、小肠、肺

B. 脊索、腹直肌、红血细胞、睾丸

C. 耳咽管、甲状腺、消化道内壁黏膜、胰脏

D. 胆囊、直肠末端、肝脏、消化道表面浆膜

（6）在动物卵裂时期，由于不同动物受精卵内卵黄多少及在卵内分布不同，卵裂方式也有很大差异，海胆、沙蚕、昆虫、乌贼的卵裂方式依次分别为（　　　）。

A. 完全均等卵裂（等裂）、表面卵裂、螺旋形卵裂、盘裂

B. 螺旋形卵裂、完全均等卵裂（等裂）、盘裂、表面卵裂

C. 螺旋形卵裂、完全均等卵裂（等裂）、表面卵裂、盘裂

D. 完全均等卵裂（等裂）、螺旋形卵裂、表面卵裂、盘裂

（7）网状组织主要分布在造血器官和淋巴器官中，形成器官内部的网状支架，并具有防护功能，它主要由网状细胞、网状纤维和基质构成，由此可见，网状组织主要来源于胚胎时期的（　　　）。

A. 外胚层　　　　　B. 中胚层　　　　　C. 内胚层　　　　　D. 中胚层和内胚层

## 二、填空题

（1）中生动物由_____细胞和_____细胞组成，其中_____具有营养功能，_____细胞能形成生殖细胞。

（2）_____是个体发育的起点。

（3）受精卵含卵黄多的一端称为_____，含卵黄少的一端称为_____。

（4）中胚层的形成有_____和_____两种主要的方式。

（5）中胚层最早于_____动物中出现；假体腔由_____发展形成。

（6）原口动物以_____法形成中胚层和体腔；后口动物则以_____法形成中胚层和体腔。

## 三、名词解释

生物发生律；卵裂；端细胞法（裂体腔法）；体腔囊法（肠体腔法）。

## 四、简答题

（1）多细胞动物的胚胎发育经历哪几个阶段？

（2）多细胞动物以何方式形成中胚层与体腔？其中胚层主要分化形成哪些组织结构？

## 五、高阶挑战题

在过去的100多年里，人们普遍认为多细胞动物是由结构类似于现代海绵细胞和鞭毛虫的单细胞祖先进化而来。2019年6月12日，关于多细胞起源的新学说刊登在Nature杂志上，根据澳大利亚昆士兰大学生命科学学院的Bernard M. Degnan和Sandie M. Degnan教授课题组的研究成果，对古老的多细胞动物海绵的研究证明，单细胞动物在进化中独立发展出类似胚胎干细胞分化功能的转换机制，可以由单一细胞转换为多类型细胞，进而演化成为多细胞动物。

问题1：单一细胞为何可以分化为多类型细胞？

问题2：比较分析该学说与已知的群体学说和合胞体学说有何进步性。

### 参 考 答 案

## 一、选择题

（1）—（5）：A（BC）（ABD）CB；（6）—（7）：DB。

## 二、填空题

（1）轴细胞；体细胞；体细胞；轴细胞。

（2）受精卵。

（3）植物极；动物极。

（4）端细胞法（裂体腔法）；肠腔法（体腔囊法）。

（5）扁形动物；胚胎囊胚腔/囊胚腔。

（6）端细胞（裂体腔）；体腔囊（肠体腔）或端细胞（裂体腔）。

## 三、名词解释

生物发生律：生物个体发育史是系统发展史的简单而迅速的重演。

卵裂：受精卵进行的快速有丝分裂，称为卵裂。卵裂时细胞不会生长，只是被分割成很多小细胞，这些由小细胞组成的中空球形体称为囊胚。依据卵裂时细胞分裂的程度分为完全卵裂和不完全卵裂。完全卵裂包括完全均等卵裂（如：海星、文昌鱼）和完全不均等卵裂（蛙）；不完全卵裂包括盘裂（如：鸟类）和表面卵裂（如：昆虫）。

端细胞法（裂体腔法）：在胚孔的两侧，内外胚层交界处各有一个细胞分裂成很多细胞，形成索状，深入内外胚层之间，为中胚层细胞。在中胚层之间形成的空腔即为体腔（真体腔）。由于这种体腔是在中胚层细胞之间裂开形成的，又称为裂体腔，这种形成体腔的方式又称为裂体腔法。

体腔囊法（肠体腔法）：在原肠胚背部两侧，内胚层向外突出成对的囊状突起称体腔囊。体腔囊和内胚层脱离后，在内外胚层之间逐步扩展称为中胚层，由中胚层包围的空腔称为体腔。体腔囊来源于原肠背部两侧，因此又称为肠体腔，这样形成体腔的方式称为肠体腔法。

## 四、简答题

（1）受精卵、卵裂、囊胚的形成、原肠胚的形成、中胚层和体腔形成、胚层分化与器官形成等。

（2）端细胞法（裂体腔法）或体腔囊法（肠体腔法）。中胚层可形成真皮、骨骼、肌肉、循环和排泄系统、脂肪组织、结缔组织、体腔膜和系膜等。

## 五、高阶挑战题

略。

# 第五章 多孔动物门（Phylum Porifera）

**知 识 速 览**

多孔动物主要生活在海水中，极少数（只有1科）生活在淡水中。成体全部营固着生活，附着于岩石、贝壳、水生植物或其他物体上。分布广泛，几乎遍布全世界，从潮间带到深海，淡水的湖泊、池塘中也有海绵的分布。本章节重点掌握：① 为什么说多孔动物是最原始、最低等的多细胞动物？② 为什么说多孔动物是动物演化上的一个侧枝，又称侧生动物？

**知 识 要 点**

**一、多孔动物的主要特征**

（1）分布广、营固着生活。主要生活在海水中，极少数（只1科）生活在淡水中。遍布全世界，从潮间带到深海，以至淡水的池沼、湖泊都可见有海绵；营固着生活。

（2）不对称或辐射对称体制。体制的对称方式主要有不对称、辐射对称、两幅对称、两侧对称。

（3）无消化腔，营细胞内消化。

（4）具有水沟系。水沟系（canal system）是海绵动物所特有的结构，它对适应固着生活有重要意义，不同种的海绵其水沟系有很大差别，但其基本类型有3种：单沟型、双沟型、复沟型。

（5）无神经系统，只存在原始的神经细胞——芒状细胞。

**二、多孔动物的代表动物——海绵动物**

海绵动物的结构分为3层，分别为外层（皮层）、中胶层和内层（胃层）。外层由扁细胞、孔（管）细胞构成；中胶层由骨针、海绵质纤维和多种细胞构成；内层由领细胞构成。

扁细胞：具有保护作用。扁细胞内有能收缩的肌丝（myoneme），具有一定的调节作用。

孔细胞：有些扁细胞变成肌细胞，围绕在入水孔和出水孔形成能够收缩的小环控制水流。在扁细胞之间穿插有无数的孔细胞（porocyte），形成单沟系海绵的入水小孔。

中胶层也称为中质或胶状物质，由钙质或硅质的骨针、类蛋白质的海绵纤维构成。中胶层内还有几种类型的变形细胞：有能分泌骨针的成骨针细胞，有能分泌海绵质纤维的成海绵质细胞，还有许多具有全能性的原细胞。原细胞能够分泌成海绵的任何细胞，并游走在海绵体的中胶层中。

内层的领细胞具有吞噬功能。能够吞噬水流带来的食物，完成细胞内消化，也可以将食物传递到中胶层，在原细胞中完成消化。领细胞在生殖过程中起关键作用。原细胞分化形成的精细胞经水流进入领细胞中央腔后，被领细胞吞噬并传递给原细胞形成的卵细胞完成受精。

### 三、多孔动物的生殖与发育

多孔动物的生殖方式有两种，分别是无性繁殖和有性繁殖。无性繁殖以出芽生殖为主。在不良的环境下，海绵动物中胶层内的原细胞能够聚在一起，周围附有海绵纤维和骨针，形成芽球。环境适合生长时，芽球可以发育成新的海绵。

海绵动物的有性生殖以配子生殖为主。在胚胎发育过程中有两囊幼虫阶段，并伴有胚层逆转的发生。

两囊幼虫：在海绵动物发育过程中，动物极一端为具有鞭毛的小细胞，植物极一端为不具鞭毛的大细胞，此时称为两囊幼虫。

逆转：在海绵动物发育过程中，有鞭毛的动物极细胞内转，形成内层，没有鞭毛的植物极细胞留在外面，形成外层，这与其他动物原肠胚的形成方式正好相反，因此称为逆转。

### 四、海绵动物的分类地位

海绵动物是低等的多细胞动物，在演化上是一个侧支，被称为侧生动物。其理由如下：

（1）单个细胞不能长时间单独生存，因而是多细胞生物。

（2）在胚胎发育上与其他多细胞生物不同，有逆转现象。

（3）分布广，营固着生活；体制不对称，无消化腔，只能够进行细胞内的消化；在结构上有与固着生活相关的水沟系，发达的领细胞、骨针等特殊结构；没有神经系统，只有原始的神经细胞（芒状细胞）。

所以说海绵动物是低等的多细胞动物，在演化上是一个侧支。

### 试题集锦

#### 一、名词解释

逆转；两囊幼虫；水沟系。

#### 二、判断题

（1）多孔动物的体壁由皮层、中胶层、胃层3层细胞构成。　　　　（　　）

（2）形成芽球是多孔动物度过不良环境时期的一种方式。　　　　（　　）

（3）在多孔动物中，水沟系具有单沟系、双沟系和三沟系3种类型。（　　）

（4）多孔动物的胃层能分泌消化酶，能在中央腔内进行细胞外消化。（　　）

（5）多孔动物的消化方式主要是靠领细胞行细胞内消化。　　　　（　　）

（6）领细胞是多孔动物特有的一种细胞。　　　　　　　　　　　（　　）

（7）多孔动物的体制都是辐射对称的。　　　　　　　　　　　　（　　）

（8）多孔动物的胃层是由扁平细胞和孔细胞构成的。　　　　　　（　　）

（9）多孔动物发育过程中存在胚层逆转现象是人们将其从进化主支上排出去的主要原因。　　　　　　　　　　　　　　　　　　　　　　　　　（　　）

（10）多孔动物的水沟系统是对固着生活的良好适应。　　　　　（　　）

（11）骨针、海绵丝、水沟系、胚层逆转现象、辐射对称体制都是多孔动物特有的。　　　　　　　　　　　　　　　　　　　　　　　　　　　　（　　）

#### 三、简答题

（1）多孔动物门的主要特征是什么？

（2）为什么说多孔动物是侧生动物？为什么说它不是单细胞的群体动物而是多细胞动物？

## 参 考 答 案

### 一、名词解释

逆转：在海绵动物发育过程中，有鞭毛的动物极细胞内转，形成内层，没有鞭毛的植物极细胞留在外面，形成外层，这与其他动物原肠胚的形成方式正好相反，因此称为逆转。

两囊幼虫：在海绵动物发育过程中，动物极一端为具有鞭毛的小细胞，植物极一端为不具鞭毛的大细胞，此时称为两囊幼虫。

水沟系（canal system）是海绵动物所特有的结构，它对适应固着生活有重要意义。不同种的海绵，其水沟系有很大差别，但其基本类型有3种：单沟型、双沟型、复沟型。

### 二、判断题

（1）—（5）：×√××√；（6）—（10）：√××√√；（11）：×。

### 三、简答题

（1）① 身体形状不规则，体制多数不对称；② 没有器官系统和明确的组织；③ 具有丰富的水沟系；④ 多孔动物身体柔软，借助于硅质或钙质的骨针和角质的海绵质丝来支持身体；⑤ 生殖方式多样，有无性生殖和有性生殖及很强的再生能力；⑥ 发育的幼体为两囊幼虫和实胚幼虫，发育过程中存在逆转。

（2）① 多细胞动物在系统发育上与刺胞动物以后的多细胞动物不同，在发育过程中有逆转这一在其他多细胞动物中没有的现象，还有水沟系、骨针、领细胞等特殊的结构，说明多孔动物的胚胎发育过程与其他多细胞动物不同，因此，多孔动物是动物系统发展过程中的一个侧枝，也称为侧生动物；② 以下证据说明多孔动物不是单细胞的群体动物而是多细胞动物：多孔动物存在着细胞形态和功能的分化；多孔动物细胞相互依存，单个细胞不能独立的长期生存；个体发育中存在着胚层逆转；生化分析显示多孔动物与其他多细胞动物有大致相同的核酸和氨基酸。

# 第六章　刺胞动物门（Phylum Cnidaria）

**知 识 速 览**

　　刺胞动物是真正后生动物的开始，在动物系统演化上占有重要地位。刺胞动物大多数为海产，身体呈辐射对称，营固着生活或漂浮生活；出现了组织的分化和原始的消化循环腔，有世代交替现象。刺细胞是刺胞动物门特有的细胞。本章重点掌握刺胞动物门的主要特征和水螅的结构，熟悉刺胞动物门的分类及各纲的主要代表动物。

**知 识 要 点**

## 一、刺胞动物门的主要特征

### （一）身体呈辐射对称

辐射对称是指通过身体的中轴有无数个切面可以将身体分成近似相等的两部分。与刺胞动物营漂浮或固着生活有关。但是，海葵的体制呈两辐射对称。

### （二）具有两胚层

刺胞动物才是具有真正两胚层（内、外胚层）的动物。在两胚层之间是由内、外胚层细胞分泌的中胶层，起支撑作用。

### （三）具有原始的消化循环腔

刺胞动物开始有了消化腔。这种消化腔又兼有循环的作用，因此称为消化循环腔。与海绵的中央腔不同，刺胞动物的消化循环腔即具有消化的功能，可以行细胞外及细胞内消化，又起到运输营养物质的功能。有口，无肛门，口有摄食和排遗的功能。

### （四）出现了初步的组织分化

刺胞动物出现了初步的组织分化，但以上皮组织为主。除此之外，还具有肌肉组织和神经组织。刺胞动物的细胞类型包括上皮肌肉细胞（简称皮肌细胞）、感觉细胞、间细胞（未分化的细胞）、刺细胞（刺胞动物所特有的细胞）、神经细胞和腺细胞。

### （五）出现了原始的神经系统——网状神经系统（神经网）

网状神经系统具有传递慢、无神经中枢、传递不定向等特点。所以说网状神经系统是较原始的神经系统。

## 二、刺胞动物门的代表动物——水螅

### （一）外部形态

水螅身体呈圆柱状，身体的前端为6～10条触手，触手上含有大量的刺细胞。饥饿时触手能够伸长用来捕捉食物。触手基部中央为口，口周围的突起称为垂唇，垂唇上分布有腺细胞，可以分泌黏液。在水螅的底部起黏附作用的结构为基盘，其上也有大量的腺细胞。水螅的运动方式主要有翻跟头和尺蠖运动两种方式。

### （二）结构与机能

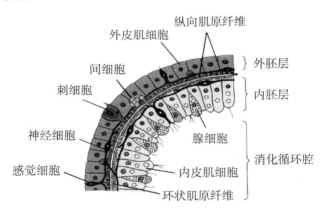

图6.1　水螅横切内部结构图（引自Stephen A. Miller）

1. 外胚层（表皮层）

水螅外胚层主要有6种细胞，分别为外皮肌细胞、感觉细胞、神经细胞、间细胞、刺细胞、腺细胞。

（1）外皮肌细胞：在表皮层中最多，皮肌细胞基部的肌原纤维沿着身体长轴排列，收缩时使水螅的身体或触手变短。

（2）感觉细胞：分布在外皮肌细胞之间，在口周围、触手和基盘处较多。

（3）神经细胞：位于外皮肌细胞的基部，靠近中胶层，神经细胞的突起彼此连接成网状，构成网状神经系统。

（4）间细胞：为多能干细胞，大小与外皮肌细胞的细胞核类似，成簇分布，来源于胚胎的内胚层。

（5）刺细胞：刺胞动物所特有的，遍布全身，触手上特别多。含有一囊状的刺丝囊，水螅的刺丝囊有4种：穿刺刺丝囊、卷缠刺丝囊、2种黏性刺丝囊。

（6）腺细胞：身体各部都有，以基盘和口周围最多。能分泌黏液，有助于固着和吞咽食物；也能分泌气泡。

2. 内胚层（胃层）

水螅内胚层主要包含5种细胞，分别是内皮肌细胞、腺细胞、感觉细胞、神经细胞和间细胞。胃层基部也有分散的神经细胞，但是没有连接成网。

（1）内皮肌细胞：又称营养肌肉细胞，是一种具有营养机能兼收缩机能的细胞，在细胞顶端通常有两根鞭毛。鞭毛摆动可以激动水流，同时也可以伸出伪足吞噬食物。其基部的肌原纤维与身体或者触手中心呈环形排列，收缩时使身体变长变细。

（2）腺细胞：与基盘、垂唇处的腺细胞功能不同，胃层的腺细胞主要分泌消化酶消化食物。

水螅的呼吸和排泄没有特殊的器官，由各个细胞吸氧、排出二氧化碳和废物。

3. 繁殖与再生

水螅的生殖方式有无性繁殖和有性繁殖两种。无性生殖为出芽生殖，有性生殖为配子生殖。出芽生殖时体壁向外突起，逐渐长大形成芽体，芽体的消化循环腔与母体相连通，芽体长出垂唇、口和触手，最后基部收缩与母体脱离，附于他处营独立生活。大多数水螅为雌雄异体，生殖腺由表皮层的间细胞分化形成的临时性结构，精巢为圆锥形，卵巢为卵圆形。卵巢一般每次成熟一个卵细胞，精巢内形成很多精子。卵成熟后，卵巢破裂，使卵漏出。成熟的精子出精巢后，游向卵子，与之受精。受精卵进行完全卵裂，以分层法形成原肠胚。再生能力强。

**三、刺胞动物的分纲**

刺胞动物门分为3个纲，分别为水螅纲、钵水母纲和珊瑚纲。

**（一）水螅纲**

1. 水螅纲的主要特征

（1）一般是小型的水螅型或水母型。

（2）水螅型结构简单，只有简单的消化循环腔。

（3）水母型有缘膜，触手基部有平衡囊。

（4）生活史有水螅型和水母型，即世代交替现象。

（5）生殖腺由外胚层发育形成。

2. 代表动物——薮枝螅

薮枝螅生活在浅海，固着于海藻、岩石或其他物体上，为一树枝状的水螅型群体。群体基部的结构很像植物的根，故称螅根。由螅根上着生出很多直立的茎，称螅茎。在整个群体的外面包围着一层厚厚的透明的角质膜，称围鞘，具有保护和支持的功能。水螅体主管营养，生殖体主管生殖，水螅体与生殖体之间靠共肉（原生质部分）连接。薮枝螅的生活史有世代交替现象。

### （二）钵水母纲

1. 主要特征

（1）一般为大型水母，无水螅型或水螅型不发达。

（2）结构复杂，胃囊内有胃丝。

（3）无缘膜，感觉器官为触手囊。

（4）内外胚层均有刺细胞。

（5）生殖腺来自内胚层。

2. 代表动物——海月水母

海月水母营漂浮生活，身体透明，在伞边缘生有触手，并有8个缺刻，每一个缺刻有一个感觉器，也称触手囊。囊内有钙质的平衡石，囊内有眼点，囊下有缘瓣，缘瓣上有感觉细胞和纤毛，另外有两个感觉窝。当水母不平衡时，触手囊对感觉纤毛的压力不同，而产生不平衡的感觉。在内伞中央有一呈四角形的口，由口的四角上伸出4条口腕。

消化系统比较复杂，包括口、胃、胃囊、辐管、环管。

在胃囊里面有4个内胚层产生的马蹄形生殖腺，在生殖腺内侧有胃丝，其上有很多刺细胞，食物进入胃囊后即被杀死。具有保护生殖腺的作用。

海月水母的生活史具有世代交替现象，水螅体世代较短。

除海蜇外，大多数钵水母对渔业有害，伤害鱼苗、贝类等。但是其毒素可以提炼抗肿瘤药物。水母也可以做仿生学研究，研究海啸、风暴报警器。

### （三）珊瑚纲

1. 主要特征

（1）只有水螅型，无水母型。

（2）结构复杂，有口道、口道沟、隔膜和隔膜丝（来源于外胚层）。

（3）大多具有发达的"骨骼"，为细胞分泌的角质或石灰质的骨针或骨片。

（4）内、外胚层均有刺细胞。

（5）生殖腺来自内胚层。

2. 代表动物——海葵

海葵一般没有骨骼，身体呈圆柱状，以基盘附着于岩石或其他物体上。另一端有口，呈裂缝形，口周围部分称为口盘，其周围有几圈触手，触手上有刺细胞，用来进行捕食。捕食后食物进入口道，口道壁由外胚层形成。口道的两端各有一纤毛沟，称为口道沟。海葵收缩时，水流仍可以从口道沟进入消化循环腔。

消化循环腔复杂，由不同的隔膜隔成不同的小室。隔膜根据宽度可分为一、二和三级隔膜。在隔膜游离的边缘有隔膜丝，沿隔膜下行直到消化循环腔的底部，到达底部后分化出线状的毒丝，其中有丰富的刺细胞。

海葵为雌雄异体，生殖腺长在隔膜上接近隔膜丝的部分，由内胚层形成。精子成熟后由口流出，进入另一雌性体内与卵结合形成受精卵。无浮浪幼虫阶段，无水母型。

无性生殖为纵分裂或出芽生殖。

## 试题集锦

### 一、名词解释

辐射对称；消化循环腔；皮肌细胞；浮浪幼虫；细胞外消化；刺细胞。

### 二、填空题

（1）_____才是真正后生动物的开始。

（2）刺胞动物的体制一般为_____，这是一种原始的低级对称形式。

（3）刺胞动物具有由内、外胚层细胞所包围的_____腔，此腔具有_____和_____的作用，来源于胚胎发育中的_____腔。

（4）刺胞动物是具有细胞分化的一类低等多细胞动物，其中，水螅的外胚层细胞分化为_____、_____、_____、_____、_____和_____多种类型。

（5）刺胞动物的神经系统为_____状神经，这是动物界里最简单、最原始的神经系统，神经传导的方向一般是_____的，神经传导的速度_____。

（6）刺胞动物分_____、_____、_____和_____4个纲，其中本门

食用价值最大的是_____纲的_____。

（7）刺细胞为_____动物所特有，刺丝泡为_____动物所特有。

（8）刺胞动物的形态包括_____和_____两种类型。其中，前者为_____世代，其生殖方式是_____；后者为_____世代，其生殖方式是_____。

（9）淡水水螅的内胚层有一种_____细胞，它们能分泌_____进行消化。

（10）刺胞动物的_____能力很强，如把水螅切成几个小段，每段都能长成一个小水螅。

（11）刺胞动物的含氮代谢废物排出体外的途径是_____。

（12）刺胞动物没有呼吸器官是借助于_____与周围环境中的水进行气体交换来完成的。

（13）刺胞动物有两种基本形态，一种是适应_____生活的水螅型，另一种是适应_____生活的水母型。

（14）水螅外皮肌细胞肌原纤维的排列方向是_____，收缩可使身体和触手变_____。水螅内皮肌细胞肌原纤维的排列方向是_____，收缩可使身体和触手变_____。

（15）水螅水母_____缘膜，其感觉器官为_____；钵水母_____缘膜，其感觉器官为_____。

（16）海月水母属于_____纲；僧帽水母属于_____纲；钩手水母属于_____纲；桃花水母属于_____纲；海葵属于_____纲；海蜇属于_____纲；海鳃属于_____纲。

### 三、判断题

（1）刺胞动物是一类比较高等的原生动物。　　　　　（　　　）

（2）刺胞动物的上皮细胞内包含肌原纤维。　　　　　（　　　）

（3）水螅的体壁由两层细胞构成，在两层细胞之间为中胶层。（　　　）

（4）珊瑚骨骼的形成与大多数珊瑚虫的内、外胚层都能分泌骨骼有关。（　　　）

（5）水螅无特殊的呼吸和排泄器官，由各细胞吸氧，排出二氧化碳和废物。

　　　　　　　　　　　　　　　　　　　　　　（　　　）

（6）所有刺胞动物都有世代交替现象。　　　　　　　（　　　）

（7）珊瑚纲动物全部生活在海水中，由于其水母型个体体形很小，海滨动物实习时通常只能见到水螅型个体。　　　　　　　　（　　　）

（8）水螅发育过程中经历浮浪幼虫阶段。（　　）

（9）采集水螅最好的地方是水流缓慢、水草丰富的浅海。（　　）

（10）刺胞动物群体的消化循环腔都连在一起。（　　）

（11）水螅的刺细胞在触手和口的周围最多。（　　）

（12）水螅通过体壁与外界进行气体交换。（　　）

（13）水螅身体中央的空腔既具消化作用又具循环作用。（　　）

（14）珊瑚纲动物生活史中只有水螅体，没有水母体。（　　）

（15）钵水母纲动物生活史中只有水母体，没有水螅体。（　　）

（16）海月水母的感觉器官是触手囊，有平衡身体、感光、嗅觉等功能。（　　）

（17）海蜇的生殖腺起源于内胚层。（　　）

（18）刺胞动物体内不能消化的食物残渣由肛门排出。（　　）

（19）海蜇能蜇人，原因是其身体上有刺细胞，能放出毒液。（　　）

## 四、选择题

（1）（多选）刺胞动物具有下列何种细胞？（　　）

A. 刺细胞　　　　　B. 皮肌细胞　　　　C. 扁细胞　　　　D. 领细胞

（2）海产刺胞动物在发育过程中需经历（　　）。

A. 担轮幼虫　　　　B. 两囊幼虫　　　　C. 牟勒氏幼虫　　　D. 浮浪幼虫

（3）刺胞动物排出代谢废物的主要途径是（　　）。

A. 从体细胞到伸缩细胞　　　　　　B. 从体细胞、排泄管、排泄孔到体外

C. 从体细胞、体表到体外　　　　　D. 从体细胞、消化循环腔、口到体外

（4）构成水螅体壁的下列细胞中，有一种未分化的细胞是（　　）。

A. 皮肌细胞　　　　B. 腺细胞　　　　　C. 刺细胞　　　　D. 间细胞

（5）下列动物中具有不完全的消化道的是（　　）。

A. 节肢动物　　　　B. 环节动物　　　　C. 线形动物　　　D. 刺胞动物

（6）刺胞动物所特有的结构是（　　）。

A. 身体呈辐射对称　B. 完全消化道　　　C. 具有刺细胞　　D. 网状神经系

（7）海葵的身体为（　　）。

A. 次生性辐射对称　B. 辐射对称　　　　C. 两侧对称　　　D. 两辐射对称

（8）水螅为淡水生活的刺胞动物，是科学研究的好材料，下列关于水螅的叙述中，不正确的是（　　）。

A. 水螅有多种运动行为，如捕食运动、尺蠖运动和翻筋斗运动等

B. 具有两个胚层和消化循环腔

C. 神经系统发达，有感觉运动中心

D. 具有辐射对称的体制

（9）水螅的生殖腺来源于（　　　）。

A. 内胚层　　　　　　B. 外胚层　　　　　　C. 中胚层　　　　　　D. 内皮肌细胞

（10）在刺胞动物中，具群体多态（世代交替）现象的动物是（　　　）。

A. 水螅　　　　　　　B. 薮枝螅　　　　　　C. 珊瑚　　　　　　　D. 海葵

（11）水螅生殖腺的特点是（　　　）。

A. 精卵巢均为圆锥形　　　　　　　　　B. 精卵巢均为卵圆形

C. 精巢圆锥形，卵巢卵圆形　　　　　　D. 精巢卵圆形，卵巢圆锥形

（12）水螅的受精作用发生在（　　　）。

A. 河水中　　　　　　B. 卵巢里　　　　　　C. 内胚层里　　　　　D. 消化腔内

（13）水螅能做各种形式的运动，是因为（　　　）上皮肌细胞伸缩的结果。

A. 内胚层　　　　　　B. 中胶层　　　　　　C. 外胚层　　　　　　D. 内外胚层

（14）用解剖针刺激水螅身体，水螅的反应是（　　　）。

A. 只触手收缩　　　B. 只刺激部位收缩　　C. 全身收缩　　　　　D. 逃走

（15）下列动物中无缘膜的是（　　　）。

A. 钩手水母　　　　　B. 桃花水母　　　　　C. 瘤手水母　　　　　D. 海蜇

（16）水螅的生殖腺是由（　　　）分化形成的。

A. 腺细胞　　　　　　B. 间细胞　　　　　　C. 皮肌细胞　　　　　D. 刺细胞

（17）下列动物体上具有石灰质骨骼的是（　　　）。

A. 桃花水母　　　　　B. 海月水母　　　　　C. 海葵　　　　　　　D. 红珊瑚

（18）生殖腺起源于内胚层的是（　　　）。

A. 钩手水母　　　　　B. 桃花水母　　　　　C. 海月水母　　　　　D. 瘤手水母

（19）浮浪幼虫在结构上相当于胚胎发育的哪一个阶段？（　　　）

A. 桑葚胚期　　　　　B. 囊胚期　　　　　　C. 原肠胚期　　　　　D. 中胚层形成期

## 五、问答题

（1）为什么说刺胞动物的消化腔与海绵动物的中央腔不同？

（2）简答刺胞动物门的主要特征。

（3）简答水螅外胚层和内胚层的细胞种类。

## 六、填图题

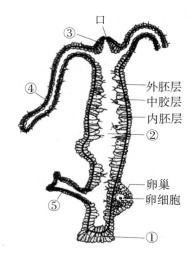

①_____; ②_____; ③_____; ④_____; ⑤_____。

**参考答案**

### 一、名词解释

辐射对称：通过身体的中轴（从口面到后口面）有多个切面（至少有3个）可以把身体分为两个大致相等的部分，这是一种原始的低级对称形式，如大多数刺胞动物。

消化循环腔：由刺胞动物内、外胚层所围成的体内腔，这种消化腔既有消化的功能又有循环的功能。

皮肌细胞：刺胞动物的上皮与肌肉没有分开的原始结构，上皮肌肉细胞既属于上皮，也属于肌肉的范围。

浮浪幼虫：在刺胞动物的生活史中，由受精卵发育形成的原肠胚，在其表面生有纤毛，能游动的幼虫称为浮浪幼虫。

细胞外消化：由腺细胞分泌消化酶到消化腔内，将食物进行的消化，称为细胞外消化。

刺细胞：是刺胞动物所特有的，每个刺细胞有一核位于细胞的一侧，并有囊状的刺丝囊，囊内储有毒液及一盘旋的丝状管，对捕食和防御起作用，如水螅。

### 二、填空题

（1）刺胞动物。

（2）辐射对称。

（3）消化循环；消化；循环；原肠。

（4）外皮肌细胞；腺细胞；感觉细胞；神经细胞；刺细胞；间细胞。

（5）网；无定向；慢。

（6）水螅纲；钵水母纲；立方水母纲；珊瑚纲；钵水母；海蜇。

（7）刺胞动物；草履虫。

（8）水螅型；水母型；无性；出芽生殖；有性；精卵结合。

（9）腺；消化酶；细胞外。

（10）再生。

（11）通过口排出体外。

（12）体壁细胞。

（13）固着；浮游。

（14）纵向；粗短；环状；细长。

（15）外皮肌细胞；神经细胞；腺细胞；感觉细胞；间细胞；刺细胞。

（16）有；平衡囊；无；触手囊。

（17）钵水母纲；水螅纲；水螅纲；水螅纲；珊瑚纲；钵水母纲；珊瑚纲。

## 三、判断题

（1）—（5）：××√×√；（6）—（10）：××××√；

（11）—（15）：√√√√×；（16）—（19）：√√×√。

## 四、选择题（单选或多选）

（1）—（5）：（AB）DDDD；（6）—（10）：CDCBB；

（11）—（15）：CBDCD；（16）—（19）：BDCC。

## 五、问答题

（1）① 海绵动物的中央腔是水沟系的组成部分，是水流流经的空腔，没有消化功能；② 刺胞动物的消化腔具有消化的功能，可以行细胞外及细胞内消化，又兼有循环的功能，能将消化后的营养物质输送到身体各部分。它是由内、外两胚层细胞所围成的腔，即胚胎发育中的原肠腔。

（2）① 身体呈辐射对称；② 具有两胚层；③ 具有原始的消化循环腔；④ 出现了初步的组织分化；⑤ 出现了原始的神经系统，即网状神经系统（神经网）。

（3）① 水螅外胚层主要有6种细胞，分别为外皮肌细胞、感觉细胞、神经细胞、间细胞、刺细胞、腺细胞；② 水螅内胚层主要包含5种细胞，分别是内皮肌细胞、腺细胞、感觉细胞、神经细胞和间细胞。胃层基部也有分散的神经细胞，但是没有连接成网。

## 六、填图题

①基盘；②消化循环腔；③垂唇；④触手；⑤芽体。

# 第七章 扁形动物门（Phylum Platyhelminthes）

知 识 速 览

　　扁形动物门包括涡虫纲、吸虫纲和绦虫纲，是两侧对称、三胚层、无体腔、背腹扁平的动物，全世界有1万至1.5万种，除少数种类（如涡虫）营自由生活外，多数营寄生生活。它们的消化道有口，无肛门；排泄系统是由末端具有焰细胞构造的原肾管组成；神经系统为梯形，出现原始中枢神经；生殖系统发达，具生殖导管，故比刺胞动物更为复杂、更为高级和进化。本章重点掌握扁形动物门的主要特征以及两侧对称、中胚层出现的意义；熟悉扁形动物门的分类及其特征；了解寄生虫与寄生生活相适应的特征及寄生的危害和防治原则。

## 知 识 要 点

### 一、扁形动物门的主要特征

#### （一）两侧对称

概念：是扁形动物及扁形动物以后出现的大多数动物所具有的身体对称形式。即通过身体的中轴，只有一个对称面（或切面）将动物体分成左右相等的两部分。因此，两侧对称也称为左右对称。

两侧出现的意义：

（1）凡是两侧对称的动物，身体都已有了明显的背腹、前后和左右之分。

（2）体制的分化与相应的机能的分化有密切的关系。如背部司保护，腹部司运动，使动物体得以向前爬行、摄食与交配；神经系统和感觉器官逐渐向前端集中。动物身体的这种分化使动物对外界环境的反应更迅速、更准确，而行动也就更敏捷。

（3）两侧对称是动物由水中漂浮生活变为水底爬行的结果，水底爬行又可以进化到陆上爬行。因此，两侧对称体制是动物由水生到陆生的基本条件之一。

**（二）出现中胚层**

中胚层出现的意义：

（1）从扁形动物开始出现了中胚层，中胚层的产生，减轻了外胚层和内胚层的负担。

（2）引起了一系列的组织、器官、系统的分化。在表皮（外胚层）以内的中胚层形成了肌肉，增强了动物运动的机能，加上两侧对称的体制，感觉器官的逐渐发展，使动物可以更快和更有效地去摄取更多的食物，从而促使整个新陈代谢都随之加强，消化系统发达，排泄系统逐渐形成。同时由于运动增强，动物的反应也随之增快，反过来又促进了神经系统和感觉器官更趋发展，并向前端集中。

（3）中胚层所形成的实质组织（柔软结缔组织）有储藏水分和养料的功能，动物得以耐干旱和饥饿。因此，中胚层的出现也是动物由水生进化到陆生的基本条件。

**（三）具有皮肤肌肉囊（皮肌囊）**

概念：从扁形动物开始，有由外胚层形成的单层表皮，和由中胚层形成的多层肌肉相互连接组成体壁，体壁包裹全身，具有保护和运动的功能。

**（四）出现不完全的消化系统**

（1）扁形动物的消化系统和刺胞动物很相似，均有口无肛门，属于不完全消化系统。

（2）肠壁系由一列内胚层形成的柱状上皮细胞紧密排列而成，由于扁形动物无循环系统，其肠道除摄食、消化外，也有助于水分和养料的运输。

（3）扁形动物的消化系统繁简不一。营自由生活的，如涡虫，肠道可分多支，可进行细胞外和细胞内消化；营寄生生活的，如吸虫，由于从寄主体内获得营养，其消化系统趋于退化，再如绦虫，则消化系统已完全消失。

**（五）具有原肾管型排泄系统**

（1）焰细胞：是扁形动物原肾管的组成单位，在每小分支排泄管的末端由帽细胞及管细胞组成的盲管，帽细胞盖在管细胞之上，由前者顶端伸出一束纤毛，由于纤毛不断摆动犹如火焰，故名；通过焰细胞膜渗透而收集多余水分、液体、废物，在纤毛的驱使下，使排泄物从焰细胞经排泄管排到体外。

（2）原肾管：由身体两侧的外胚层内陷形成的具分支的盲管状构造，具排泄功能。

**（六）具有梯形神经系统**

概念：扁形动物出现了原始的中枢神经系统，在前端有发达的脑，脑后有若干纵行的神经索，各神经索之间尚有横神经相连，形成了梯状结构，故又称扁形动物的神经系统。为梯形神经系统。

扁形动物的神经系统较刺胞动物的神经系统有了显著的进化，主要表现在神经系统比较集中和发达。在中枢神经系统里，有神经细胞和神经纤维，身体的各部分相联系。自由生活的种类同时常具眼点、平衡囊等感觉器官。

**（七）生殖系统：出现了固定的生殖腺和生殖道管**

大多数扁形动物为雌雄同体，自体受精或异体受精，生殖器官较为复杂、多样。由于中胚层的出现，取代了外胚层或内胚层的生殖功能，不但具有了能产生雌雄生殖细胞的生殖腺，而且还有了生殖导管（如输卵管、输精管等）和附属腺（如前列腺、卵黄腺等）的构造。通过这些管腺，生殖细胞可以排出体外，同时也出现了交配和体内受精现象，这些都是较高级的特征，也是动物由水生到陆生的一个重要条件。

**（八）生活方式**

一类营自由生活，如涡虫纲中的某些动物，在水中或潮湿的陆地上爬行或游泳，以捕捉小动物及摄取有机物为食。

另一类营寄生生活，如吸虫、绦虫，从被寄生的动物体获得营养。凡两种动物生活在一起，一种动物生活在另一种动物的体表或体内，并从该动物夺取营养，给予损害的，称为寄生，这一类动物称为寄生虫，被寄生的动物称为寄主或宿主。寄生虫的活动及寄生虫和寄主、宿主间相互影响的各种表现，统称为寄生现象。系统研究各种动物寄生现象的科学，称为寄生虫学。

**二、扁形动物门的分类**

**（一）涡虫纲：代表动物——三角涡虫**

1. 涡虫纲的主要特征

（1）多自由生活，多数生活在海洋，少数生活在淡水，也有种类生活在土壤中。

（2）体表具纤毛，有特殊的杆状体，具典型的皮肌囊。

（3）具不完全消化系统，有口无肛门。

（4）无专门的呼吸器官，呼吸通过体表进行。

（5）具焰细胞的原肾管型排泄系统。

（6）具网状或梯形神经系统，有较发达的感觉器官。

（7）行无性生殖和有性生殖，多数海产种类间接发育。

（8）有牟勒氏幼虫阶段，再生能力强，具极性。

2. 涡虫纲的分类

（1）无肠目——海产，体小，体长1~12 mm，无消化管，有口无肛门。如：旋涡虫。

（2）大口虫目——海水或淡水生活，小型涡虫，有口和咽，肠简单囊状。 横裂成虫链。如：大口虫。

（3）多肠目——海产，体长3~20 mm，有口，咽发达，肠多分支。如：平角涡虫。

（4）三肠目——海水、淡水、陆地生活。体长0.2~50 cm，有口和咽，肠分三大主枝。如：三角涡虫。

**（二）吸虫纲：代表动物——华支睾吸虫**

1. 吸虫纲的主要特征

（1）全部营寄生生活，多数为体内寄生，少数为体外寄生（适于寄生的特点）。

（2）体表无纤毛和杆状体，有保护性的皮层。

（3）具附着器官，如吸盘（口吸盘、腹吸盘）、锚、小钩等，吸附能力强。

（4）消化系统退化，神经系统不发达，感觉器官退化。

（5）外寄生种类行有氧呼吸，内寄生种类行厌氧呼吸。

（6）生殖系统复杂，生殖机能发达。劳氏管：接输卵管，排出多余卵黄或精子；梅氏腺：成卵腔外的单细胞腺体，分泌物形成卵壳。

（7）生活史复杂，内寄生种类有2或3个寄主，多个幼虫期，见图7.1。

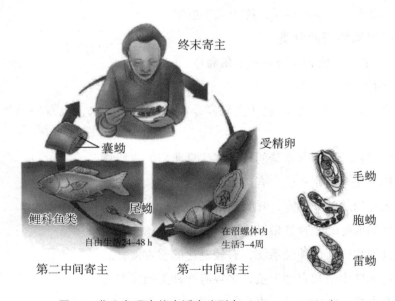

图7.1 华支睾吸虫的生活史（引自Stephen A. Miller）

2. 吸虫纲的分类

（1）单殖亚纲。体外寄生，不更换宿主。固着器在体后端，为锚或小钩。常见种类：三代虫（寄生于淡水鱼类、两栖类），卵胎生；指环虫（寄生于淡水鱼的鳃部）。

（2）盾腹亚纲。体内或体外寄生。多无寄主的专一性。吸盘结构特殊。常见种类：盾腹吸虫（寄生于鱼类、爬行类、软体动物体内外）。

（3）复殖亚纲。体内寄生。更换宿主。多具口吸盘和腹吸盘。常见种类：肝片吸虫（羊肝蛭）寄生于牛、羊等食草动物或人的肝胆管；布氏姜片虫寄生于人或猪小肠内；日本血吸虫寄生于人或哺乳动物的门静脉或肠系膜静脉内。

**（三）绦虫纲：代表动物——猪带绦虫**

1. 绦虫纲的主要特征

（1）全内寄生。

（2）成虫扁平带状，体分头节、颈部、节片3部分。

（3）具集中于头节的附着器官（吸盘、小钩等）。

（4）体表纤毛消失，亦无棘，感官完全退化，消化系统全部消失。

（5）皮层具微毛，通过体表的渗透作用吸收寄主的营养物质。

（6）生殖器官高度发达，每一成熟节片都有一套雌、雄生殖器，繁殖力强大。

（7）多有一个中间寄主。

2. 绦虫纲的分类

（1）单节亚纲。无头节和节片，无消化系统；寄生在鲨鱼、鳐和原始的硬骨鱼的消化道或体腔内。中间寄主为水生无脊椎动物幼虫或甲壳类。如：旋缘绦虫。

（2）多节亚纲。体由多个节片构成，幼虫为六钩蚴；成虫全部寄生在脊椎动物的消化道内。如：牛带绦虫、猪带绦虫和细粒棘球绦虫。

**（四）寄生**

概念：指一种生物寄居在另一种生物的体表或体内，从而摄取被寄居的生物体的营养以维持生命的现象。

1. 寄生虫对寄主的危害

（1）争养；

（2）化学刺激；

（3）机械刺激；

（4）传播微生物。

2. 防治寄生虫的一般原则

（1）讲究卫生，积极进行个人防护；

（2）切断传播途径；

（3）减少传染源。

3. 寄生生活适应性变化的一般规律

（1）寄生生活的环境条件：简单而稳定。

（2）适应结果：身体的结构部分退化，部分加强。① 取食方便而直接→消化和运动器官退化；② 对外界刺激的感应减弱→神经和感觉器官退化；③ 抵御寄主体内酶的侵蚀→表皮特化成皮膜；④ 固着在寄主体内的寄生部位→产生固着器官如吸盘、钩、锚；⑤ 寄主转换过程中的大量死亡→生殖系统特别发达。

（3）随着寄生程度的发展，加强的愈加强，退化的愈趋退化。

### 试题集锦

**一、名词解释**

两侧对称；皮肤肌肉囊；焰细胞；原肾管；寄生；劳氏管；梅氏腺；自体感染；幼体生殖。

**二、填空题**

（1）扁形动物是_____对称的体制。

（2）扁形动物是_____型神经系统。

（3）中胚层的产生是从_____动物开始的。

（4）扁形动物的体壁是由_____和_____构成，它们分别起源于_____层和_____胚层，后者又分3层，即_____、_____和_____。

（5）涡虫的体表有_____，当遇到刺激时会被排出体外，弥散有毒的黏液供防御和捕食之用。

（6）扁形动物的体壁和消化道之间充满了_____，体内的所有器官都包埋其中。

（7）吸虫与绦虫体壁的皮层是一层_____结构。

（8）与吸虫不同，绦虫皮层表面有_____结构，这是与其利用_____吸收营养的特性相适应的。

（9）扁形动物的排泄系统属于_____型排泄系统，来源于_____胚层。

（10）原肾管分支的末端是_____细胞结构，该结构由_____和_____

组成，其中_____具有2条或多条纤毛。

（11）扁形动物门分为_____、_____、_____3个纲。

（12）扁形动物的背侧发展出了_____功能，腹侧发展出了_____功能。

（13）扁形动物的生活方式包括_____和_____。

（14）猪带绦虫终末寄主是_____，中间寄主是_____。

（15）华支睾吸虫终末寄主是_____，中间寄主是_____。

（16）日本血吸虫终末寄主是_____，中间寄主是_____。

（17）绦虫成虫的节片可分为_____、_____、_____。

（18）日本血吸虫成虫寄生于人的_____，华支睾吸虫的成虫寄生于人的_____。

## 三、选择题

（1）涡虫的主要生活方式为（　　　）。

A. 自由生活　　　　B. 寄生生活　　　　C. 兼性寄生　　　　D. 专性寄生

（2）涡虫耳突的功能是（　　　）。

A. 听觉　　　　　　B. 感光　　　　　　C. 触觉和嗅觉　　　　D. 化学感受器

（3）涡虫纲多肠目动物的幼虫是（　　　）。

A. 两囊幼虫　　　　B. 浮浪幼虫　　　　C. 帽状幼虫　　　　D. 牟勒氏幼虫

（4）猪肉绦虫最发达的系统是（　　　）。

A. 运动系统　　　　B. 感觉系统　　　　C. 生殖系统　　　　D. 消化系统

（5）米猪肉是指感染了（　　　）的猪肉。

A. 埃及血吸虫　　　B. 猪带绦虫　　　　C. 细粒棘球绦虫　　D. 三代虫

（6）下列对华支睾吸虫的叙述，不正确的是（　　　）。

A. 中间寄主为沼螺　　　　　　　　B. 为单殖吸虫

C. 终末寄主为人、猫、狗　　　　　D. 成虫寄生于胆管

（7）猪带绦虫的幼虫为（　　　）。

A. 毛蚴　　　　　　　　　　　　　B. 六沟蚴和囊尾蚴

C. 雷蚴　　　　　　　　　　　　　D. 囊蚴

（8）预防猪肉绦虫病要注意（　　　）。

A. 猪肉需要充分煮熟

B. 切猪肉和生菜的刀及案板要与切熟肉和熟菜的分开

C. 避免人的粪便污染猪的饲料

D. A～C 3项都要注意

（9）猪肉绦虫、血吸虫等寄生虫的共同特征是（　　　）。

A. 消化器官发达　　　B. 运动器官发达　　　C. 感觉器官发达　　　D. 生殖器官发达

（10）指环虫属于（　　　）。

A. 盾腹吸虫　　　　　B. 复殖吸虫　　　　　C. 单节绦虫　　　　　D. 单殖吸虫

（11）对扁形动物的消化系统描述正确的是（　　　）。

A. 消化系统完善　　　　　　　　　　B. 消化系统不完善

C. 有口，有肛门　　　　　　　　　　D. 涡虫没有消化系统

（12）扁形动物开始以后各门动物（除棘皮动物和腹足纲外）的对称形式是（　　　）。

A. 无固定的对称形式　　　　　　　　B. 辐射对称形式

C. 左右对称形式　　　　　　　　　　D. 两辐射对称形式

（13）下列动物中具有原肾型排泄系统的是（　　　）。

A. 水螅　　　　　　　B. 涡虫　　　　　　　C. 蚯蚓　　　　　　　D. 河蚌

（14）三角涡虫的神经系统为（　　　）。

A. 网状神经系统　　　B. 链状神经系统　　　C. H神经系统　　　　D. 梯形神经系统

（15）对扁形动物生殖描述不正确的是（　　　）。

A. 无固定生殖腺　　　B. 大多雌雄同体　　　C. 出现生殖导管　　　D. 具附属腺

（16）营自由生活的扁形动物是（　　　）。

A. 血吸虫　　　　　　B. 涡虫　　　　　　　C. 疟原虫　　　　　　D. 猪肉绦虫

（17）绦虫的节片中，含有受精卵的节片叫作（　　　）。

A. 颈节　　　　　　　B. 未成熟节片　　　　C. 成熟节片　　　　　D. 妊娠节片

（18）扁形动物不具下述哪一种器官系统？（　　　）

A. 神经系统　　　　　B. 循环系统　　　　　C. 生殖系统　　　　　D. 排泄系统

（19）猪带绦虫中哪一部分是横分裂生长区？（　　　）

A. 头节　　　　　　　B. 颈部　　　　　　　C. 成熟节片　　　　　D. 妊娠节片

（20）日本血吸虫在人体内的寿命一般为（　　　）年。

A. 1　　　　　　　　　B. 5　　　　　　　　　C. 40　　　　　　　　　D. 10～20

**四、判断题**

（1）人是通过接触感染日本血吸虫，通过口感染猪带绦虫。　　　　　　（　　　）

（2）扁形动物中自由生活的种类比寄生生活的种类消化系统发达。　　　（　　　）

（3）扁形动物原肾管的主要功能是调节渗透压，排出全部代谢废物。　　（　　　）

（4）日本血吸虫成虫雄性粗短，雌性细长。　　　　　　　　　　　　　（　　　）

（5）涡虫的耳突司听觉，眼点具视觉可以成像。　　　　　　（　　）

（6）与刺胞动物相比，扁形动物有了固定的生殖腺和生殖导管。（　　）

（7）华支睾吸虫雌雄同体，既可自体受精也可异体受精。　　（　　）

（8）涡虫具有完全的消化道。　　　　　　　　　　　　　　（　　）

（9）三角涡虫再生力强，如果把它切成两截，可再生成两个成体。

（　　）

（10）扁形动物没有特殊的呼吸器官，自由生活的涡虫通过体表进行气体交换。

（　　）

## 五、简答题

（1）扁形动物门的主要特征是什么？

（2）两侧对称的出现在动物进化上有何重要意义？

（3）简答血吸虫的生活史。

（4）简答吸虫纲的主要特征。

（5）简答绦虫纲的主要特征。

（6）简答涡虫纲的主要特征。

## 六、论述题

（1）论述中胚层的出现在动物进化上有何重要意义。

（2）论述寄生虫对寄生生活方式的适应性。

**参 考 答 案** ············································································

## 一、名词解释

两侧对称：是扁形动物及扁形动物以后出现的大多数动物所具有的身体对称形式。即通过身体的中轴，只有一个对称面（或切面）将动物体分成左右相等的两部分，因此两侧对称也称为左右对称。

皮肤肌肉囊：由中胚层形成的肌肉和外胚层形成的表皮共同形成的包围身体的结构，称为皮肤肌肉囊，简称皮肌囊。

焰细胞：扁形动物的原肾管的组成单位，是每小分支排泄管的末端由帽细胞及管细胞组成的盲管，帽细胞盖在管细胞之上，由前者顶端伸出一束纤毛，由于纤毛不断摆动犹如火焰，故名；通过焰细胞膜渗透而收集多余水分、液体、废物，在纤毛的驱使下，使排泄物从焰细胞经排泄管排到体外。

原肾管：（体内封闭，体外开口）由身体两侧外胚层陷入形成的，具许多分支的排泄管构成，有排泄孔通体外，分支末端由焰细胞（帽细胞和管细胞）组成盲管。

寄生：指一种生物寄居在另一种生物的体表或体内，从而摄取被寄居的生物体的营养以维持生命的现象。

劳氏管：吸虫体内接输卵管的管道，排出多余卵黄或精子。

梅氏腺：成卵腔外的单细胞腺体，分泌物形成卵壳。

自体感染：原本已存在宿主体内的寄生虫或其他病原体在宿主体内增殖，并仍寄生在同一宿主的现象。

幼体生殖：指动物个体在未成熟期或幼体阶段就进行繁殖，如华支睾吸虫胞蚴中的许多胚细胞团各发育为一雷蚴。这种生殖方式使有机体在较短时间内即可获得大量的后代，有利于种族的繁衍。

## 二、填空题

（1）两侧。

（2）梯。

（3）扁形。

（4）表皮；肌肉；外；中；环肌；纵肌；斜肌。

（5）杆状体。

（6）实质组织。

（7）合胞体。

（8）微毛；体壁。

（9）原肾管；外。

（10）焰细胞；管细胞；帽细胞；帽细胞。

（11）涡虫纲；吸虫纲；绦虫纲。

（12）保护；运动。

（13）自由生活；寄生生活。

（14）人；猪。

（15）人、猫、狗；沼螺。

（16）人；钉螺。

（17）未成熟节片；成熟节片；妊娠（孕卵）节片。

（18）肝门静脉及肠系膜静脉；胆管。

## 三、选择题

（1）—（5）：ACDCB；（6）—（10）：BBDDD；

（11）—（15）：BCBDA；（16）—（20）：BDBBD。

## 四、判断题

（1）—（5）：√√×√×；（6）—（10）：√√×√√。

## 五、简答题

（1）扁形动物在动物进化史上占有重要地位。其主要特征包括：① 出现了两侧对称；② 出现了中胚层；③ 具有皮肤肌肉囊；④ 具有不完全的消化系统；⑤ 出现了专门的排泄系统——原肾型排泄系统；⑥ 出现了梯形神经系统；⑦ 出现了专门的生殖腺和生殖导管。

（2）① 从扁形动物开始出现了两侧对称的体制，即通过动物体的中央轴，只有一个对称面（或说切面）将动物体分成左右相等的两部分，因此两侧对称也称为左右对称；② 从动物演化上看，这种体制主要是由于动物从水中漂浮生活变为水底爬行生活的结果。这种体制对动物的进化具有重要意义；③ 凡是两侧对称的动物，其体可明显地分出前后、左右、背腹。体背面发展了保护的功能，腹面发展了运动的功能，向前的一端总是首先接触新的外界条件，促进了神经系统和感觉器官越来越向体前端集中，逐渐出现了头部，使得动物由不定向运动变为定向运动，使动物的感应更为准确、迅速而有效，使其适应的范围更广泛；④ 两侧对称不仅适于游泳，又适于爬行。从水中爬行才有可能进化到陆地上爬行。因此两侧对称是动物由水生发展到陆生的重要条件。

（3）血吸虫的生活史包括卵、毛蚴、母胞蚴、子胞蚴、尾蚴、童虫和成虫等阶段。终宿主为人或其他多种哺乳类动物，中间宿主为淡水螺类。

成虫寄生于多种哺乳动物的门脉–肠系膜静脉系统，雌虫产卵于肠黏膜下层静脉末梢内。一部分虫卵循门静脉系统流至肝门静脉并沉积在肝组织内，另一部分虫卵经肠壁进入肠腔，随宿主粪便排到体外。不能排出的卵，沉积在肝、肠等局部组织中逐渐死亡、钙化。

在钉螺内的发育：排到体外的虫卵必须入水才能进一步发育。入水后，卵内的毛蚴孵出，钻到钉螺体内，再经过母胞蚴、子胞蚴发育成尾蚴，尾蚴自螺体逸出并常在水的表层游动。

在人体或其他哺乳动物体内的发育：当人或其他哺乳动物与含尾蚴的水（疫水）接触时，尾蚴迅速钻入宿主皮肤，脱去尾部后，转化为童虫。穿入静脉或淋巴管的童虫随血流或淋巴液到右心、肺，再到左心，运送到全身。胃动脉和肠系膜上、下动脉内的童虫可再穿入小静脉随血流进入肝内门静脉，虫体在此停留并经过一段时间的发育后，雌、雄合抱移行至肠系膜静脉，并在此发育至完全成熟，交配，大约在感染后5周开始产卵。

（4）① 全部营寄生生活，多数为体内寄生，少数为体外寄生（适于寄生的特点）；② 体表无纤毛和杆状体，有保护性的皮层；③ 具附着器官，如吸盘（口吸盘、腹吸盘）、锚、小钩等，吸附能力强；④ 消化系统退化，神经系统不发达，感觉器官退化；⑤ 外寄生种类行有氧呼吸，内寄生种类行厌氧呼吸；⑥ 生殖系统复杂，生殖机能发达；劳氏管：接输卵管，排出多余卵黄或精子；梅氏腺：成卵腔外的单细胞腺体，分泌物形成卵壳；⑦ 生活史复杂，内寄生种类有2或3个寄主，有多个幼虫期。

（5）① 全内寄生；② 成虫扁平带状，体分头节、颈部、节片3部分；③ 具附着器官（吸盘、小钩等）集中于头节；④ 体表纤毛消失，亦无棘，感官完全退化，消化系统全部消失；⑤ 皮层具微毛，通过体表的渗透作用吸收寄主的营养物质；⑥ 生殖器官高度发达，每一成熟节片都有一套雌、雄生殖器，繁殖力强大；⑦ 有多一个中间寄主。

（6）① 多自由生活，多数生活在海洋，少数生活在淡水，也有个体生活在土壤中；② 体表具纤毛，有特殊的杆状体，具典型的皮肌囊；③ 具不完全消化系统，有口，无肛门；④ 无专门的呼吸器官，呼吸通过体表进行；⑤ 具焰细胞的原肾管型排泄系统；⑥ 具网状或梯形神经系统，有较发达的感觉器官；⑦ 行无性生殖和有性生殖，多数海产种类间接发育；⑧ 有牟勒氏幼虫阶段，再生能力强，具极性。

## 六、论述题

（1）① 从扁形动物开始，在外胚层和内层胚之间出现了中胚层。中胚层的出现，对动物体结构与机能的进一步发展有很大意义；② 中胚层的形成减轻了内、外胚层的负担，引起了一系列组织、器官、系统的分化，为动物体结构的进一步复杂完备提供了必要的物质条件，使扁形动物达到了器官系统水平；③ 中胚层的形成，促进了新陈代谢的加强；比如由中胚层形成复杂的肌肉层，增强了运动机能，再加上两侧对称的体制，使动物有可能在更大的范围内摄取更多的食物；同时，消化管壁上也有了肌肉，使消化管蠕动的能力也加强了；这些无疑促进了新陈代谢机能的加强，由于代谢机能的加强，所产生的代谢废物也增多了，因此促进了排泄系统的形成；④ 扁形动物开始有了原始的排泄系统——原肾管；又由于动物运动机能的提高，经常接触变化多端的外界环境，促进了神经系统和感觉器官的进一步发展；⑤ 扁形动物的神经系统比刺胞动物有了显著的进步，已开始集中为梯形神经系统；此外，由中胚层所形成的实质组织有储存养料和水分的功能，动物可以耐饥饿以及在某种程度上抗干旱，因此，中胚层的形成也是动物由水生进化到陆生的基本条件之一。

（2）答案要点：① 寄生生活的环境条件：简单而稳定；② 适应结果：身体的结构部分退化，部分加强；a. 取食方便而直接→消化和运动器官退化；b. 对外界刺激的感应减弱→神经和感觉器官退化；c. 抵御寄主体内酶的侵蚀→表皮特化成皮膜；d. 固着在寄主体内的寄生部位→产生固着器官如吸盘、钩、锚；e. 寄主转换过程中的大量死亡→生殖系统特别发达；③ 随着寄生程度的发展，加强的愈趋加强，退化的愈趋退化。

# 第八章　假体腔动物（Pseudocoelomate）

**知 识 速 览**

　　假体腔动物是动物界中庞大而又复杂的一大类群，又称为原腔动物，包括线虫、轮虫、腹毛类等9个门类（另有一个新门）。虽然在演化上对假体腔动物的起源、亲缘关系，意见纷纭，众说不一，现已将其各自独立为门，但它们仍具有共同特点。假体腔动物两侧对称，三胚层，具有假体腔。出现了完全的有口、有肛门的消化管。一般在体表有角质膜，还具有其他一些共同特征。在动物演化中从没有体腔到有体腔是一个进步。本章重点掌握假体腔动物的共同特征以及假体腔出现的意义；熟悉线虫动物门和轮虫动物门的主要特征及其分类；了解秀丽线虫和轮虫的生殖和发育特征。

**知 识 要 点** ..............................................

## 一、假体腔动物的共同特征

### （一）具有假体腔（pseudocoelom）或原体腔（protocoelom）

概念：体壁中胚层与内胚层消化道之间的腔，称为假体腔或原体腔，也称初生体腔。假体腔内充满液体或具有间充质细胞的胶状物。

来源：假体腔是从胚胎期的囊胚腔（blastocoel）发育来的，与高等动物的真体腔不同。真体腔是在中胚层中间形成的腔。假体腔仅在体壁上有中胚层来源的组织结构，在肠壁外无中胚层分化的结构，没有体腔膜（perioneum）。

假体腔出现的意义：

（1）动物肠道与体壁之间有了空腔，为体内器官系统的发展提供了空间。

（2）体壁具有中胚层形成的肌肉层，体腔液具有一定的流动压力，维持虫体形状，并辅助动物身体的运动。

（3）体腔液使腔内物质出现了简单的流动循环，可以更有效地输送营养物质和代谢产物。

**（二）具有完全的消化系统**

假体腔动物多数种类具有完全的有口、有肛门的消化道，可分为前肠、中肠和后肠。

前肠：由前端体壁外胚层内陷而成，包括口、口腔、食道。

中肠：由内胚层形成，是食物的主要消化吸收场所。

后肠：由后端外胚层内陷而成，包括直肠和肛门。

**（三）其他特征**

体表被有非细胞的角质膜，由上皮细胞分泌形成，光滑坚韧有弹性。排泄系统均为外胚层演化而来的原肾系统。大多数是雌雄异体。

**二、线虫动物门（Phylum Nematoda）**

**（一）线虫动物门的主要特征**

（1）蠕虫状，两侧对称，不分节，无附肢。

（2）三胚层，具假体腔，体腔液常处于较高压力状态，横切面呈圆形。

（3）体壁无环肌，具角质层（cuticle），表皮在身体的背、腹和两侧向内加厚形成4条表皮索，将纵肌分割成4条纵向肌肉带。

（4）消化管完全，口位于身体最前端，肛门位于尾部腹面。

（5）排泄系统不具焰茎球，是由1～2个腺肾细胞或1套排泄管组成。

（6）没有专门的呼吸和循环系统。

（7）神经系统具有1个围咽神经环和若干神经索。

（8）绝大多数雌雄异体，雌雄异形。

**（二）代表动物**

1. 人蛔虫（*Ascaris lumbricoides*）

（1）外形特征：身体细长，圆柱形。雌体20～35 cm，雄体15～30 cm，雌雄异形。

（2）结构与机能：体壁由角质层、上皮层和肌肉层构成。角质层发达，抗宿主酶，含多种蛋白质。上皮是合胞体，两侧线发达，其内各有1条纵排泄管；背线及腹线明显，内有背神经及腹神经。只有纵肌，肌细胞与神经突起连接。

假体腔中充满了体腔液，具有较高的静压，使虫体膨胀、紧绷，具有一定的形状，故称为流体静力骨骼（hydrostatic skeleton）。

线虫因为没有环肌、假体腔内充满体腔液、角质层发达，不能进行蠕形运动，只能依赖纵肌收缩做波样运动。

（3）消化系统：消化管简单，为一直管。无消化腺；肠壁无肌肉层，具绒毛，吸收宿主肠内已消化或半消化的物质，可以直接吸收。

（4）呼吸与排泄：蛔虫生活在肠腔低氧环境下，行泛氧呼吸，有较完善的糖酵解系统，能分解体内储存的糖原以获取能量。

排泄器官为管型，由一个原肾细胞特化而成的H形管状排泄系统。

（5）神经系统：简单，咽部有一围咽神经环，由此向前向后各伸出6条神经。背神经发达，司运动；腹神经亦发达，司感觉；侧神经司感觉；围咽神经环可分泌蜕皮激素。

（6）生殖与发育：生殖系统发达，生殖能力强。雌性生殖系统为双管型，包括一对卵巢、输卵管、子宫、阴道、阴门；雄性生殖系统为单管型，包括精巢、输精管、储精囊、射精管、泄殖腔、泄殖孔。

蛔虫为直接发育。受精卵产出后，在潮湿的环境和适宜的温度下开始发育，约2周后发育成幼虫，再过1周，幼虫蜕皮一次才成为感染性虫卵。感染性虫卵抵抗力强，在土壤中可以生活4~5年。蛔虫的分泌物中含有消化酶抑制剂，可抑制肠内消化酶而不受侵蚀，这是寄生虫的一种适应性。蛔虫可夺取人的营养；幼虫可损伤肺、气管等，并可在脑、脊髓、眼球、肾等器官中停留，造成严重病状；成虫在肠道中穿梭会损伤组织；分泌的毒素对寄主有害作用；数量多还会堵塞肠道。

2. 秀丽线虫（*Caenorhabditis elegans*）

（1）重要的模型动物：秀丽线虫是研究动物遗传、个体发育及细胞生命活动的重要模型动物。近年来，国际上以秀丽线虫为实验材料的生命科学研究取得了重要突破，分别在2002年和2006年两次获得诺贝尔生理学或医学奖。

（2）结构特征：线虫通身透明，观察容易，是目前发现的唯一的身体中所有细胞能被逐个盘点并归类的生物。其幼虫含有556个体细胞和2个原始生殖细胞，成虫则根据性别不同具有不同的细胞数。雌雄同体成虫成熟后含有959个体细胞和2000个生殖细胞；雄性较少见，成虫只有1031个体细胞和1000个生殖细胞。

生命周期很短，从生到死的全过程只有3天半，可不间断地观察并追踪每个细胞的演变。通过20年的努力，到20世纪90年代中期，人们已经建立了完整的线虫从受精卵到所有成体细胞的谱系图。

**（三）线虫动物门的分类**

1. 腺肾纲（Adenophorea＝无尾感器纲Aphasmida）

（1）大多自由生活，生活在淡水、海水中；无尾感器；排泄器官退化或无；雄虫只有1根交合刺，多营自由生活。

（2）重要的目：

嘴刺目：咽分前后两部分，如旋毛虫。

色矛目：咽分3部分，如扭曲线虫。

单宫目：雌性直伸卵巢1个，如吞咽线虫。

2. 胞管肾纲（Secernentea＝尾感器纲Phasmida）

（1）几乎全部陆生，大多寄生；有尾感器；排泄器官为成对纵管；雄虫有1对交合刺，多营寄生生活。

（2）主要包括以下几个目：

小杆目：咽分3部分，多营自由生活。如小杆线虫。

蛔虫目：咽长筒状，口周围有乳突。如人蛔虫。

圆线虫目：咽球状或筒状，无乳突。如十二指肠钩虫、粪类圆线虫。

旋尾目：咽分2部分；前部肌肉性，后部为腺体。如斑氏丝虫、马来丝虫。

垫刃目：有口针；咽分3部分；体小。如小麦线虫。

**三、轮虫动物门（Phylum Rotifera）**

**（一）轮虫动物门的主要特征**

目前发现的轮虫有2000多种，其中30多种可群体生活，其余均单独生活。它们的身体两侧对称，不分节，一般可分为头、躯干和足部3部分。作为一个门类，轮虫拥有3个经典特征：

（1）具有用来游泳和摄食纤毛质的头冠。头冠是轮虫头部前端有纤毛的结构，往往呈环状，可分为围口区和围顶带两个区域，前者位于口周围，纤毛短而致密；后者纤毛长而较稀疏，从围口区向头背侧延伸环绕头部。

（2）咽特化为具有厚肌肉壁的咀嚼囊，咀嚼囊内有一套用来攫取或磨碎食物的咀嚼器；常见的有枝型、砧型、杖型、钳型、槌型、槌枝型和舌型咀嚼器（图7.1）等。

典型的咀嚼器包括7块咀嚼小板，分4部分：单独存在的柱部（基骨），以及左右成对的枝部（枝骨）、钩部（爪骨）和柄部（锤骨）。柱部与枝部相连；柄部位于咀嚼器的最外侧，与钩部相连；而钩部既与柄部相连，另一端又和枝部相连。

（3）体壁发达，单巢纲许多种类体壁变硬形成一个透明光滑类似于盔甲的被甲（兜甲）。

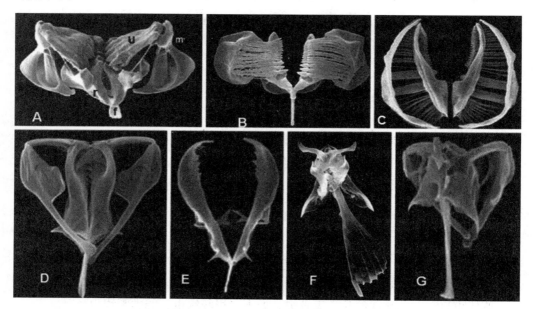

A. 槌型（f柱部，r枝部，u钩部，m柄部）；B. 槌枝型；
C. 枝型；D. 钳型；E. 砧型；F. 舌型；G. 杖型

图7.1　轮虫不同类型的咀嚼器

## （二）轮虫的分类

根据咀嚼器、生殖系统和头冠等特点，现在一般把轮虫门分为海轮虫纲、蛭态纲和单卵巢纲3个纲；也有分2个纲，即单卵巢纲保持不变，把海轮虫和蛭态轮虫合并为双巢纲。

1. 蛭态纲（Bdelloidea）

咀嚼器为枝型，具成对卵黄腺和卵巢；不具被甲，通过头部和足部极度地伸展和收缩，能像水蛭一样在底物上移动。

蛭态轮虫生活史中只有雌体，没有雄体，它们能接纳细菌、真菌和藻类等外来物种的遗传物质，保持这些外来基因的功能，同时放弃有害和变异基因，从而能通过严格的孤雌生殖应对不断变化的环境。

蛭态轮虫在环境条件恶化时（干燥、温度变化等），会出现隐生（低湿休眠）现象，这时它们会把身体两端缩进中央的躯干部，身体经若干天缓慢脱去水分成为球形，停止活动，像死了一样，当环境适宜又可在几小时内复活。

2. 海轮虫纲（Seisonidea）

海轮虫纲是轮虫门中最小的一个类群，目前只发现海轮虫 *Seison* 和拟海轮虫 *Paraseison* 2属共4种。它们的头冠退化，不能用来游泳，全部寄生在海洋甲壳动物叶虾的体表，咀嚼器为舌形；海轮虫头与躯干之间具分界明显的颈；躯干缺乏被甲；雌性具有成对卵巢，但缺乏卵黄腺。

海轮虫进行的是严格的两性生殖，不能孤雌生殖，雌雄大小相当，同等发育，无休眠的阶段。

3. 单巢纲（Monogononta）

（1）形态特征：单巢纲轮虫有1600多种，是轮虫门种类最多的一个类群。咀嚼器多种多样，但不会出现枝型或舌型；许多种类具被甲，雌性具一个卵黄腺和卵巢。雄体一般在环境恶劣的条件下出现，个体很小，除生殖系统外，身体其他结构显著退化，不摄食，寿命比雌性的短。

（2）生活史：单巢纲轮虫主要以孤雌生殖的方式产生后代，许多种类还能进行周期性的两性生殖产生休眠卵，两性生殖与孤雌生殖之间存在着密切联系。

进行孤雌生殖的雌体叫非混交雌体，这种生殖发生在环境条件良好时，轮虫通过有丝分裂产生染色体为二倍体的卵，这种卵无须受精直接就可发育成幼虫，幼虫能短时间内通过直接发育形成雌性成体。由于从卵产生到孵出幼体整个过程没有精子参与，所以这种卵又叫非需精卵。

环境条件不良时，单巢轮虫还可通过孤雌生殖产生混交雌体，这种雌体能进行两性生殖。混交雌体通过减数分裂产生单倍体染色体的需精卵。这种卵如果不受精，则直接发育成雄虫；如果在早期发育中受精，将发育成休眠卵。休眠卵外面有厚而粗糙的卵壳包裹，里面实际上是一个滞育的胚胎。

不过有些轮虫在生活史中还会出现兼性雌体，这种雌体能同时产生非需精卵和需精卵，因此单巢轮虫的生殖还值得进一步研究。

**（三）轮虫的研究与应用**

（1）轮虫在水中营浮游或底栖生活，浮游的种类在淡水中数量庞大，是淡水浮游动物最重要的成员，因此它们在水生生态系统的结构与功能、环境监测和生态毒理学等诸多领域被广泛研究应用。

（2）轮虫的身体细胞数目较恒定（900～1000个），大小为0.05～2 mm，因此便于在实验室内通过显微镜观察其形态和行为。绝大多数种类都能进行孤雌生殖，可通过繁殖单个轮虫个体在很短时间内获得大量个体，从而能轻易获得提取DNA所需要的生物量。这使轮虫成为分子生物学、发育生物学经典实验材料。

（3）由于繁殖迅速、大小适合、易于培养等诸多优点，轮虫作为鱼、虾、蟹等开口饵料在水产养殖育苗环节中得到广泛使用，其中以淡水种类的萼花臂尾轮虫、壶状臂尾轮虫，咸水种类的褶皱臂尾轮虫和圆型臂尾轮虫为著。

## 试题集锦

### 一、名词解释

原体腔；完全消化管；管型原肾；感染卵；孤雌生殖；流体静力骨骼；头冠；咀嚼器；隐生；混交雌体；非混交雌体。

### 二、填空题

（1）假体腔动物是异质性很强的一大类群，主要包括_____、_____、_____、_____、_____、_____、兜甲动物门、棘头动物门和内肛动物门。

（2）雌雄蛔虫在外形上的主要区别是：雄虫_____；雌虫_____。

（3）蛔虫体壁的背线、腹线和侧线是_____向内突起形成的。

（4）蛔虫体壁由外到内由_____、_____和_____3层组成。

（5）蛔虫体壁表皮层的特点是_____。

（6）蛔虫体壁肌肉的特点是仅有_____，而无_____。

（7）具有完全消化系统的无脊椎动物，其消化道从前向后一般可分为3部分，分别为_____、_____、_____。

（8）人体寄生虫的种类很多。其中，寄生于人的红细胞内的是_____；寄生于人小肠的是_____、_____和_____；寄生于人血液内的是_____；寄生于人胆管内的是_____。

（9）常见的人体寄生虫，通过皮肤进入人体的有_____和_____等几种。

（10）寄生虫病的防治原则为_____、_____、_____。

（11）轮虫原始的头冠可分为_____和_____2个区域。

（12）一些轮虫躯干部角蛋白纤维层特别加厚变硬，这种结构叫_____。

（13）现在一般把轮虫动物门分为3个纲，即_____、_____和_____。

（14）蛭态轮虫只能进行_____生殖，而海轮虫只进行_____生殖。

（15）蛭态纲轮虫的咀嚼器是_____型，海轮虫的是_____型。

### 三、选择题

（1）从（　　　）开始，消化系统出现完全的消化道。

A. 扁形动物　　　　　B. 原腔动物　　　　　C. 环节动物　　　　　D. 软体动物

（2）下列哪一组动物不是假体腔动物（　　　）。

A. 腹毛动物门和内肛动物门　　　　　　B. 刺胞动物门和扁形动物门

C. 棘头动物门和内肛动物门　　　　　　D. 动吻动物门和轮虫动物门

（3）从横切面看，蛔虫消化道和体壁之间的空腔称为（　　　）。

A. 真体腔　　　　　B. 血腔　　　　　C. 原体腔　　　　　D. 混合体腔

（4）人感染蛔虫的方式是（　　　）。

A. 蚊吸血传播　　　　　B. 由口感染　　　　　C. 接触感染　　　　　D. 接触脏水

（5）常用于研究的模式动物是（　　　）。

A. 人蛔虫　　　　　B. 小麦线虫　　　　　C. 秀丽线虫　　　　　D. 昆虫寄生性线虫

（6）丝虫的中间寄主是（　　　）。

A. 雌蚊　　　　　B. 钉螺　　　　　C. 蚊绍螺　　　　　D. 椎实螺

（7）原肾型排泄系统来源于（　　　）。

A. 外胚层　　　　　B. 中胚层　　　　　C. 内胚层　　　　　D. 中胶层

（8）蛔虫、丝虫和钩虫是重要的内寄生害虫，它们在动物系统学中属于（　　　）。

A. 扁形动物门　　　　　B. 动吻动物门　　　　　C. 线虫动物门　　　　　D. 线形动物门

（9）完整的咀嚼器，一般由（　　　）个部分构成。

A. 2　　　　　B. 3　　　　　C. 4　　　　　D. 5

（10）轮虫是（　　　）最重要的组成部分。

A. 海洋浮游动物　　　B. 海洋底栖动物　　　C. 淡水浮游动物　　　D. 淡水底栖动物

（11）（多选）人蛔虫是人体的一种重要寄生虫，下列症状可能是由蛔虫引起的（　　　）。

A. 营养不良　　　　　B. 肠道堵塞　　　　　C. 肺穿孔　　　　　D. 象皮肿

（12）（多选）海水养殖中应用最多的两种轮虫分别是（　　　）。

A. 圆型臂尾轮虫　　　　　　　　　B. 萼花臂尾轮虫

C. 角突臂尾轮虫　　　　　　　　　D. 褶皱臂尾轮虫

### 四、判断题

（1）假体腔和完全消化系统是同时出现的。　　　　　　　　　　（　　　）

（2）线虫动物角质层主要成分是蛋白质。　　　　　　　　　　　（　　　）

（3）体腔液作为一种流体骨骼，使虫体保持一定的形态。 （　　）

（4）线虫动物的围咽神经环，只向后发出数条神经索，以背神经最发达。 （　　）

（5）蛔虫受药物刺激时可窜入肝脏、胆囊、脑等处，引起急性炎症和绞痛。

（　　）

（6）轮虫多为孤雌生殖，在条件良好时进行有性生殖。 （　　）

（7）秀丽线虫 *Caenorhabditis elegans* 的胚胎发育完成大约需15 h。 （　　）

（8）从线形动物开始出现了中胚层，动物体达到了器官系统水平。 （　　）

（9）在环境条件恶劣时，蛭态纲种类会出现雄性个体。 （　　）

（10）海轮虫纲的种类能进行孤雌生殖。 （　　）

（11）单巢纲的雄体在大小和结构上与雌体差别很大。 （　　）

## 五、简答题

（1）假体腔动物的共同特征是什么？

（2）假体腔和真体腔有何不同？

（3）分析人蛔虫的生活史，说明其感染率高的主要原因。

（4）比较蛲虫、钩虫、丝虫及旋毛虫的结构及生活史异同。

（5）试述人蛔虫形态结构，并说明它的哪些特点代表了线虫动物门的特点。

（6）从腹毛类的特点，说明原腔动物在系统演化中的位置。

（7）试述轮虫动物的主要特征与生殖特点。

（8）简述单巢轮虫的生活史。

（9）为什么轮虫是分子生物学、发育生物学和进化生物学关注的实验动物？

## 六、论述题

褶皱臂尾轮虫和圆型臂尾轮虫在水产养殖中具有非常重要的应用价值，海水鱼、虾、蟹种苗培育常用褶皱臂尾轮虫和圆型臂尾轮虫作为饵料，请回答：

（1）褶皱臂尾轮虫和圆型臂尾轮虫在分类上属于什么动物门类？

（2）为什么褶皱臂尾轮虫和圆型臂尾轮虫是海水鱼、虾、蟹苗种培育中最常用的轮虫？

**参 考 答 案**

## 一、名词解释

原体腔：囊胚腔在中胚层形成的肌肉层和肠道之间继续保留下来，形成了所谓的原体腔，也叫假体腔，内充满假体腔液。

完全消化管：有口有肛门，消化管分为前肠、中肠和后肠。

管型原肾：由一个原肾细胞特化而成，由纵贯侧线内的2条纵排泄管构成，两管间有横管相连，呈H形。

感染卵：蛔虫卵内的幼虫在卵内蜕皮一次成为具有感染能力的卵。

孤雌生殖：成熟雌体产的卵不经受精，就能发育为新个体的生殖方式。

流体静力骨骼：线虫假体腔中充满了假体腔液，具有较高的静压，使虫体膨胀、紧绷，具有一定的形状，故称为流体静力骨骼。

头冠：轮虫头部前端有纤毛的结构，往往呈环状，可分为围口区和围顶带两个区域，前者位于口周围，纤毛短而致密；后者纤毛长而较稀疏，从围口区向头背侧延伸环绕头部。

咀嚼器：轮虫咀嚼囊内有一套用来攫取或磨碎食物的结构，典型的咀嚼器包括7块咀嚼小板，由4部分组成，咀嚼器形态多样，是轮虫分类的重要依据。

隐生：蛭态轮虫在环境条件恶化时会把身体两端缩进躯干部，身体经若干天缓慢脱去水分成为球形而停止活动，当环境适宜又可在几小时内复活。

混交雌体：只能进行两性生殖的单巢轮虫雌性个体，混交雌体通过减数分裂产生单倍体染色体的需精卵；这种卵如果不受精，则直接发育成雄虫，如果在早期发育中受精，将发育成休眠卵。

非混交雌体：只进行孤雌生殖的雌体，这时轮虫通过有丝分裂产生染色体为二倍体的卵，卵无须受精直接就可发育成幼虫。

## 二、填空题

（1）线虫动物门；轮虫动物门；腹毛动物门；动吻动物门；曳鳃动物门；线形动物门（本题无顺序要求）。

（2）尾部向腹面弯曲；尾端直而尖。

（3）表皮层。

（4）角质膜；表皮层；肌肉层。

（5）表皮细胞呈合胞体状。

（6）纵肌；环肌。

（7）前肠；中肠；后肠。

（8）疟原虫；蛔虫；猪带绦虫；钩虫；血吸虫；华支睾吸虫。

（9）日本血吸虫；钩虫。

（10）控制传染源；切断传播途径；防止感染。

（11）围口区；围顶带。

（12）被甲。

（13）海轮虫纲；蛭态纲；单巢纲。

（14）孤雌；两性。

（15）枝；舌。

## 三、选择题

（1）—（5）：BBCBC；（6）—（10）：AACCA；（11）：ABC；（12）AD。

## 四、判断题

（1）—（5）：√√√×√；（6）—（10）：×√×××；（11）√。

## 五、简答题

（1）它们都是假体腔；发育完善的消化管；体被角质膜；排泄系统属原肾系统；雌雄异体。

（2）假体腔是从胚胎期的囊胚腔发育来的，与高等动物的真体腔不同。真体腔是在中胚层中间形成的腔。假体腔仅在体壁上有中胚层来源的组织结构，在肠壁外无中胚层分化的结构，没有体腔膜。

（3）蛔虫生活史简单，无中间寄主：成虫—受精卵—感染性卵—幼虫—成虫。由于蛔虫生活史简单，无中间寄主，加之蛔虫分布广，在温带、热带感染极严重，发病率很高。其繁殖力极强，一条雌虫平均每天产卵约20万粒，且虫卵抵抗力强（在隐蔽的土壤中可存活1年，在−5～10℃的环境下可保持生活力2年，食醋、酱油、腌菜、泡菜用的盐水均不易消灭虫卵），无中间寄主，因此在环境卫生和个人卫生差的情况下，广泛流行。

（4）人蛲虫成虫体细小，乳白色，似白色线头，前端具翼膜。雌虫长9～12 mm，雄虫长2～5 mm。寄生在人的盲肠、结肠、直肠等部位，虫体前端钻入肠黏膜吸取营养。蛲虫为直接感染，儿童感染率特别高，雌虫午夜时爬出肛门产卵，致使肛门奇痒，影响睡眠。雌虫在宿主体内生活期一般为2个月左右。

钩虫寄生在人的小肠内，大多生活1年左右，也有生活5年以上者。虫体小，雌虫长10～13 mm，雄虫长8～11 mm。口囊发达，腹侧有内外2对钩齿，背侧有1对三角形齿板；雄虫尾端具交合伞，其背肋小枝有3个分叉。钩虫以口囊吸附肠壁，摄取肠黏膜及血液为食，可使人便血、贫血、肠溃烂等，危害严重。雌虫每日排卵在2万个以上，卵在潮湿土壤中发育，经杆状蚴及丝状蚴2期幼虫，蜕皮2次。丝状蚴直接钻入人体，经血液或淋巴，过心、肺，再由气管到咽，后入胃抵肠，蜕皮，吸附于肠壁，经3～4周，再蜕皮，发育为成虫。

斑氏丝虫寄生在人的淋巴系统，雌虫长约75 mm，雄虫长约40 mm，可引起组织增生，使下肢、阴囊等处畸形发展，形成"象皮病"。雌雄虫交配，胎生幼虫称为微丝蚴。体弯曲，长200～300 μm，体外有一鞘膜，内充满细胞核。可在人体内生活2周以上，白天在内脏血液中，夜间则移至体表血液内。按蚊及库蚊等为其中间宿主，在蚊体内经10～17天即可发育成感染期微丝蚴，再传给健康人。

旋毛虫成虫体小，向前端渐细。雌虫长3～4 mm，雄虫长不及2 mm。人、猪、鼠为其宿主，寄生在十二指肠及空肠前部，成虫附着肠壁。雌雄交配后胎生幼虫，长约100 μm，经血液、淋巴，分不到身体各处，只有在横纹肌中才可继续发育。虫体卷曲，迅速增长，一般长约1 mm，可形成一囊胞，直径为250～500 μm，内含1～2条幼虫。经6～7个月，囊胞开始钙化，幼虫在内生活可达数十年。成熟囊胞被宿主吞食而被感染。幼虫蜕皮4次，发育为成虫。

（5）人蛔虫是人体最常见的肠道寄生线虫之一，感染率高，尤其是儿童。人蛔虫与猪蛔虫二者形态结构非常相似，染色体均为$2n=24$。

外形：人蛔虫体呈圆柱形，向两端渐细，全体乳白色，侧线明显。雌虫长200～250 mm，直径5 mm左右；雄虫较短且细，尾端呈钩状。虫体前端顶部为口，有3片唇，背唇1片，具二双乳突，腹唇2片，各具一双乳突和一侧乳突。口稍后处腹中线上有一极小的排泄孔。肛门位体后端腹侧的中线上。雌性生殖孔在体前部约1/3处腹侧的中线上，很小；雄性生殖孔与肛门合并称泄殖孔，自孔中伸出1对交合刺，能自由伸缩。

体壁及原体腔：人蛔虫的体壁由角质膜、上皮和肌层构成皮肌囊。角质膜发达，由皮层和原纤维层（属于皮层）、基质（中层）、纤维层（基层）及基膜构成，有保护作用。上皮层为合胞体构造，两侧线发达，其内各有1条纵排泄管；背线及腹线明显，内有背神经和腹神经。纵肌不发达，为背线、腹线及侧线分成4条纵带，故皮肌囊不完整。肌细胞基部具肌原纤维，端部为原生质部分，细胞核即位此部。体壁内为广阔的原体腔。内充满体腔液，虫体饱满鼓胀，纵肌伸缩时只能做弯曲的蠕动，消化管及生殖器官浸在体腔液内。

消化系统：消化管简单，为一直管，口腔不发达，口后为一肌肉性的管状咽，内腔呈三角形，外壁的辐射状肌肉发达，有吸吮功能。咽后为肠，肠壁为单层柱状上皮细胞构成，内缘有微绒毛。直肠短，以肛门开口于体外。雄虫的直肠实为泄殖腔，以泄殖孔开口。蛔虫无消化腺，它摄取的食物是宿主肠内已消化或半消化的物质，一般可以直接吸收。

呼吸与排泄：蛔虫生活在含氧量极低的肠腔内，行泛氧呼吸，即借酶的作用，分解体内储存的糖原，以获得能量。蛔虫的排泄器官属管型，是由一个原肾细胞特化形成的H形管，伸向体后的2条纵排泄管，位于侧线内。

神经系统：简单，咽部有一围咽神经环，由此向前向后各伸出6条神经。向后的神经中，以背神经和腹神经最发达，嵌在背线和腹线内。背侧神经和腹侧神经各1对，嵌在上皮内，各神经间有横神经连接。围咽神经环附近尚有一些神经节与之相连。各神经在尾端附近汇聚起来。蛔虫唇片上的唇乳突和雄虫泄殖孔前后的乳突都有感觉功能。

生殖与发育：蛔虫的生殖系统发达，生殖力强。雌虫有1对细管状的卵巢、输卵管和子宫。卵巢和输卵管细，极长，前后盘曲于原体腔内，子宫较粗大，两子宫汇合成一短的阴道，以雌性生殖孔开口于体表。卵巢中央有一合胞体的中轴，卵原细胞呈辐射状排列。雄性为单个，也为细管状，由盘曲的精巢和输精管及较粗大的储精囊和射精管组成，射精管入直肠，以泄殖孔开口于体表。在泄殖腔背侧，形成1对交合刺囊，囊内各有1条交合刺。

以上5个结构特点均代表了线虫动物门的特点。

（6）腹毛动物体表具角质膜，原体腔，尾具黏腺。这些与自由生活的线虫相似。体表有纤毛，具焰球的原肾管，双腹式神经，大多数种类为雌雄同体。这些特点似涡虫纲。因此通过腹毛动物说明线虫动物和涡虫纲在演化上有着一定的类缘关系。轮虫的构造和胚胎发育与涡虫纲相似。许多轮虫体形较扁，具纤毛的头冠显著偏向腹面。具焰球的原肾管与涡虫纲单肠目动物相同。雌雄异体，具卵黄腺，胚胎发育中早期卵裂属螺旋形，双腹式神经。这些特点说明轮虫可能由涡虫纲演化而来。但轮虫为发育完善的消化管，具特殊的咀嚼器，各组织器官为合胞体，且细胞核的数目恒定。这些显然又不同于涡虫纲。

总之，轮虫动物与涡虫纲在演化上有着较近的类缘关系。轮虫具足腺，有纤毛，具焰球的原肾管，与腹毛动物接近。因此有的分类系统将这两类动物列为担轮动物。

（7）① 轮虫个体微小，大多在0.1～1 mm，具有用来游泳和摄食的纤毛质的头冠；② 咽特化为具有厚肌肉壁的咀嚼囊，咀嚼囊内有一套用来攫取或磨碎食物的咀嚼器；③ 体壁发达，许多轮虫的体壁变硬形成一个透明光滑类似于盔甲的被甲。

轮虫主要可分为海轮虫纲、蛭态纲和单巢纲，每个纲的生殖特点各有不同：海轮虫纲雌雄个体大小相近，只能进行两性生殖；单巢纲种类既能进行孤雌生殖，又能进行两性生殖，雄体平时罕见，内部构造简单，一般不到雌体大小的1/5；蛭态纲种类进行严格的孤雌生殖，未发现雄体。

（8）① 单巢纲轮虫在环境条件良好时主要以孤雌生殖的方式产生后代，这时通过有丝分裂产生染色体为二倍体的卵，这种卵无须受精直接就可发育成幼虫，幼虫能短时间内通过直接发育形成雌性成体，并继续通过孤雌生殖产生后代；② 环境条件不良时，单巢轮虫还可通过孤雌生殖产生混交雌体，这种雌体能进行两性生殖；混交雌体通过减数分裂产生单倍体染色体的需精卵；这种卵如果不受精，则直接发育成雄虫，如果在早期发育中受精，将发育成休眠卵；③ 有些轮虫在生活史中还会出现兼性雌体，这种雌体能同时产生非需精卵和需精卵，因此单巢轮虫的生殖还值得进一步研究。

（9）轮虫的身体细胞数目较恒定（900～1000个），大小一般为0.1～1 mm，便于在实验室内通过显微镜观察其形态和行为。绝大多数轮虫种类都能进行孤雌生殖，这样可通过繁殖单个轮虫个体在很短时间内获得大量个体，从而能轻易获得提取DNA所需要的生物量。这些使轮虫成为分子生物学、发育生物学和进化生物学等经典的实验材料。

## 六、论述题

（1）答题要点：褶皱臂尾轮虫和圆型臂尾轮虫属于轮虫动物门。

（2）答题要点：① 这两种轮虫大小为0.1～0.3 mm，这正好适合绝大多数鱼、虾、蟹开口摄食所需；轮虫门的种类众多，它们的大小为0.5～2 mm，过小或过大都不利于鱼、虾、蟹幼体摄食；② 这两种轮虫营浮游生活，运动缓慢，便于被捕食；有相当一部分轮虫营底栖生活，不便于被营浮游生活的鱼、虾、蟹幼体摄食；③ 这两种轮虫可生活在海水中，且易于培养；大多数轮虫分布在淡水中，无法忍受一定盐度的海水，从而不能以活饵形式被鱼、虾、蟹幼体摄食。

# 第九章 环节动物门（Phylum Annelida）

知识速览

环节动物是高等无脊椎动物的开始，分为寡毛纲、多毛纲和蛭纲3纲，蚯蚓、沙蚕和蚂蟥具有较大的经济价值，养殖前景广阔，但技术难题较多。与假体腔动物不同，环节动物出现了同律分节、真体腔、较为发达的肌肉、闭管式循环、后肾管、趋于集中的链（索）状神经系统，以及由体腔膜形成的生殖系统等结构特征，个体发育过程中，海产种类具担轮幼虫期，陆生和淡水生活种类直接发育。本章重点掌握环节动物门的主要特征（为什么说环节动物门是高等无脊椎动物的开始）以及分纲概况；掌握环毛蚓的外形及其与土壤生活相适应的结构特征；了解蚯蚓、蚂蟥和沙蚕的养殖现状和前景。

## 知识要点

### 一、环节动物门的主要特征

#### （一）同律分节（homonomous metamerism）

概念：环节动物的身体除前两节和最后一节外，其余各体节的形态基本相同，称为同律分节。

意义：是动物进化的标志，为异律分节提供了广泛的可能性；是生理分工的开始，多数环节动物的体节不但外形相似，而且排泄、神经、血管等内部器官亦按节排列，一个体节相当于一个单位。

#### （二）出现了真体腔（coelomata）

概念：环节动物体壁和消化管之间有一广阔的空腔，由中胚层裂开形成，叫次生体腔，也叫真体腔、裂体腔。

特点：既有体壁中胚层，又有肠壁中胚层；具体腔膜，肠系膜；内部充满体腔液，有孔道与外界相通。

意义：

（1）结构复杂化：消化道具有肌肉层，消化功能加强→神经、循环、排泄、生殖等器官系统功能加强。

（2）促进了生理机能的完善：肌肉蠕动提高消化能力，循环系统的完善促进物质运输。

### （三）具有疣足和刚毛

刚毛：多数环节动物具有刚毛，由表皮细胞内陷形成的刚毛囊中的毛原细胞发出。

疣足：海产种类体节两侧体壁向外突出的扁平状物，即疣足，可视为原始附肢，具有背腹两束刚毛，为运动器官，加强了游泳和爬行的效能。

### （四）闭管式循环系统（closed vascular system）

概念：环节动物具有较完善的循环系统，由纵行血管、环行血管及其分支间的微血管网构成，血液始终在血管中流动，称为闭管式循环。

开管式循环系统（open vascular system）：蛭类中，真体腔被间质填充而缩小，其内血管完全消失，相应位置的组织间腔隙，称为血窦，代替了血循环，由于血液不是始终在血管内流动，称为开管式循环。

血浆和血细胞：环节动物的血浆中具血色素，有携带氧的功能，但血细胞不含血色素。

动物界中，纽形动物开始出现循环系统，但十分简单和原始，血的流动主要靠身体的运动，无方向性。

### （五）具有由后肾管（metanephridia）组成的排泄系统

概念：环节动物中，典型的后肾管是一条两端开口迂回盘曲的管子：一端是带纤毛的多细胞漏斗状的肾口，开口于前一体节的体腔；另一端为肾孔或排泄孔，开口于本体节的腹面的体表。后肾管除排泄体腔中的代谢产物外，因肾管上密布微血管，故也可排除血液中的代谢产物和多余水分。

### （六）具有链状神经系统

头部有一对脑，也称咽上神经节。由它向腹面发出一对围咽神经与咽腹面的一对咽下神经节相连，以后每一个体节有一对膨大的神经节，并由神经纤维相连，形成腹神经索（2条腹神经合并而成），成为纵贯全身的链状神经。每对神经节还发出数对神经，支配体壁肌肉及疣足的运动。

### （七）由体腔膜形成生殖系统

生殖腺来源于中胚层形成的体腔膜，生殖管起源于体腔膜向外突出的体腔管。

### （八）海产种类发育经担轮幼虫（trochophore）期，陆生和淡水生活种类直接发育

担轮幼虫：海产环节动物在发育过程中，有一形似陀螺的营浮游生活的担轮幼虫期。幼虫的体中部具有2圈纤毛环，其间有口，肛门开口在体后端，体不分节，原体腔，原肾管。经变态为成虫后，出现真体腔和后肾管。

## 二、环节动物门的代表动物——环毛蚓（*Pheretima tschiliensis*）

### （一）生活环境

略。

### （二）外部形态对土壤生活的适应性

（1）体呈圆柱状，细长，身体分节，具节间沟。

（2）头部不明显，口前叶膨胀时，可伸缩蠕动，有掘土、摄食、触觉等功能。

（3）刚毛着生在体壁上，便于运动。

（4）背中线处有背孔，可排出体腔液，体表湿润，有利于呼吸和在土壤中穿行。

### （三）内部结构和生理特性对土壤生活的适应性

（1）体壁角质膜薄，上有小孔，便于体表呼吸。

（2）上皮细胞间杂以腺细胞，可分泌黏液，使体表湿润。

（3）体壁具有环肌、纵肌。

（4）具体腔，而且其内充满体腔液，体分节。有体壁肌肉、刚毛、体腔及体腔液，使蚯蚓便于在土壤中运动。

（5）消化道具砂囊，能把泥土中的食物磨成细粒。

（6）体表呼吸。

（7）体壁肾管经肾孔在体表排出含有大量水分的代谢产物，有利于保持体表的湿润。

（8）感官退化，只有体表感觉器、口腔感觉器及光感受器，光感受器可分辨光的强弱，有避强光、趋弱光特性。

（9）雌雄生殖孔位于体表，具环带，能形成蚓茧，受精卵在土壤中发育。

（10）闭管式循环、后肾管排泄、神经系统集中等对其在土壤中运动也有益处。

### 三、环节动物门的分类

**（一）寡毛纲**（Oligochaeta）

代表动物为环毛蚓。

寡毛纲的主要特征：

（1）头部退化，无触手、触须，无疣足。

（2）雌雄同体，具生殖环带。

（3）直接发育。

**（二）多毛纲**（Polychaeta）

代表动物为沙蚕（*Nereis succinea*）。

多毛纲的主要特征：

（1）头部明显，具眼点、口前触手、触须。

（2）大多雌雄异体，生殖腺只在生殖季节出现，具担轮幼虫；无生殖环带。

（3）具有疣足。

（4）大多海栖。

**（三）蛭纲**（Hirudinea）

代表动物为日本医蛭（*Hirudo nipponia*）。

蛭纲的主要特征：

（1）无疣足和刚毛，具口、后吸盘。

（2）背腹扁平，体节数一定，为34节。

（3）头部退化。

（4）具生殖环带，雌雄同体，直接发育。

（5）口腔内有颚和细齿，咽肌发达，唾液腺分泌水蛭素（hirudin），嗉囊发达，贮存大量血液。

### 四、环节动物的经济意义

（1）有利方面。

（2）有害方面。

**试题集锦**

### 一、名词解释

同律分节；真体腔；闭管式循环；后肾管；担轮幼虫；环带；疣足。

## 二、填空题

（1）环节动物门分为＿＿＿＿＿＿、＿＿＿＿＿＿和＿＿＿＿＿＿3个纲，环毛蚓属于＿＿＿＿＿＿纲。

（2）环节动物的身体＿＿＿＿＿＿分节，体腔为＿＿＿＿＿＿，用＿＿＿＿＿＿作为排泄器官，神经系统呈＿＿＿＿＿＿状，出现了＿＿＿＿＿＿循环系统，由＿＿＿＿＿＿形成生殖系统，海产种类经过＿＿＿＿＿＿幼虫期。

（3）蚂蟥吸血后宿主伤口会流血不止，是因为蚂蟥啮咬宿主皮肤时会分泌＿＿＿＿＿＿，它是一种由65个氨基酸组成的小肽，有抗凝血的功效，＿＿＿＿＿＿是蚂蟥的贮血部位。

（4）环毛蚓的血液循环方式为＿＿＿＿＿＿循环；蚂蟥的血液循环方式为＿＿＿＿＿＿循环。

（5）环毛蚓雌雄＿＿＿＿＿＿，雄性生殖孔位于第＿＿＿＿＿＿体节两侧，雌性生殖孔位于第＿＿＿＿＿＿体节腹面中央，受精囊孔＿＿＿＿＿＿对，所产的受精卵被称为＿＿＿＿＿＿。

（6）环毛蚓含有＿＿＿＿＿＿、＿＿＿＿＿＿和＿＿＿＿＿＿3类小肾管。

（7）蚯蚓的黄色细胞组织是由＿＿＿＿＿＿演变而来，其主要作用可能是＿＿＿＿＿＿。

（8）环节动物为＿＿＿＿＿＿胚层动物，具有＿＿＿＿＿＿或＿＿＿＿＿＿作为运动器，并出现了以＿＿＿＿＿＿法形成的真体腔。

（9）疣足是原始的附肢，其原始性主要表现在＿＿＿＿＿＿和＿＿＿＿＿＿2方面。

（10）刚毛是环节动物体表的＿＿＿＿＿＿细胞分泌形成的，它有＿＿＿＿＿＿的功能。

（11）蚯蚓的体壁包括＿＿＿＿＿＿、＿＿＿＿＿＿、＿＿＿＿＿＿和＿＿＿＿＿＿4层。

（12）蚯蚓的脏壁包括＿＿＿＿＿＿、＿＿＿＿＿＿和＿＿＿＿＿＿，在体壁和脏壁之间广大的腔即为＿＿＿＿＿＿。

（13）蚯蚓的运动为＿＿＿＿＿＿式蠕动，这种运动是由＿＿＿＿＿＿、＿＿＿＿＿＿及＿＿＿＿＿＿相互密切协作的结果。

（14）蚯蚓小肠的正中背侧肠壁内陷形成一条纵行的＿＿＿＿＿＿，它的作用是＿＿＿＿＿＿。

（15）蚯蚓的食道壁上有＿＿＿＿＿＿腺，可分泌＿＿＿＿＿＿，调节体内的酸碱平衡；而在咽部有＿＿＿＿＿＿腺，可分泌＿＿＿＿＿＿，湿润和初步消化食物。

（16）蚯蚓体表必须保持湿润才能正常呼吸，而体表的液体一方面来自＿＿＿＿＿＿，另一方面来自＿＿＿＿＿＿。

（17）在蚯蚓的循环系统中，＿＿＿＿＿＿血管内有心瓣，且能有节奏地跳动，故

称为心脏；其他主要还有_____血管、_____血管、_____血管和2条食道
侧血管构成循环血管。

（18）蚯蚓的排泄由小肾管完成，其中肾孔开口于消化道的有_____小肾管
和_____小肾管。

（19）蚯蚓的中枢神经，包括_____、_____、咽下神经节和_____，
为典型的_____神经系。

（20）环毛蚓的解剖方法：在其身体略偏_____处，从肛门剪至口，用解剖
针划开体壁与肠管间的_____，将两侧体壁分别钉于蜡盘上即可。

（21）沙蚕为雌雄_____体，受精卵行_____式卵裂，以_____法形成
原肠胚，发育经_____幼虫。

## 三、选择题

（1）（　　　）是高等无脊椎动物的开始。

A. 原腔动物　　　　　B. 扁形动物　　　　　C. 刺胞动物　　　　　D. 环节动物

（2）动物界从（　　　）开始出现了真体腔。

A. 刺胞动物　　　　　B. 环节动物　　　　　C. 扁形动物　　　　　D. 原腔动物

（3）环节动物的排泄系统为（　　　）。

A. 原肾管　　　　　B. 后肾管　　　　　C. 腺型原肾管　　　　　D. H形原肾管

（4）环节动物的身体为（　　　）。

A. 同律分节　　　　　B. 假分节　　　　　C. 不分节　　　　　D. 异律分节

（5）关于真体腔的叙述，不正确的是（　　　）。

A. 既有体壁中胚层，又有肠壁中胚层

B. 具有体腔膜和肠系膜

C. 内部充满体腔液，有孔道与外界相通

D. 内部充满体腔液，但无孔道与外界相通

（6）除蛭类外，环节动物的循环系统主要为（　　　）循环。

A. 闭管式　　　　　B. 开管式　　　　　C. 单循环　　　　　D. 双循环

（7）环节动物的神经系统呈（　　　）。

A. 网状　　　　　B. 链状　　　　　C. 梯形　　　　　D. 筒状

（8）海产环节动物的幼虫阶段为（　　　）。

A. 浮浪幼虫　　　　　B. 两囊幼虫　　　　　C. 牟勒氏幼虫　　　　　D. 担轮幼虫

（9）环毛蚓的生殖环带位于第（　　　）节。

A. 1～3　　　　　　　B. 7～8　　　　　　　C. 14～16　　　　　D. 12～13

（10）环毛蚓的受精囊位于第（　　　）节。

A. 6/7、7/8、8/9　　　　　　　　　　　B. 7/8、8/9、9/10

C. 5/6、6/7、7/8　　　　　　　　　　　D. 1/2、2/3、3/4

（11）赤子爱胜蚓属于（　　　）。

A. 多毛纲　　　　　B. 寡毛纲　　　　　C. 蛭纲　　　　　D. 吸虫纲

（12）沙蚕属于（　　　）。

A. 多毛纲　　　　　B. 寡毛纲　　　　　C. 蛭纲　　　　　D. 线虫纲

（13）日本医蛭属于（　　　）。

A. 环节动物　　　　B. 原腔动物　　　　C. 节肢动物　　　　D. 软体动物

（14）蚯蚓消化道中起磨碎食物作用的结构为（　　　　）。

A. 食道　　　　　　B. 砂囊　　　　　　C. 咽　　　　　　D. 胃

（15）环节动物的一对锥形盲肠位于第（　　　）节。

A. 24　　　　　　　B. 25　　　　　　　C. 26　　　　　　D. 27

（16）分布在环毛蚓肠及背血管周围，起合成和贮存脂肪和糖原、分解蛋白质的作用的细胞为（　　　）。

A. 黄色细胞　　　　B. 黑色细胞　　　　C. 杯状细胞　　　D. 柱状细胞

（17）环毛蚓在（　　　）内完成受精作用，形成（　　　）。

A. 受精囊；蚓茧　　B. 子宫；蚓茧　　　C. 阴道；受精卵　　D. 受精囊；受精卵

（18）关于多毛纲的描述，不正确的是（　　　）。

A. 头部明显，具眼点、口前触手和触须

B. 无生殖环带

C. 大多雌雄异体，生殖腺只在生殖季节出现，具担轮幼虫

D. 无疣足，有刚毛

（19）关于寡毛纲的描述，不正确的是（　　　）。

A. 头部退化，无触手、触须　　　　　　B. 具生殖环带

C. 大多雌雄同体　　　　　　　　　　　D. 具有疣足

（20）关于蛭纲的描述，不正确的是（　　　）。

A. 背腹扁平　　　　　　　　　　　　　B. 无疣足和刚毛，具口、后吸盘

C. 具生殖环带，雌雄同体，间接发育　　D. 咽肌发达，唾液腺能分泌蛭素

（21）蛭纲中（　　　）类是寡毛类到蛭类的过渡类型。

A. 棘蛭　　　　　　　　B. 颚蛭　　　　　　　C. 吻蛭　　　　　　　D. 石蛭

（22）环节动物的生殖细胞来源于（　　　）。

A. 内胚层　　　　　　　　　　　　B. 外胚层

C. 中胚层　　　　　　　　　　　　D. 内胚层的间细胞

## 四、判断题

（1）蛔虫和蚯蚓均具有完全的消化道，且消化管壁都有肌肉层。　　　（　　　）

（2）环毛蚓和蚂蟥均为雌雄同体，直接发育。　　　（　　　）

（3）后肾管是环节动物的主要排泄器官。　　　（　　　）

（4）环节动物都具有生殖环带。　　　（　　　）

（5）环节动物海产种类一般有疣足，加强了游泳和爬行的效能。　　　（　　　）

（6）多毛纲多为雌雄异体，有群婚现象。　　　（　　　）

（7）蚂蟥成体的体节数是固定的，一般为34节，后7节愈合。　　　（　　　）

（8）动物界最早从环节动物开始出现循环系统。　　　（　　　）

（9）原腔动物神经系统呈筒状，环节动物呈链状。　　　（　　　）

（10）环节动物所有的体节在形态与功能上都是相似的。　　　（　　　）

（11）蚂蟥的血窦来源于原体腔。　　　（　　　）

（12）蛭类的体腔管和体腔窦有同样的功能，二者是一致的。　　　（　　　）

（13）真体腔的出现才促使动物血液循环系统的完整化。　　　（　　　）

（14）蚯蚓的循环系统属于闭管式循环。　　　（　　　）

（15）动物的原肾管和分节现象是同时出现的。　　　（　　　）

（16）蚯蚓体内，血液在背血管中由前向后流动，在腹血管中由后向前流动。

（　　　）

（17）蚯蚓的血液呈红色，是因为血色素存在于血浆中，而不存在于血细胞中。　　　（　　　）

（18）环毛蚓常为雌雄同体，同体受精。　　　（　　　）

（19）环节动物身体都具有环带和刚毛。　　　（　　　）

（20）沙蚕无专门呼吸器官，体壁和疣足都能进行气体交换。　　　（　　　）

（21）异沙蚕相和异枝裂相都是指同一种类的不同个体间产生形态上的差异。

（　　　）

（22）由于蛭类的体节又分为若干体环，故体节数目不固定。　　　（　　　）

（23）沙蚕没有固定的生殖腺，在生殖季节，精巢、卵巢均由体腔上皮临时产生。（　　）

## 五、简答题

（1）简述环节动物门的主要特征。

（2）比较假体腔和真体腔在结构上的异同点。

（3）比较原肾管和后肾管在结构和功能上的异同点。

（4）试述环节动物在动物界的演化地位及各纲之间的亲缘关系。

（5）多毛类如何呼吸？生殖腺是由何部位形成的？如何受精？

（6）简述环节动物各纲的主要特征，列举各纲的代表动物。

（7）蛭类的体腔有何特点？

（8）蛭类有哪些结构特点是适应于暂时性外寄生生活的？

（9）在蚯蚓体中部的横切面上反映出其结构较蛔虫高等的地方。

（10）根据蚯蚓的形态结构和机能的主要特点，说明蚯蚓对在土壤中生活的适应性。

（11）试述真体腔和分节现象的出现在动物进化上的意义。

## 六、论述题

（1）为什么说环节动物门是高等无脊椎动物的开始？

（2）（提高题）环毛蚓、蚂蟥或沙蚕养殖业方兴未艾，请结合其消化、生殖系统的结构特征，谈谈如何提高养殖效益，提升产品的经济价值。

（3）（提高题）冰虫（*Mesenchytraeus solifugus*）属环节动物门寡毛纲，是已知的唯一可在冰中生活的高等无脊椎动物，也可能是世界上最不怕冷的动物。冰虫的酶在接近0 ℃时仍有活力，但若温度超过5 ℃酶便会消化其细胞膜，把冰虫本身给消溶掉。研究冰虫至少有下面3个方面的意义：① 因冰川温度和很多外星球表面的温度类似，这对揭示生物耐低温的机理，以及我们探究地球以外的星球是否有生命具有重要意义；② 研究冰虫的耐冻机理对冰冻状态下的器官移植可能有重要的启示作用；③ 通过对冰虫在冰川中的分布范围的研究，对探究和预测世界温度和气候的变化及其对生物体的未来影响可能具有重要作用。你对上述哪个方面的研究感兴趣？你若获得资助，计划拟从哪些方面对冰虫开展研究，有望获得哪些研究成果？

**参考答案**

## 一、名词解释

同律分节：环节动物的身体除前两节和最后一节外，其余各体节的形态基本相同，称为同律分节。

真体腔：环节动物体壁和消化管之间有一广阔的空腔，由中胚层裂开形成，叫次生体腔，也叫真体腔、裂体腔。

闭管式循环：环节动物具有较完善的循环系统，由纵行血管、环行血管及其分支间的微血管网构成，血液始终在血管中流动，称为闭管式循环。

后肾管：环节动物中，典型的后肾管是一条两端开口迂回盘曲的管子：一端是带纤毛的多细胞漏斗状的肾口，开口于前一体节的体腔；另一端为肾孔或排泄孔，开口于本体节的腹面的体表。

担轮幼虫：海产环节动物在发育过程中，有一形似陀螺的营浮游生活的担轮幼虫期。幼虫的体中部具有2圈纤毛环，其间有口，肛门开口在体后端，体不分节，原体腔，原肾管。经变态为成虫后，出现真体腔和后肾管。

环带：是某些环节动物的生殖带，位于身体的一定位置，体表无节间沟、刚毛，状如指环，生殖季节可分泌蛋白质和黏液形成卵茧，以保证胚胎在陆地上正常发育。

疣足：是多毛纲动物的运动器官，是体壁向外突出的扁平状物，分为背肢和腹肢两部分。疣足不分节，具有游泳、呼吸、保护等功能。

## 二、填空题

（1）寡毛纲；多毛纲；蛭纲；寡毛。

（2）同律；真体腔；后肾管；链（索）状；闭管式；体腔膜；担轮。

（3）水蛭素；嗉囊。

（4）闭管式；开管式。

（5）同体；18；14；3；蚓茧。

（6）咽头；体壁；隔膜。

（7）脏体腔膜；贮存营养和排泄作用。

（8）三；疣足；刚毛；端细胞。

（9）不分节；功能多样化。

（10）毛原；支撑身体和辅助运动。

（11）角质膜；表皮层；肌肉层；壁体腔膜。

（12）肠上皮；肌肉层；脏体腔膜；真体腔。

（13）波浪；体壁肌肉层；刚毛；体腔液。

（14）盲道；增加消化吸收的面积。

（15）钙质；碳酸钙；咽头；黏液。

（16）黏液腺的分泌；由背孔射出的体腔液。

（17）环状；背；腹；神经下。

（18）咽头；隔膜。

（19）脑；围咽神经；腹神经索；链状。

（20）背中线；隔膜联系。

（21）异；螺旋；外包；担轮。

## 三、选择题

（1）—（5）：DBBAD；（6）—（10）：ABDCA；（11）—（15）：BAABC；

（16）—（20）：AADDC；（21）—（22）：AC。

## 四、判断题

（1）—（5）：×√√×√；（6）—（10）：√√×√×；

（11）—（15）：××√√×；（16）—（20）：×√××√；

（21）—（23）：××√。

## 五、简答题

（1）① 身体同律分节；② 具真体腔（次生体腔）；③ 具有疣足和刚毛，肌肉发达；④ 出现闭管式循环系统；⑤ 具有后肾管型排泄系统；⑥ 具有链索状神经系统；⑦ 由体腔膜形成生殖系统；⑧ 海产种类发育经担轮幼虫期，陆生和淡水生活种类直接发育。

（2）① 相同点：都具有体壁中胚层；② 不同点：假体腔无体腔膜、脏壁中胚层和肠系膜，真体腔具有体腔膜、脏壁中胚层和肠系膜；假体腔无孔道与外界相通，真体腔有背孔与外界通连。

（3）① 结构上：原肾管由动物体外胚层陷入形成，由焰细胞、排泄管和排泄孔组成，是由管细胞构成的细胞内管，一端开口；后肾管是外胚层来源的体腔上皮向外突出形成的，具有肾口和肾孔两个开口；② 功能上：原肾管最初的功能是调节体内水分的渗透压，之后起排泄功能；后肾管周围密被毛细血管网，可与血液直接进行物质交换，同时也可从肾口收集体腔内的代谢废物。

（4）环节动物的起源有两种不同的意见：① 起源于扁形动物的涡虫纲；证据有涡虫纲的梯形神经系统、生殖系统、肠支有假分节现象；某些环节动物成体和担轮幼虫具原肾管；在发育过程中行螺旋式卵裂；牟勒氏幼虫和担轮幼虫形态上相似；原环虫体表具纤毛；② 起源于"担轮虫"，它可能是环节、软体、苔藓、腕足动物的共同祖先。

各纲的亲缘关系：在环节动物的各纲间多毛类较原始；寡毛类可能是多毛类适应穴居生活的结果；蛭类是从寡毛类进化而来的；而棘蛭类可能是寡毛类向蛭类的过渡类型。

（5）① 多毛类无专门呼吸器官，体壁及疣足的背腹肢上均密布血管网，可进行气体交换；② 多毛类为雌雄异体，没有固定的生殖腺，在生殖季节，精卵巢均由体腔上皮临时产生；③ 雄体无输精管，成熟的精子由肾管排出，卵在体腔内成熟后由体壁背侧的临时开口排出，精卵在水中完成体外受精。

（6）分为多毛纲、寡毛纲、蛭纲3个纲。多毛纲：几乎全部海产；有疣足；头部显著；口前叶有触手、触须、眼等感觉器官；无生殖带，雌雄异体，发育过程中有担轮幼虫期。代表动物：沙蚕。寡毛纲：多为陆栖；无疣足，刚毛直接着生体壁上；头不发达有生殖带，雌雄同体，直接发育。代表动物：环毛蚓。蛭纲：多数水生，常营暂时性寄生生活；无疣足，一般无刚毛；体节数目固定，体前后具吸盘；体腔退化，形成血窦；雌雄同体，有生殖带，直接发育。代表动物：金线蛭。

（7）体腔退化，形成血窦系。① 棘蛭类，葡萄状组织只在隔膜附近侵入体腔中，有背腹血管；② 吻蛭类，葡萄状组织填满体腔，组织间隙的体腔即称为血窦，形成发达的血窦系，背腹血管位于背腹窦中；③ 颚蛭类，葡萄状组织更多，故组织间隙更少，形成管状的血窦（或体腔窦），背腹血管完全消失，体腔窦代替循环系统司循环功能。

（8）① 身体前后端具吸盘可作为附着器；② 口腔内有颚，颚上有细齿，可用来咬破寄主的皮肤；③ 咽部肌肉发达，有强大的吸吮能力；④ 唾液腺可分泌蛭素，有抗凝血作用和麻醉作用；⑤ 具发达的嗉囊，其两侧还生出多对盲囊，可贮存大量的血液。

（9）① 有真体腔；② 肠壁有纵、环肌；③ 体壁除纵肌外还有环肌；④ 体壁有刚毛；⑤ 有体腔膜；⑥ 有背、腹血管等；⑦ 有盲道；⑧ 有腹神经节。

（10）① 头部及感官因适于穴居生活而退化；② 口前叶膨胀时，具有掘土、摄食和触觉功能；③ 刚毛着生于体壁上有助于支撑身体；④ 体表黏液腺分泌的黏液以及背孔射出的体腔液均可保持体表湿润，保证呼吸正常进行，同时又可在钻穴时保护皮肤；⑤ 咽头和隔膜小肾管的肾孔开口于消化道，有助于回收水分；⑥ 出现简单的交配器，并可形成蚓茧，有利于胚胎的发育。

（11）① 第一次出现了真体腔，与假体腔不同，它具有体腔膜；② 肠壁有肌肉层，增强蠕动，提高消化能力；③ 使血液循环完整化，有了心脏，推动血液流动，使后肾管的形成、生殖系统的进一步完善；④ 第一次出现分节现象，为同律分节，这为后来的异律分节打下了基础，更是将来动物体发展成头、胸、腹各部分的基础和前提；⑤ 分节现象的出现使每个体节几乎为一个形态功能单位，使得动物有了更强的生命活力和对外界环境的适应能力。

## 六、论述题

（1）答题要点参见简答题第2题，并逐条展开加以论述。

（2）以水蛭蛳养殖为例，我国饲养的水蛭主要为日本医蛭和宽体金线蛭。宽体金线蛭主要吸食田螺、河蚌等水生动物的体液，口腔内有颚和细齿，咽肌发达，唾液腺分泌水蛭素，嗉囊发达，贮存大量血液，消化道由口、咽、嗉囊、胃、肠道、肛门组成；雌雄同体，异体交配，体内受精，产卵茧。

如何提高养殖效益，提升产品的经济价值：应避免近亲繁殖，不断复壮种群，提高种蛭的繁殖性能；养殖宽体金线蛭获得的主要产品为水蛭素，不用药物催熟，确保产品品质。

（3）选择回答问题①。我若获得资助，将从冰虫耐受低温的机理方面开展研究。我将对分布于冰川不同位置的冰虫从形态、行为和生理特征与其生活环境相适应的角度，揭示冰虫能耐受的温度范围及其生理生态学机理。也将利用整合动物学思想和先进的分子生物学技术手段，在实验室内开展冰虫起源和进化机制研究，阐明冰虫与其他生物间可能存在的联系。

# 第十章 软体动物门（Phylum Mollusca）

知识速览

　　软体动物和环节动物是由共同祖先发展来的。软体动物具有两侧对称，真体腔，后肾管、螺旋卵裂等特征；但是真体腔退化，循环方式为开管式循环，由裂体腔法形成中胚层和体腔，生活史中有担轮幼虫阶段。大多数软体动物具有贝壳，故通常又称为贝类。在动物界中，软体动物是仅次于节肢动物的第二大类群，有10万种以上，分布范围广。本章重点掌握软体动物的主要特征；熟悉常见种类的结构特征和分类。掌握河蚌的结构和乌贼适应于快速游泳生活的特征。

## 知识要点

### 一、软体动物门的主要特征

**（一）身体分区**

身体分为头、足、内脏团和外套膜。

（1）头部：头为感觉和摄食的中心。不同种类的动物头部分化程度不同。

头部分化明显：运动敏感种类。如田螺、蜗牛及乌贼。其上生有眼、触角等感觉器官。

头部不发达：行动迟缓种类。如石鳖。

头部消失：穴居或固着生活种类。如蚌类和牡蛎。

（2）足：位于身体的腹侧，为运动器官，肌肉质。

软体动物足的类型多种多样，如斧状（河蚌）、块状（鲍）、柱状（角贝）、腕（乌贼），有些软体动物的足退化（扇贝），甚至消失（牡蛎）。

（3）内脏团：内脏器官所在部位，常位于足的背侧。

（4）外套膜：外套膜是由内脏团背侧的皮肤皱褶向腹面伸展而成，包围内脏团和鳃，有时连足也包围在内。外套膜与内脏团之间的腔，称为外套腔。

## （二）具有贝壳

表10.1 软体动物贝壳的组成

|  | 外层（角质层） | 中层（棱柱层） | 内层（珍珠层） |
| --- | --- | --- | --- |
| 组成 | 硬蛋白 | 钙质 | 钙质和几丁质 |
| 形成方式 | 外套膜边缘分泌 | 外套膜边缘分泌 | 整个外套膜分泌 |

## （三）消化系统

消化系统具有特殊的齿舌结构

结构：口、口腔、胃、肠、肛门。

口腔：唾液腺、颚、齿舌。

齿舌：软体动物所特有的器官，位于口腔底部，由有规律排列的角质齿片组合而成，能够刮取食物和锉碎食物。

胃：晶杆、晶杆囊、胃盾。

晶杆的作用：含有消化酶；搅拌；储存食物。

胃盾的作用：保护胃壁免受晶杆的摩擦。

口和肛门开口在外套腔，肛门通常位于外套腔出水口附近。腹足纲由于在发育早期身体经过扭转，肛门移至前方。

头足类具有弥散的胰脏。

## （四）循环系统

体腔退化，循环系统为开管式循环。

体腔：次生体腔极度退化，仅残留于围心腔、生殖腺及排泄管的内腔。原体腔则存在于各组织器官的间隙，内有血液流动，形成血窦。血窦与血管不同，无管壁和肌肉，仅外被较为致密的结缔组织。

循环方式：

开管式循环：心脏→动脉→血窦→静脉→心脏（大多数软体动物）。

闭管式循环：心脏→动脉→微血管→静脉→心脏（头足类）。

开管式循环血压低，血流慢，运送营养物质和氧气的能力低。头足类等快速游泳的软体动物为闭管式循环。

心脏位于围心腔内，由心室和心耳构成。

### （五）呼吸器官

首次出现专职的呼吸器官。

水生种类：用鳃呼吸。鳃由外套膜内表皮伸展而成。

陆生种类：用"肺"呼吸。其外套腔内一定区域的毛细血管密集成网，形成"肺"，可直接摄取空气中的氧气。适于潮湿空气环境，如蜗牛。

### （六）排泄器官

排泄器官仍为后肾管型。

软体动物的后肾管由腺质部分和管状部分组成。腺质部分富含毛细血管，肾口有纤毛，开口于围心腔；管状部分内壁有纤毛，肾孔开口于外套腔。

作用：排除围心腔和血液中的代谢产物。

### （七）神经系统

神经系统由脑神经节、足神经节、侧神经节和脏神经节构成。

脑神经节：控制头部、感觉器官；足神经节：控制足部运动；侧神经节：控制外套膜及鳃的活动；脏神经节：控制内脏的活动。

不同种类的软体动物，其神经系统发生不同程度的愈合。头足类的神经系统相对发达，4个神经节愈合为脑，外有软骨匣包裹，感觉器官发达。

### （八）生殖和发育

雌雄异体，间接发育。

### 二、软体动物门的代表动物——河蚌（也称无齿蚌）

#### （一）外部形态

身体侧扁，左右各一卵圆形的贝壳，前端钝圆，后端稍尖。壳外为褐色，其上密布围绕的同心圆弧为生长线。壳顶突出。

#### （二）内部结构

（1）外套膜。

（2）肌肉：闭壳肌（前闭壳肌和后闭壳肌）、缩足肌、伸足肌。

（3）呼吸系统：用鳃呼吸。

（4）消化系统：

小的食物颗粒：鳃→唇片→口→胃→消化盲囊。

大的食物颗粒：鳃→唇片→口→胃肠→肛门。

（5）循环系统：开管式循环。

（6）排泄系统：后肾管型排泄系统。

（7）神经系统：无齿蚌具有3对神经节，分别为脑神经节1对、足神经节1对和脏神经节1对。

（8）生殖和发育：体外受精，间接发育。有钩介幼虫阶段。

### 三、软体动物的代表动物——乌贼

乌贼适应于快速游泳生活的结构特征：

（1）身体呈流线型。

（2）具快速游泳的动力装置：外套膜、漏斗、闭锁器。

（3）具有肝脏、胰脏所构成的高效消化系统。

（4）呼吸系统发达，鳃羽状，鳃丝众多。

（5）循环系统高效，为闭管式循环。

（6）具发达的排泄系统。

（7）神经系统高度集中，神经节愈合为脑，外有软骨匣包围。

### 四、软体动物门的分类

软体动物门是世界上第二大门类群，可分为7个纲，分别为无板纲（Aplacophpra）、单板纲（Monoplacophora）、多板纲（Polyplacophora）、腹足纲（Gastropoda）、掘足纲（Scaphopoda）、双壳纲（Bivalvia，也称为瓣鳃纲）和头足纲（Cephalopoda）。

#### （一）无板纲

代表动物为龙女簪，我国南海有分布。

#### （二）单板纲

代表动物为新碟贝。

新碟贝具有贝壳一个，帽状；头部不发达，足扁阔；鳃及内脏器官按体节排列，具有分节现象。多为化石种类，活体于1952年在3350 m深海发现，被称为"活化石"。

#### （三）多板纲

代表动物为石鳖。

石鳖身体扁平，头部不明显，呈椭圆形。背面有8个覆瓦状排列的贝壳，神经系统较原始，呈双梯形，有担轮幼虫期。

#### （四）腹足纲

代表动物为中华圆田螺。

腹足纲动物多具有一个螺旋形的外壳（部分物种外壳退化），不同螺层分布不同的组织，咽腔内具有齿舌，头部较发达，具有眼和触角，足扁平，利于爬行。身体发生扭曲，身体不对称。

腹足纲的分类：

前鳃亚纲：如田螺、钉螺、鲍、宝贝。

后鳃亚纲：如壳蛞蝓、拟海牛。

肺螺亚纲：如椎实螺、扁卷螺、蜗牛、蛞蝓。

### （五）掘足纲

代表动物为角贝。

角贝为海洋穴居，具一个两端开口的牛角形管状壳，足柱状，无鳃，雌雄异体，有担轮幼虫和面盘幼虫。

### （六）双壳纲

代表动物为无齿蚌。

### （七）头足纲

代表动物为乌贼。

1. 形态结构

身体分为头、足、躯干；具有肌肉质的外套膜，足特化为腕和漏斗，内脏团具有鳃、心耳、肾等结构，头部神经和感官器官发达。具有外壳（原始类群）或内壳或壳消失。

2. 头足纲的分类

鹦鹉螺亚纲（四鳃亚纲）（Tetrabranchia）：具有2对鳃，外壳，腕10条，无吸盘；漏斗为左右两叶组成，2对心耳，2对肾。

蛸亚纲（两鳃亚纲）（Dibranchia）：内壳或无壳，腕8～10条，具吸盘，漏斗完整，2个鳃，2个心耳，2个肾。可分为：

（1）十腕目（Decapoda）：5对腕，吸盘有柄。代表动物：乌贼。

（2）八腕目（Octopoda）：4对腕，吸盘无柄。代表动物：章鱼。

### 试题集锦

## 一、名词解释

外套膜；齿舌；开管式循环；外套腔；晶杆；围心腔；墨囊；鳃心。

**二、填空题**

（1）软体动物的身体不分节，身体一般由_____、_____、_____和外套膜，体外常具有外套膜分泌的_____。

（2）软体动物的贝壳是由_____的表皮细胞分泌而成，它由3层结构组成，由外向内分别是_____层、_____层和_____层。

（3）软体动物除头足类和某些腹足类为直接发育外，其他许多海产种类发育时多要经过_____和_____2个幼虫阶段，而淡水生活的河蚌则具有1个_____阶段。

（4）软体动物多数有贝壳；腹足纲贝壳_____个，_____状；双壳纲的贝壳往往为_____个，左右合抱；头足类大多数退化为_____。

（5）软体动物中除腹足类外，基本的体制是相同的，为_____对称。

（6）软体动物消化器官发达，多数种类在口腔内具有_____和_____。

（7）软体动物的心脏位于内脏团背侧的围心腔中，已分化为_____和_____2部分。

（8）软体动物的排泄器官仍为后肾管型，由_____和_____2部分组成。

（9）软体动物的神经系统一般由4对神经节及联结它们的神经索组成，这4对神经节是_____、_____、_____和_____。

（10）乌贼遇到敌害时可放出墨汁，是因体内有_____。

（11）_____是软体动物特有的器官。

（12）乌贼的体制特殊，身体分为_____、_____及_____3部分；足特化为_____和_____2部分。

（13）软体动物是动物界中最早出现专职_____器官的类群。

（14）软体动物开管式循环的基本形式为：心室→_____→_____→_____→_____。

（15）鳃是河蚌的主要呼吸器官，它包括_____鳃瓣，每个鳃瓣又有_____鳃小瓣，每个鳃小瓣由许多_____和_____组成。

（16）水流携带氧气由河蚌鳃的入水管进入_____，经_____、_____和_____，最后经出水管流出，水流经鳃时进行气体交换。

（17）河蚌两片贝壳紧闭是由_____的收缩所致，贝壳的张开是靠_____的弹性；足的伸出受_____支配，而足的缩回则受_____支配。

（18）软体动物的次生体腔极度退化，仅残留下_____、_____和_____

的内腔3部分。其初生体腔和次生体腔同时出现，存在于各组织器官之间，并充满血液，叫_____。

（19）毛肤石鳖属_____纲动物，有_____片贝壳，足呈_____状，头部不_____。

（20）乌贼属_____纲，有_____壳，足特化成_____和_____。

（21）蜗牛、扇贝、章鱼、毛蚶分属_____纲、_____纲、_____纲和_____纲。

（22）河蚌的肾脏，其肾口开口于_____，肾孔开口于_____。

（23）判断螺壳左右旋的方法是将壳顶向_____，壳口面向_____，壳口在螺轴左侧的为_____，壳口在螺轴右侧的为_____。

## 三、选择题

（1）珍珠中的珍珠质是由珍珠蚌的（　　　）分泌的。

A. 肌肉　　　　　　　B. 外套膜　　　　　　C. 珍珠腺　　　　　　D. 贝壳

（2）河蚌的运动器官是（　　　）。

A. 斧足　　　　　　　B. 腹足　　　　　　　C. 管足　　　　　　　D. 腕足

（3）河蚌的个体发育中具有（　　　）期，此幼虫需要过一段寄生生活。

A. 牟勒氏幼虫　　　　B. 帽状幼虫　　　　　C. 钩介幼虫　　　　　D. 浮浪幼虫

（4）软体动物左右侧外套膜与内脏团之间围成的空腔称为（　　　），并有入水孔和出水孔与外界相通。

A. 次生体腔　　　　　B. 假体腔　　　　　　C. 囊胚腔　　　　　　D. 外套腔

（5）软体动物贝壳的主要成分为碳酸钙，其结构分3层，最内层为（　　　）。

A. 角质层　　　　　　B. 珍珠质层　　　　　C. 棱柱层腔　　　　　D. 内胚层

（6）许多腹足类是人畜重要寄生虫的中间宿主，如钉螺可传播（　　　）病。

A. 日本血吸虫　　　　B. 绦虫　　　　　　　C. 球虫　　　　　　　D. 丝虫

（7）直肠穿过心脏的动物是（　　　）。

A. 田螺　　　　　　　B. 河蚌　　　　　　　C. 蝗虫　　　　　　　D. 乌贼

（8）下列不属于外套膜功能的是（　　　）。

A. 分泌形成贝壳　　　B. 保护软体部分　　　C. 感光　　　　　　　D. 生殖

（9）能使乌贼快速游泳的器官是（　　　）。

A. 发达的鳍　　　　　　　　　　　　　　　B. 众多的腕

C. 发达的墨囊　　　　　　　　　　　　　　D. 发达的外套膜和漏斗

（10）初生体腔和次生体腔并存的动物是（　　　）。

A. 刺胞动物门　　　　B. 扁形动物门　　　　C. 线虫动物门　　　　D. 软体动物门

（11）软体动物门（除腹足纲外）其余各纲的对称形式是（　　　）。

A. 不对称　　　　　　B. 辐射对称　　　　　C. 左右对称　　　　　D. 二辐射对称

（12）下列动物中具有后肾管型排泄的动物是（　　　）。

A. 蛔虫和蚯蚓　　　　B. 河蚌和蚯蚓　　　　C. 河蚌和蝗虫　　　　D. 乌贼和金龟子

（13）双壳软体动物的围心腔在发生上属于（　　　）。

A. 囊胚腔　　　　　　B. 原肠腔　　　　　　C. 真体腔　　　　　　D. 假体腔

（14）双壳纲与其他软体动物的不同点是（　　　）。

A. 两片贝壳　　　　　B. 全部淡水生活　　　C. 开管式循环　　　　D. 用鳃呼吸

（15）蜗牛和田螺属于软体动物门的（　　　）。

A. 双壳纲　　　　　　B. 掘足纲　　　　　　C. 腹足纲　　　　　　D. 头足纲

（16）软体动物中具有一片螺旋形外壳的类群是（　　　）。

A. 多板纲　　　　　　B. 腹足纲　　　　　　C. 双壳纲　　　　　　D. 头足纲

（17）海产软体动物的幼虫为（　　　）。

A. 浮浪幼虫　　　　　　　　　　　　　　　B. 牟勒氏幼虫

C. 担轮幼虫和面盘幼虫　　　　　　　　　　D. 钩介幼虫

（18）蜗牛内脏团的特点是（　　　）。

A. 两侧对称　　　　　B. 辐射对称　　　　　C. 五辐对称　　　　　D. 不对称

（19）在动物分类中，乌贼属于（　　　）。

A. 双壳纲　　　　　　B. 腹足纲　　　　　　C. 掘足纲　　　　　　D. 头足纲

（20）下列关于乌贼贝壳的描述，正确的是（　　　）。

A. 1片，螺旋形　　　　　　　　　　　　　　B. 2片，左右对称

C. 1片，埋于外套膜下　　　　　　　　　　　D. 无贝壳

（21）海螵蛸是（　　　）。

A. 螳螂的卵块　　　　B. 牡蛎的壳　　　　　C. 乌贼的内壳　　　　D. 鲍鱼的贝壳

（22）下列动物中，为国家一级保护动物，被称为"活化石"的是（　　　）。

A. 鹦鹉螺　　　　　　B. 有孔虫　　　　　　C. 扇贝　　　　　　　D. 乌贼

（23）对河蚌的下列描述正确的是（　　　）。

A. 真瓣鳃，前后闭壳肌等大，有绞合齿

B. 真瓣鳃，前后闭壳肌不等大，无绞合齿

C. 真瓣鳃，前后闭壳肌等大，无绞合齿

D. 真瓣鳃，前后闭壳肌不等大，有绞合齿

（24）乌贼的脑软骨及闭锁器软骨来源于（　　　）。

A. 中胚层　　　　　　B. 外胚层　　　　　　C. 内胚层　　　　　　D. 内外胚层

（25）头足类的卵裂方式为（　　　）。

A. 盘状卵裂　　　　　B. 螺旋卵裂　　　　　C. 辐射卵裂　　　　　D. 表面卵裂

（26）圆田螺为（　　　）。

A. 雌雄同体，直接发育　　　　　　　　B. 雌雄异体，间接发育

C. 雌雄同体，间接发育　　　　　　　　D. 雌雄异体，直接发育

（27）市售"干贝"是（　　　）的干制品。

A. 扇贝前后闭壳肌　B. 贻贝前后闭壳肌　C. 扇贝后闭壳肌　D. 贻贝后闭壳肌

（28）下列动物中在岩石上以足丝营固着生活的是（　　　）。

A. 牡蛎　　　　　　　B. 毛肤石鳖　　　　　C. 滨螺　　　　　　　D. 贻贝

（29）乌贼的循环系统发达，属闭管式循环，其心脏由（　　）组成。

A. 一心室、二心耳和二鳃心　　　　　B. 二心室、二心耳和二鳃心

C. 二心室、二心耳　　　　　　　　　D. 一心室、二心耳

（30）下列动物中为我国"四大海产"之一的是（　　　）。

A. 扇贝　　　　　　　B. 珍珠贝　　　　　　C. 章鱼　　　　　　　D. 乌贼

## 四、判断题

（1）软体动物门为动物界第一大类群。　　　　　　　　　　　　（　　　）

（2）有些软体动物个体发育中具有担轮幼虫和面盘幼虫2期幼虫。　（　　　）

（3）软体动物形成珍珠的物质由外套膜分泌。　　　　　　　　　（　　　）

（4）外套膜包围着的空腔，称为混合体腔。　　　　　　　　　　（　　　）

（5）石鳖属爬行纲的龟鳖目。　　　　　　　　　　　　　　　　（　　　）

（6）鲍鱼是一种闻名的海产鱼，味极鲜美。　　　　　　　　　　（　　　）

（7）大多软体动物具有一些与环节动物相同的特征如螺旋式卵裂，个体发育中
具面盘幼虫。　　　　　　　　　　　　　　　　　　　　　　　　（　　　）

（8）乌贼的贝壳位于背面的外套膜内，故称为内骨骼。　　　　　（　　　）

（9）雄乌贼左侧第5腕，在生殖期有输送精荚的作用，故称其为生殖腕。（　　　）

（10）雄性圆田螺的右触手特化为交接器。　　　　　　　　　　（　　　）

（11）乌贼的第3对腕很长，叫触腕，是乌贼捕食的主要器官。　　（　　　）

（12）乌贼的内壳叫海螵蛸，它是疏松的石灰质结构，其空隙处充满气体，可使身体密度减小而利于游泳。　　　　　　　　　　　　　　　　　（　　）

（13）软体动物与环节动物的亲缘关系很近，可能是由共同的祖先进化而来的。
　　　　　　　　　　　　　　　　　　　　　　　　　　　　　　（　　）

（14）乌贼的闭锁器是由漏斗上的2个凹软骨与外套膜上2个凸软骨相嵌合形成的结构，它是水流进出外套腔的通道。　　　　　　　　　　　　　（　　）

（15）漏斗是乌贼的一个特殊运动器官，是由足的一部分特化而来的，是生殖产物、水流、粪便和墨汁的出口。　　　　　　　　　　　　　　（　　）

（16）头足纲种类都有一个退化的内壳。　　　　　　　　　　　（　　）

（17）圆田螺的嗅检器位于鳃的右侧，有识别水质的作用。　　　（　　）

（18）鹦鹉螺尽管具有外壳，却是头足纲的动物。　　　　　　　（　　）

## 五、简答题

（1）简述前鳃亚纲与后鳃亚纲的区别。

（2）简述头足纲的主要特征。

（3）简述软体动物的系统发展。

（4）如何理解头足类是最早进化的软体动物？

（5）简述乌贼的外套膜、漏斗与其运动的关系。

（6）以河蚌为例说明双壳纲的主要特征。

（7）腹足类的左右不对称是怎样形成的？

（8）试述软体动物门的主要特征。

### 参考答案

## 一、名词解释

外套膜：软体动物内脏团背侧的皮肤皱褶向腹面伸展而成，包围内脏团和鳃，有时连足也包围在内，能分泌形成贝壳。

齿舌：齿舌是软体动物（除双壳类外）特有的器官，位于口腔底部，由规律排列的角质齿片组合而成，作用是刮取食物和锉碎食物。

开管式循环：血液不是始终在血管中流动，动脉和静脉之间无直接的连接，而是开放的血窦。

外套腔：外套膜与内脏团之间的腔，肛门、肾孔和生殖孔开口于腔内。

晶杆：河蚌胃肠之间具有一晶杆，它是一个由具消化酶的胶状物质构成的细长棒状物，它从晶杆囊中伸至胃内；晶杆囊壁纤毛的摆动使晶杆不停转动搅拌食物，同时晶杆端部在胃液作用下软化并溶解，释放糖原酶消化食物。晶杆的作用还可能是储存食物。

围心腔：在软体动物中，由围心腔膜形成的包围心脏的空腔，是体腔的一部分，体腔液，心室和心耳位于其中，有保护心脏、辅助循环和排泄的作用。

墨囊：如乌贼，在其胃的附近有一囊状结构，内有墨腺，能分泌墨汁。囊的一端有一长管与直肠并行，末端与肛门共同开口于外套腔。囊内墨汁必要时可从漏斗喷出，将海水染黑，有利于捕食和逃避敌害。

鳃心：乌贼类入鳃血管在鳃基部（入鳃处）的膨大，能够搏动，并将血液送入鳃血管，进行气体交换。

## 二、填空题

（1）头；足；内脏团；贝壳。

（2）外套膜；角质；棱柱；珍珠。

（3）担轮幼体；面盘幼体；钩介幼体。

（4）1；螺旋；2；内壳。

（5）两侧。

（6）颚片；齿舌。

（7）心室；心耳。

（8）腺质；管状。

（9）脑神经节；足神经节；侧神经节；脏神经节。

（10）墨囊。

（11）齿舌。

（12）头；足；躯干；腕；漏斗。

（13）呼吸。

（14）动脉；血窦；静脉；心耳。

（15）4个；2个；鳃丝；丝间隔（丝间联系）。

（16）外套腔；鳃小孔；鳃水管（鳃内腔）；鳃上腔。

（17）前后闭壳肌；韧带；伸足肌；前后缩足肌。

（18）围心腔；生殖器官；排泄器官；血窦。

（19）双神经或多板；8；块；明显。

（20）头足；一个退化的内；腕；漏斗。

（21）腹足；瓣鳃；头足；瓣鳃。

（22）围心腔；鳃上腔。

（23）上；观察者；左旋；右旋。

## 三、选择题

（1）—（5）：BACDB；（6）—（10）：ABDDD；（11）—（15）：CBCAC；

（16）—（20）：BCDDC；（21）—（25）：CACAA；（26）—（30）：DCDDA。

## 四、判断题

（1）—（5）：×√√××；（6）—（10）：×××√√；

（11）—（15）：×√√√√；（16）—（18）：×√√。

## 五、简答题

（1）前鳃亚纲：贝壳发达，内脏神经扭转成"8"形，触角1对，鳃在心的前方，外套腔开口在前方。后鳃亚纲：贝壳退化，被外套膜包至体内，或完全消失，内脏团反扭转，神经索不成"8"形。外套腔开口在后端，一心室、一心耳。鳃存在时只有一个，位于心后方或被次生鳃代替。

（2）① 身体分头部、足部和躯干部，两侧对称；② 有退化的内壳或外壳或完全退化；③ 足在头部口周围纵裂成8～10条腕和特化的漏斗；④ 头部发达，两侧有高度发达的眼睛，其构造似脊椎动物的眼，脑有软骨保护；⑤ 外套膜肌肉发达，并愈合形成外套腔；⑥ 口腔内有一对角质颚和一个齿舌，多数种类有墨囊；⑦ 循环系统发达，多为闭管式，一心室、二心耳或四心耳；⑧ 鳃呼吸，鳃的数目常与心耳数相同，具鳃心；⑨ 神经系统发达，脑由4对神经节愈合而成。

（3）① 与环节动物亲缘关系很近，由共同祖先进化而来：螺旋卵裂、担轮幼虫、单板类身体分节；② 共同的祖先进化为两支：一支是适于活动生活、分节明显、头部发达、具有疣足的环节动物，另一支是不适于活动生活、有贝壳、无分节现象的软体动物；③ 软体动物的各纲是从不同方向发展的结果，双神经纲（多板纲）最原始，贝壳8片，肌肉分节，梯形神经系统；腹足纲是较活动的种类，有发达的头部和感觉器官；掘足纲和双壳纲较接近；头足纲是最高等的软体动物。

（4）① 头部明显，有发达的中枢神经系统和感觉器官；② 中胚层形成软骨保护脑；③ 头部两侧有类似脊椎动物结构的眼；④ 外套膜有发达的肌肉和足特化成的漏斗等，使之快速运动；⑤ 闭管式的循环系统；⑥ 生殖时行交配，体内受精。

（5）① 外套膜富有肌肉，收缩能力强，并形成外套腔。足的一部分特化成漏斗，并与外套腔相通，外套膜腹缘前端的软骨与漏斗后端软骨形成闭锁器，以闭封外套腔的开口；② 外界水流自外套腔开口进入外套腔，闭锁器开闭外套腔的开口，外套膜收缩，水自漏斗急剧喷出，身体借水的反作用迅速游走；③ 外套膜在躯干的边缘形成鳍，运动时起舵的作用。

（6）① 身体侧扁，左右对称，有2片贝壳；② 头部退化，无触角、眼等感觉器官，又叫无头类；③ 足呈斧状适于挖掘泥沙，有的种类则退化成足丝，或者完全消失；④ 外套膜2片，包括内脏团和足，外套膜之间为外套腔，其分泌物形成贝壳；⑤ 以鳃和外套膜呼吸，不同种类鳃的类型也不同，河蚌鳃为真瓣鳃；⑥ 心脏位于围心腔内，一心室、一心耳，开管式循环；⑦ 排泄器官为肾脏，围心腔腺有排泄作用；⑧ 中枢神经系统包括脑、脏、足神经节及其间的神经索；⑨ 多数雌雄异体，间接发育，海产种类要经过担轮幼虫和面盘幼虫期，河蚌有钩介幼虫。

（7）① 古腹足类的化石是左右对称的，现代腹足类的幼虫期也是左右对称的，因此现代左右不对称的腹足类是由左右对称的祖先进化来的；② 腹足类的祖先有一简单的贝壳，以保护身体，逃避敌害。随足的发育，贝壳向上隆起，便形成一锥形结构；③ 它们的鳃、排泄孔、肛门均开口于后方的外套腔中，当它们向前爬行时，高耸的贝壳因水的阻力而向后倾倒，压塞了外套腔的开孔，内外水流不畅，妨碍了呼吸、排泄等正常的生理机能；④ 在长期的进化过程中，身体发生了相应的演变，把外套腔及其开口逐渐向一侧扭转至180°，由后方扭到前方身体的背方，这样水流就畅通无阻；⑤ 身体背方高耸的贝壳对其运动很不方便，在长期的进化过程中内脏团和贝壳也就相应地卷曲成螺旋形；⑥ 在内脏团扭转和卷曲之际，受压一侧的心耳、肾、鳃均退化，仅剩下一侧的，神经索被扭成"8"形；⑦ 观察面盘幼虫的发育过程可以证实上述现象；⑧ 部分贝壳退化的种类，尽管发生了反扭转，部分结构恢复了原位，但是已失去的结构不再重新形成，因此它们也是左右不对称的。

（8）① 身体柔软、不分节、两侧对称；② 体分头、足、内脏团，有外套膜及其分泌的贝壳；③ 头部具摄食及感官，活泼的如头足类发达，迟缓的多板类则退化，双壳类则消失；④ 足用于运动，有块状的如腹足纲，斧状的如双壳纲，柱状的如掘足纲，头足纲裂成多条腕，固着者如牡蛎完全退化；⑤ 具外套膜，能分泌贝壳，特化成鳃或肺；⑥ 贝壳有8块的、牛角状、螺旋形、两瓣的、包至体内的及完全退化的；⑦ 真体腔仅余围心腔、生殖器官和排泄器官的内腔，有初生体腔构成的血窦；⑧ 开管式循环，但头足类闭管式，基本形式是心脏—动脉—血窦—静脉—心脏；⑨ 消化系统有的具齿舌、颚等结构；⑩ 用鳃、外套膜或外套膜形成的"肺"呼吸；⑪ 后肾管由腺体部和膀胱组成；⑫ 一般由脏神经节、足神经节、侧神经节、脏神经节及神经索构成神经中枢，头足类神经节集中，外包软骨形成脑；⑬ 具有头眼、外套眼，头足类具与脊椎动物相似的眼及平衡器等；⑭ 多雌雄异体，少同体，异体受精，多数卵生，少数卵胎生；⑮ 螺旋式卵裂（头足类盘裂），多数间接发育，许多海产种类经担轮和面盘幼虫期，腹足类在面盘幼虫期内脏扭转，成为不对称体制。

# 第十一章 节肢动物门（Phylum Arthropoda）

**知 识 速 览**

节肢动物门为动物界第一大门，有100多万种，占动物总数的85%以上，分布极广。

要点：异律分节；附肢分节及其意义；体被几丁质外骨骼；生长与蜕皮；肌肉系统特点；体腔及血液循环、呼吸、排泄及神经感觉器官的特点；生殖发育；节肢动物的高度适应性；中国对虾的形态结构与生理机能特点；甲壳纲、蛛形纲、多足纲和昆虫纲的主要特点；主要经济昆虫的生态习性、形态结构及与人类的关系；三叶虫纲、肢口纲；常见的有经济意义的节肢动物及节肢动物的系统发展。

**知 识 要 点**

## 一、节肢动物门的主要特征

### （一）体被几丁质外骨骼

外骨骼是节肢动物体表的一些非细胞结构，分为上表皮、外表皮和内表皮3层，它有保护内脏、防止体内水分蒸发以及协同肌肉完成各种运动的功能。由于它来源于外胚层，而作用又与脊椎动物的内骨骼相似，故称外骨骼。

1. 来源

上皮分泌形成的一种角质膜。

2. 组成

上表皮：蜡质层（薄）防止化学物质的侵入。

外表皮：几丁质＋骨蛋白（或钙），坚硬。

内表皮：几丁质＋蛋白质，富弹性。

3. 外骨骼的功能

保护；防止水分蒸发；作为肌肉的附着点。

4. 蜕皮

节肢动物的外骨骼分泌完成后，便不能继续扩大，限制了虫体的增长，这样身体长到一定限定后，便蜕去旧皮，重新形成新皮，在新皮还未骨化之际，大量吸水，迅速扩大身体，这种蜕去旧皮的现象称为蜕皮。

5. 蜕皮过程

（1）动物停止摄食，上皮脱离旧外骨骼，并开始产生新外骨骼。

（2）同时分泌蜕皮液（含几丁酶和蛋白酶）于新旧外骨骼之间，分解、吸收旧外骨骼；旧外骨骼由于分解溶化而变薄，并在一定部位破裂。

（3）动物体钻出，新外骨骼比旧外骨骼宽大，并皱褶于旧外骨骼之下。

（4）旧外骨骼蜕去，动物吸水、吸气或肌肉伸张而身体膨胀，新外骨骼便随之扩张，这样身体也就生长。

（5）新外骨骼渐渐增厚、变硬，生长便停止，前肠和后肠内面的旧外骨骼也连在一起蜕下。

6. 蜕皮的调节

（1）昆虫胸腺（虾为Y器官）：分泌蜕皮激素。

（2）昆虫咽侧体（虾为X器官）：分泌保幼激素，抑制蜕皮。

（3）神经分泌细胞对胸腺的调控：分泌激素活化胸腺，促进蜕皮激素分泌。

7. 体色

化学色＋结构色。

**（二）具高效的呼吸器官——气管**

气管：是陆栖节肢动物的呼吸器官，由外胚层发生，是体壁的内陷物，其外端以气门与外界相通，内端在体内延伸分支，伸入组织间，直接与细胞接触，可以运输 $O_2$ 和排放 $CO_2$。

书肺：为蛛形纲动物的呼吸器官，是腹部体表内陷的囊状构造，内有很薄的书叶状突起，是气体交换的地方。

小型节肢动物：体表呼吸。

水生类群：以鳃或书鳃呼吸。

### （三）混合体腔、开管式循环，心脏在消化道背方

混合体腔：在胚胎发育早期出现体腔囊，但这些体腔囊并不扩大，囊壁中胚层细胞分别发育成组织和器官，而体壁与消化道之间的空腔由囊内的真体腔和囊外的原始体腔形成，因此称为混合体腔，体腔内充满血液，因此又称为血体腔。

开管式循环：是指动物体内的血液不完全在心脏与血管内流动，而能流进细胞间隙的循环方式。

血液从心脏出发，经动脉、血腔、心孔，流回心脏（肌肉质心脏能自主搏动，血流有一定方向）。

### （四）身体呈异律分节

异律分节：具有相似功能的体节愈合，形成体部，不同的体部具有不同的功能。可分为头部（感觉摄食）、胸部（运动）和腹部（生殖代谢）。

一些种类身体进一步愈合，形成头胸部和腹部（甲壳纲和蛛形纲），有的形成头部和躯干部（多足纲），或者完全愈合（蝉虫和螨虫）。身体分部，分化又组合，从而增强运动能力，提高了动物对环境条件的趋避能力。

### （五）具有分节的附肢——节肢

节肢：节肢动物的附肢与身体相连处有活动的关节，而且本身也分节，内有发达的肌肉，活动灵活，这种附肢称为节肢。

1. 类型

双枝型附肢：节肢动物原始的附肢呈双枝型，由与体壁相连的原肢及其顶端发出的内肢和外肢3部分构成。如虾类腹部的游泳足。

单枝型附肢：由双枝型附肢的外肢节退化而形成，如昆虫的3对步足。

2. 意义

大大加强了附肢的灵活性，使其适应多种功能。

### （六）消化管完全、发达，具有头部和附肢组成口器

前肠：外胚层内陷形成，通常用以取食、运送和贮存食物，以及对食物进行机械消化。

中肠：内胚层发育形成，产生酶，司食物的化学消化，常与一个或多个消化盲囊（消化腺、肝脏或肝胰脏）相通，中肠内壁包有围食膜。

围食膜是无脊椎动物所特有的一种半透性膜状结构，昆虫的围食膜是由中肠细胞分泌形成的，根据分泌细胞在中肠所处的位置，可将围食膜分为Ⅰ型和Ⅱ型。围食膜紧贴中肠内壁，包裹着食物，因此具有保护中肠上皮细胞和有助于食物消化吸

收的功能。

后肠：外胚层内陷形成，是水分吸收、粪便的形成与暂时贮存场所。

直肠垫——陆生节肢动物后肠上重吸收水分的结构。

**（七）排泄系统**

（1）低等种类结构简单，无专门的排泄器官。

（2）由残留的体腔囊与体腔管形成的构造，如触角腺和下颚腺（甲壳动物）、基节腺（蛛形纲）。

（3）陆生昆虫等以马氏管进行排泄。

马氏管：指节肢动物的排泄器官，即从中肠与后肠之间发出的多个细管，直接浸浴在血体腔内的血液中，能吸收大量尿酸等蛋白质的分解产物，使之通过后肠，与食物残渣一起由肛门排出。

**（八）肌肉**

肌肉由横纹肌组成，能迅速收缩，牵引外骨骼，从而产生敏捷的运动。

**（九）神经系统与感觉器官**

（1）链状神经系统：脑、食道下神经节（咽下神经节）、围咽神经、腹神经索、前脑（视觉等）、中脑（触觉等）、后脑（下唇、消化道等）。

脑神经节＋食管下神经节＋腹神经链。

② 感官：触觉器（体表刚毛、触角、接收空气振动的表皮窗）、化感器（触角、下唇须等）和视觉器（单眼、复眼）。

**（十）生殖**

雌雄异体，一般雌雄异形；多数体内受精，卵生或卵胎生；有直接和间接发育，也有孤雌生殖。

**二、节肢动物门的分类**

**（一）三叶虫亚门（Trilobita）**

三叶虫亚门的主要特征：

（1）原始节肢动物，已经灭绝，生活在浅海。

（2）体分头胸部、腹部、尾部3部分。

（3）繁盛期：寒武纪至奥陶纪，现存化石约4000种。

**（二）甲壳亚门（Crusacea）**

代表动物为中国对虾。

甲壳亚门的主要特征：

（1）大部分水生。

（2）身体分为头胸部和腹部。头胸部13对附肢：头部5对，包括小触角1对、大触角1对、大颚1对、小颚2对；胸部8对，包括颚足3对、步足5对，雄性生殖孔开口于第五步足基部，雌性生殖孔开口于第三步足基部；胸部6对，包括游泳足5对、尾肢（尾扇）1对。

（3）每个体节几乎都有一对附肢，附肢大部分为双肢型。

（4）用鳃呼吸。

（5）排泄：触角腺和下颚腺。触角腺为甲壳亚门软甲亚纲端足目、糠虾目、磷虾目、十足目的排泄器官，开口于第二触角基部，常呈青绿色，又称绿腺。

（6）甲壳亚门约31000种，包括鳃足纲、颚足纲、软甲纲等。

**（三）螯肢亚门（Chelicerata）**

常见动物如蜘蛛、鲎。

1. 螯肢亚门的主要特征

（1）身体分为头胸部和腹部。

（2）头胸部第一对附肢为螯肢；无触角，第二对附肢为脚须。

（3）呼吸器官为鳃、书鳃、书肺和气管。书鳃是鲎的呼吸器官，由腹部第2～6对附肢外肢内侧的页状突起构成，其内有血管网，可进行气体交换。

（4）排泄：基节腺。基节腺是节肢动物排泄器官的一种类型，是一种和后肾同源的腺体结构，这些腺体一般为囊状结构，一端是排泄孔，开口在体表与外界相通（如虾的排泄孔开口在大触角的基部），另一端是盲端，相当于残留的体腔囊与体腔管。

（5）生活在海洋或陆地。

2. 螯肢亚门的分类

螯肢亚门可分为2个纲，分别为肢口纲和蛛形纲。

**（四）多足亚门（Myriapoda）常见的有马陆、蜈蚣**

多足亚门的主要特征：

（1）身体分为头部和躯干部。

（2）触角1对，大颚1对，小颚2对，每一体节具1～2对附肢。

（3）气管呼吸。

（4）陆栖。

## （五）六足亚门（Hexapoda）

1. 六足亚门的主要特征

（1）身体分为头、胸、腹3部分。

（2）头部有1对触角、1对大颚和1对小颚，胸部有3对步足、2对翅。

（3）气管呼吸。

（4）陆栖。

2. 六足亚门的分类

动物界最大纲，共有100多万种，分为2亚纲：无翅亚纲和有翅亚纲。

## 试题集锦

### 一、名词解释

外骨骼；蜕皮；气管；开管式循环；混合体腔；节肢；双枝型附肢；马氏管；血体腔；无节幼体；书肺；咀嚼式口器；刺吸式口器；磨胃；平衡囊；变态；复眼；完全变态；不完全变态；书鳃；基节腺；围食膜；昆虫外激素；幼体生殖；多胚生殖；绿腺；半变态；渐变态；保幼激素与蜕皮激素；昆虫的生活年史与世代；蛹化与羽化。

### 二、填空题

（1）节肢动物的外骨骼自外而内分别为_____、_____和_____，主要成分为_____和_____。

（2）节肢动物包被体节的外骨骼根据位置不同为_____、_____和_____。

（3）节肢动物蜕皮时，分泌的蜕皮液含有_____和_____2种酶。

（4）节肢动物身体分部，多足纲的身体由_____和_____组成，虾、蟹则由_____和_____组成，昆虫纲体分_____、_____和_____3部分。

（5）节肢的附肢可分为_____和_____2种类型。

（6）中国对虾头部有_____对附肢，胸部有_____对附肢，腹部有_____对附肢。

（7）节肢动物头的神经系统由_____、_____、_____3部分组成，主要感官有_____、_____、_____。

（8）六足亚门的排泄器官为_____，它位于_____与_____之间。

（9）对虾的排泄器官随发育而变化，幼体时以_____进行排泄，到成体时以

_____排泄。

（10）中国对虾的两性生殖孔位于一定体节上，雌性在_____胸节，雄性在_____胸节。

（11）甲壳动物发育过程中，常有类型不同的几种幼体，分别是_____、_____、_____和_____。

（12）昆虫成虫胸部具有_____对足，昆虫成虫具有_____对翅。

（13）蛛形纲动物的排泄器官为_____和_____，呼吸器官为_____和_____。

（14）昆虫的基本口器类型是_____口器，它由_____、_____、_____、_____和_____组成。

（15）蝗虫具_____口器，蝶具_____口器，蚊具_____口器，蜜蜂具_____口器，苍蝇具_____口器。

（16）蝗虫的身体头部为_____和_____中心，胸部为_____中心，腹部为_____和_____中心。

（17）根据质地的不同，昆虫的翅可分为_____、_____、_____和_____等4种类型。

（18）日本沼虾全身共有_____体节，共有_____对附肢。

（19）螳螂的前足属于_____足，中足属于_____足，后足属于_____足。

（20）中国对虾头部附肢有_____对，分别为_____、_____、_____、_____、_____。

（21）_____是动物界最大的一门，_____为第二大门。

（22）节肢动物的体壁通常由_____、_____和_____3部分组成，其中一部分是非细胞结构，有辅助运动的功能，故又叫作_____。

（23）外骨骼来源于_____胚层细胞，主要化学成分是_____、_____和_____。

（24）外骨骼可分为_____层；其中外骨骼的厚度主要决定于_____层，硬度决定于_____层；_____层含蜡质，具不透水性。

（25）蟹、鲎、蜘蛛、蝶分别主要用_____、_____、_____和_____进行呼吸。

（26）在节肢动物体中，_____、_____和_____均为与_____肾管同源的腺体结构，可排泄代谢废物。

（27）沼虾的胃分2部分，其中贲门胃内具有3个钙质齿组成的_____，作用是_____，在幽门胃内布满_____，作用是_____。

（28）从胚胎发育过程看甲壳动物的附肢，除小触角为_____肢型外，其余均为_____肢型。

（29）绿腺又叫_____，除排泄代谢产物外，还有_____功能。

（30）甲壳动物的神经中枢仍属于_____状神经系统，它包括_____、围咽神经、_____和_____。只是在不同种类，神经节有集中和愈合的趋势。

（31）蛛形纲动物头胸部有6对附肢。第1对为_____，有_____作用；第2对为_____，有_____作用。

（32）足为昆虫的运动器官，基本结构包括基节、_____、_____、_____、_____和前跗节。

（33）昆虫的两对翅分别着生在_____和_____的背部两侧。

（34）_____呼吸是昆虫的一种特殊呼吸方式，它是由_____内陷而形成的管状构造，其内壁上具外骨骼特化而成的_____，有_____的作用。

（35）有A、B两只活棉蝗，若同时把A的头部和B的胸腹部浸没在水中，那么将会发现_____先死去，这是由于_____。

（36）昆虫的主要排泄器官是_____，除此外，有的昆虫还可以用体内的_____进行堆积排泄。

（37）昆虫体内重要的内分泌腺体有_____、_____和_____，其中_____可分泌活化激素。

（38）昆虫的蜕皮次数与虫龄的关系可用公式_____来表示。

（39）昆虫胚胎发育完成后破卵而出的过程称_____，而从幼虫或蛹特化为成虫的过程称为_____。

（40）昆虫胚后发育的重要特征是有_____现象，_____变态和_____变态是无翅亚纲中的变态类型，而_____变态为有翅亚纲中较原始的变态类型。

（41）渐变态昆虫的幼虫称_____，而半变态昆虫的幼虫称_____。

（42）完全变态的昆虫在发育过程中，要经过一个不食不动的_____期，它有_____、_____和_____3种类型。

（43）从孵化后的幼虫期到成虫期，外部形态和_____上常发生一系列变化，这种变化称为变态。昆虫的变态有_____、_____、_____、不全变态和完全变态5种基本类型。

（44）在昆虫生活史中，由不良环境条件直接引起的生长发育停滞现象叫_____，此外，昆虫还有一种生长发育停滞的现象叫_____。后者具有_____性，_____的变化是引起后者的重要因素。

（45）蟋蟀、蚜虫、棉铃虫和蚊分属于_____目、_____目、_____目和_____目。

（46）蝶、蛾均属_____目，但二者有下列主要差异：蛾的翅窄体粗，休息时翅平放于背上，触角多样，多在夜间活动；而蝶则_____，_____，_____。

（47）有些昆虫具有与背景不同而又特别鲜艳的颜色和花纹，对其捕食者有告诚作用，这种现象叫_____；而枯叶蝶的体态也是一种适应现象，叫_____。

（48）栉衣鱼属_____亚纲_____目的动物，蝉属_____亚纲_____目的动物。

（49）白蚁、绿盲蝽、金龟子、豆娘分属于昆虫纲的_____目、_____目、_____目和_____目。

（50）果蝇属_____目_____亚目，蚂蚁属_____目_____亚目。

## 三、选择题

（1）下列哪个组织器官无呼吸作用（　　）。

A. 体壁　　　　　B. 气管　　　　　C. 背血管　　　　　D. 鳃

（2）在无脊椎动物中，下列为节肢动物所特有的结构是（　　）。

A. 触角　　　　　B. 体节　　　　　C. 节肢　　　　　D. 开管式循环

（3）（　　）为控制视觉的中心。

A. 前脑　　　　　B. 中脑　　　　　C. 后脑　　　　　D. 咽下神经节

（4）节肢动物的体腔为（　　）。

A. 初生体腔　　　B. 次生体腔　　　C. 原体腔　　　　D. 混合体腔

（5）保幼激素是由（　　）分泌的。

A. 心侧体　　　　　　　　　　　B. 前胸腺
C. 咽侧体　　　　　　　　　　　D. 脑神经分泌细胞

（6）昆虫前胸内一对胸腺可分泌（　　）。

A. 保幼激素　　　B. 生长激素　　　C. 性激素　　　　D. 蜕皮激素

（7）关于节肢动物的附肢，下列说法正确的是（　　）。

A. 是体壁的中空突起，运动能力不强　　B. 内有发达的肌肉，本身也分节
C. 与躯干部相连处无活动关节　　　　　D. 内有发达的肌肉，但本身并不分节

（8）下列（　　　）不是胸足的构造。

A. 基节　　　　　　B. 柄节　　　　　　C. 胫节　　　　　　D. 跗节

（9）下列器官来源于内胚层的是（　　　）。

A. 前肠　　　　　　B. 气管　　　　　　C. 中肠　　　　　　D. 马氏管

（10）甲壳动物的排泄器官是（　　　）。

A. 触角腺　　　　　　　　　　　　B. 基节腺和触角腺

C. 基节腺和颚腺　　　　　　　　　D. 颚腺和触角腺

（11）肢口纲动物的呼吸器官是（　　　）。

A. 书鳃　　　　　　B. 书肺　　　　　　C. 肢鳃　　　　　　D. 气管

（12）发育过程中经历无节幼体阶段的动物属于（　　　）。

A. 头足纲　　　　　B. 肢口纲　　　　　C. 甲壳纲　　　　　D. 腹足纲

（13）既有基节腺，又有马氏管两类排泄器官的动物类群是（　　　）。

A. 甲壳纲　　　　　B. 蛛形纲　　　　　C. 肢口纲　　　　　D. 多足纲

（14）中国对虾胸部的附肢有（　　　）。

A. 小颚1对，颚足3对　　　　　　B. 颚足3对，步足5对

C. 步足5对，游泳足5对　　　　　D. 触角2对，颚足3对

（15）半变态昆虫的幼体叫（　　　）。

A. 若虫　　　　　　B. 稚虫　　　　　　C. 蛹　　　　　　　D. 蛹

（16）渐变态的幼体叫（　　　）。

A. 稚虫　　　　　　B. 浮浪幼虫　　　　C. 若虫　　　　　　D. 桶型幼虫

（17）白蚁属于（　　　）。

A. 半变态　　　　　B. 过渐变态　　　　C. 渐变态　　　　　D. 完全变态

（18）蚂蚁属于（　　　）。

A. 半变态　　　　　B. 过渐变态　　　　C. 渐变态　　　　　D. 完全变态

（19）俗称"白住房"的甲壳动物是（　　　）。

A. 中华绒螯蟹　　　B. 寄居蟹　　　　　C. 三疣梭子蟹　　　D. 克氏螯虾

（20）蜈蚣的身体可明显地分为（　　　）。

A. 头胸部和腹部　　　　　　　　　B. 头胸部、腹部和尾剑

C. 头、胸、腹3部　　　　　　　　D. 头部和躯干部

（21）蜘蛛的呼吸器官为（　　　）。

A. 气管或书鳃　　　B. 书鳃或书肺　　　C. 气管或书肺　　　D. 书肺或肢鳃

（22）中国对虾的纳精囊位于（　　　　）。

A. 第四第五步足　　　B. 第一颚足　　　　C. 第一游泳足　　　D. 第二游泳足

（23）昆虫的食物消化与吸收主要场所是（　　　　）。

A. 口腔　　　　　　　B. 嗉囊　　　　　　C. 中肠（胃）　　　D. 后肠

（24）身体一般分为头胸部和腹部，无触角的节肢动物是（　　　　）。

A. 昆虫纲　　　　　　B. 蛛形纲　　　　　C. 甲壳纲　　　　　D. 多足纲

（25）中国对虾的雄性生殖孔位于（　　　　）。

A. 第五步足　　　　　B. 第一颚足　　　　C. 第一游泳足　　　D. 第二游泳足

（26）昆虫纲第一大目为（　　　　）。

A. 鳞翅目　　　　　　B. 鞘翅目　　　　　C. 等翅目　　　　　D. 直翅目

（27）昆虫能形成物像的视觉器官是（　　　　）。

A. 眼点　　　　　　　B. 单眼　　　　　　C. 复眼　　　　　　D. 单眼和复眼

（28）蝼蛄的前足为（　　　　）。

A. 开掘足　　　　　　B. 捕捉足　　　　　C. 跳跃足　　　　　D. 携粉足

（29）昆虫度过不良环境时期的方式是（　　　　）。

A. 形成包囊和休眠卵　　　　　　　　　B. 形成芽球和卵囊

C. 休眠和滞育　　　　　　　　　　　　D. 行孤雌生殖和多胚生殖

（30）昆虫触角类型的多样性主要取决于（　　　　）。

A. 梗节形态的不同　　　　　　　　　　B. 柄节形态的不同

C. 鞭节形态的不同　　　　　　　　　　D. 触角总节数的不同

（31）一般来说，节肢动物附肢本身以及附肢与体躯之间（　　　　）可动的关节。

A. 都不具有　　　　　B. 都具有　　　　　C. 前者具有　　　D. 后者具有

（32）节肢动物的肌肉为（　　　　）。

A. 横纹肌　　　　　　B. 斜纹肌　　　　　C. 平滑肌　　　　　D. 环肌

（33）日本沼虾的头胸甲前端有一突起称为（　　　　），是虾类的攻防器官，在其两侧各有一个（　　　　）。

A. 剑突/复眼　　　　B. 剑突/单眼　　　C. 额剑/复眼　　　D. 额剑/单眼

（34）在沼虾的（　　　　）基节内有平衡囊，可调整身体维持平衡。

A. 小触角　　　　　　B. 大触角　　　　　C. 第一小颚　　　D. 第二小颚

（35）蜘蛛的视觉不发达，因此它对环境的感觉极大地依靠（　　　　）。

A. 单眼　　　　　　　B. 复眼　　　　　　C. 脚须　　　　　　D. 感觉毛

（36）（　　）寄生于人体皮肤内，形成脓泡，患者奇痒难忍。

A. 鸡螨　　　　　　B. 牛螨　　　　　　C. 疥螨　　　　　　D. 棉叶螨

（37）下列动物中，具有一对触角的是（　　）。

A. 水蚤　　　　　　B. 虾　　　　　　　C. 蜈蚣　　　　　　D. 藤壶

（38）下列动物中，不使用气管进行呼吸的是（　　）。

A. 蜈蚣　　　　　　B. 蜘蛛　　　　　　C. 蚊　　　　　　　D. 寄居蟹

（39）下列动物中，（　　）为蠕虫形的陆生节肢动物。

A. 马陆　　　　　　B. 蝎　　　　　　　C. 棉蝗　　　　　　D. 虾

（40）（　　）的触角为具芒状，（　　）的触角为膝状。

A. 蚊；蝇　　　　　B. 蝇；蜜蜂　　　　C. 蛾；蜜蜂　　　　D. 蝇；蝉

（41）昆虫小眼的感光部包括（　　）。

A. 角膜和晶体　　　　　　　　　　　B. 晶体和视杆

C. 视觉柱和视杆　　　　　　　　　　D. 色素细胞和视觉细胞

（42）（　　）式口器具有一个既能卷曲又能伸展的喙，如钟表发条盘卷在其头部前下方，用时可伸长。

A. 咀嚼　　　　　　B. 刺吸　　　　　　C. 舐吸　　　　　　D. 虹吸

（43）（　　）的后足各节扁平，后缘缀有长毛适于划水，为游泳足。

A. 蝼蛄　　　　　　B. 虱　　　　　　　C. 螳螂　　　　　　D. 松藻虫

（44）下列动物中营卵胎生的是（　　）。

A. 络新妇　　　　　B. 钳蝎　　　　　　C. 人疥螨　　　　　D. 对虾

（45）在节肢动物的体节间或关节处，外骨骼的（　　）层不发达，这样保证运动的灵活性。

A. 上表皮　　　　　B. 外表皮　　　　　C. 内表皮　　　　　D. 上皮

（46）棉蝗的前翅为（　　）翅，金龟子的后翅为（　　）翅。

A. 覆；膜　　　　　B. 鞘；半鞘　　　　C. 覆；鞘　　　　　D. 鞘；鳞

（47）（　　）的后翅特化变为一对平衡棒，飞行时起平衡作用。

A. 跳蚤　　　　　　B. 白蛉子　　　　　C. 瓢虫　　　　　　D. 臭虫

（48）昆虫的血液中（　　）呼吸色素，血液（　　）运输气体的功能。

A. 有；无　　　　　B. 无；无　　　　　C. 无；有　　　　　D. 有；有

（49）昆虫成群从一个发生地长距离飞到另一个地区的特性，可称为（　　）。

A. 趋性　　　　　　B. 群集性　　　　　C. 迁移性　　　　　D. 自卫性

## 四、判断题

（1）节肢动物具几丁质的外骨骼，表皮由上表皮和原表皮构成。　　（　　）

（2）节肢动物的混合体腔，又称血体腔。　　（　　）

（3）昆虫的咽侧体能分泌蜕皮激素，胸腺能分泌保幼激素。　　（　　）

（4）昆虫体躯分为头、胸、腹，昆虫成虫胸部具有6对足。　　（　　）

（5）节肢动物头部位于消化道上方的前3对神经节分别形成前脑、中脑与后脑。

　　（　　）

（6）日本沼虾全身共有19个体节，共有19对附肢。　　（　　）

（7）昆虫的主要排泄器官为马氏管，昆虫的排泄物为尿素。　　（　　）

（8）甲壳动物的排泄器官是由后管肾演变而来的。　　（　　）

（9）蝎子的毒刺和蜈蚣的毒爪均位于身体的末端。　　（　　）

（10）白蚁和蚂蚁同属于膜翅目。　　（　　）

（11）双翅目昆虫前翅退化为平衡棒。　　（　　）

（12）日出性昆虫的复眼形成并列像，夜出性昆虫的复眼形成重叠像。

　　（　　）

（13）对虾具有洄游习性3月底向山东半岛南部迁徙为春季洄游，10月向黄海迁徙为冬季洄游。　　（　　）

（14）甲壳纲动物的中肠突出物发达称为中肠腺。　　（　　）

（15）鲎的血液当中含有呼吸色素血红蛋白和鲎素后者可用于抗菌抗病毒。

　　（　　）

（16）节肢动物的体表仍像扁形、环节动物那样，具有皮肌囊，具有保护和运动的功能。　　（　　）

（17）节肢动物的血压较高，血液流速很快，这与它们的生活方式密切相关。

　　（　　）

（18）许多小型甲壳动物，没有专门的呼吸器官，而以体表直接进行气体交换。

　　（　　）

（19）甲壳动物在发育过程中，要不断进行蜕皮，和昆虫一样，到成虫阶段就停止蜕皮。　　（　　）

（20）圆蛛的幼体用马氏管排泄，成体的则退化，多以基节腺进行排泄。

　　（　　）

（21）蛛形纲动物的一个重要识别特征是腹部具有4对步足。　　（　　）

（22）蝎类多为雌雄异体，卵生，直接发育。 （　　）

（23）由于三叶虫的身体扁平、椭圆形，背面有2条纵走的背沟，把身体纵分为三叶，故名三叶虫。 （　　）

（24）棉红蜘蛛、络新妇、圆蛛和水狼蛛，都为蛛形纲蜘蛛目的动物。 （　　）

（25）昆虫的复眼有调节焦距的能力，视力较好，适应于其飞行生活。 （　　）

（26）棉蝗两复眼间有三个单眼，额面观呈一正"品"字形。 （　　）

（27）在昆虫的不同口器类型中，咀嚼式口器为最原始，其他种类都是由它演变而成的。 （　　）

（28）脉相是翅脉在翅面上的分布形式，不同昆虫的脉相基本上是相似的。 （　　）

（29）在现存的无脊椎动物中，只有昆虫具有翅，且所有的昆虫都具有翅。 （　　）

（30）昆虫腹部末端的外生殖器是由附肢演化而成的。 （　　）

（31）在昆虫的腹窦中有血管穿过，在背窦中有神经索穿过。 （　　）

（32）昆虫的肌肉无论是随意肌还是不随意肌，都是横纹肌。 （　　）

（33）昆虫的前后肠内壁具有几丁质衬膜，它和表皮一样，随蜕皮而更换。 （　　）

（34）昆虫的唾液腺分泌的黏液中由于不含消化酶，所以只有湿润食物的作用，无消化食物的功能。 （　　）

（35）昆虫的循环系统之所以不发达，主要是由于气管代替血液直接把气体输送到身体各处。 （　　）

（36）世代是指昆虫在一年中的发生过程。 （　　）

（37）具有2对触角的节肢动物一定属于甲壳纲。 （　　）

（38）蝗虫的排泄物是尿素。 （　　）

（39）身体分化为头部、胸部和腹部3部分的节肢动物，一定属于昆虫纲。 （　　）

（40）甲壳动物的鳃是其唯一的呼吸器官。 （　　）

（41）对虾、中国鲎、虱、蜈蚣和螨虫均属于节肢动物门。 （　　）

（42）昆虫的翅均有飞翔能力。 （　　）

（43）蜜蜂的工蜂和雄蜂均由未受精卵发育而来。 （　　）

（44）圆蛛、棉蝗均以单眼、复眼作为视觉器官。 （　　）

（45）多足纲动物的身体分头和躯干2部分，它们的附肢较多，在每一体节上都具有一对分节的附肢。　　　　　　　　　　　　　（　　）

（46）三叶虫是一种"活化石"，寒武纪是其最兴盛时期。　　（　　）

（47）幼体生殖可以说既是孤雌生殖，又是胎生的一种形式。　（　　）

## 五、简答题

（1）甲壳亚门的主要特征是什么？

（2）甲壳亚门的附肢有哪些？试各加以说明。

（3）甲壳亚门的消化系统构成及特点有哪些？

（4）蛛形纲的主要特征是什么？

（5）多足纲的主要特征是什么？

（6）六足亚门的主要特征是什么？

（7）外骨骼出现的意义是什么？

（8）中国对虾雌雄有何差异？

（9）与环节动物的疣足相比，节肢动物的附肢分节有何意义？

（10）为何说节肢动物起源于环节动物或类似于环节动物的祖先？

## 六、论述题

（1）从节肢动物的特点，说明在动物界中节肢动物种类多、分布广的原因。

（2）论述昆虫口器的类型。

## 参考答案

## 一、名词解释

外骨骼：节肢动物体表坚韧的几丁质的骨骼称为外骨骼，它有保护和支持内部结构、防止体内水分大量蒸发、自我修复能力强的作用。

蜕皮：节肢动物的外骨骼分泌完成后，便不能继续扩大，限制了虫体的增长，这样身体长到一定程度后，便蜕去旧皮，重新形成新皮，在新皮还未骨化之际，大量吸水迅速扩大身体，这种蜕去旧皮的现象称为蜕皮。

气管：是陆栖节肢动物的呼吸器官，由外胚层发生，是体壁的内陷物，其外端以气门与外界相通，内端在体内延伸分支，伸入组织间，直接与细胞接触，可以运输氧气和排放二氧化碳。

开管式循环：是指动物体内的血液不完全在心脏与血管内流动，而能流进细胞间隙的循环方式。

混合体腔：在胚胎发育早期出现体腔囊，但这些体腔囊并不扩大，囊壁中胚层细胞分别发育成组织和器官，而体壁与消化道之间的空腔由囊内的真体腔和囊外的原始体腔合并形成。

节肢：节肢动物的附肢与身体相连处有活动的关节，而且本身也分节，内有发达的肌肉，活动灵活，这种附肢称为节肢。

双枝型附肢：节肢动物原始的附肢呈双枝型，由与体壁相连的原肢及其顶端发出的内肢和外肢3部分构成。

马氏管：指节肢动物的排泄器官，即从中肠与后肠之间发出的多个细管，直接浸浴在血体腔内的血液中，能吸收大量尿酸等蛋白质的分解产物，使之通过后肠，与食物残渣一起由肛门排。

血体腔：混合体腔内充满血液，因此又称为血体腔。

无节幼体（nauplius）是低等甲壳类孵化后最初的幼体，但高等甲壳类（十足目、糠虾目）在更高的发育阶段才开始出现。甲壳纲幼体中，身体尚不分为头胸部和腹部，呈扁平椭圆形，在正中线前方有无节幼体眼1个，其后方有口和消化管（肛门尚未开启），左右具第一触角、第二触角和大颚等3对附肢，这一阶段称为无节幼体。

书肺：为蛛形纲动物的呼吸器官，是腹部体表内陷的囊状构造，内有很薄的书叶状突起，是气体交换的地方。

咀嚼式口器：是最原始的口器类型，适合取食固体食物。咀嚼式口器上唇、上颚、舌（各1片）、下颚、下唇（各2个）5部分组成。

刺吸式口器：指利用抽吸方式进食的口器。这种昆虫的上颚及下颚的一部分特化成细长的口针，下唇延长成收藏或保护口针的喙与食窦（前腔中的唇基与舌之间的食物袋），形成强有力的抽吸结构。为同翅目、半翅目、蚤目及部分双翅目昆虫所具有。

胃磨：甲壳类中十脚类的胃即所谓咀嚼胃，其内面的角质层在一定部位形成胃齿，突出于胃腔内，基于肌肉的控制可将食物磨碎。

平衡囊：水栖无脊椎动物一种专管平衡感觉的囊状物。平衡囊有封闭和开放两型。封闭型平衡囊中有石细胞分泌的平衡石，囊壁有具纤毛的感觉细胞。开放型平衡囊中沙石是外来的，有刚毛支持。身体活动时，平衡石跟着转动，触碰感觉毛，动物便能感觉到身体在空间的位置或游泳的方向。

变态：生长发育过程中，在形态构造、生活习性上出现的一系列显著的阶段性变化。

复眼：是一种由不定数量的呈六角形或圆形小眼组成的视觉器官，主要在昆虫及甲壳类等节肢动物的身上出现。

完全变态：幼体与成体的形态结构和生活习性差异很大，发育过程经历卵、幼虫、蛹、成虫4个时期。

完全变态：幼虫和成虫的形态结构非常相似，生活习性也几乎一致。发育过程经历卵、幼虫、成虫3个时期。

书鳃：鲎的呼吸器官，由腹部第2～6对附肢外肢内侧的页状突起构成，其内有血管网，可进行气体交换。

基节腺：节肢动物排泄器官的一种类型，是一种和后肾同源的腺体结构，这些腺体一般为囊状结构，一端是排泄孔，开口在体表与外界相通，另一端是盲端，相当于残留的体腔囊与体腔管。

围食膜：是无脊椎动物所特有的一种半透性膜状结构，昆虫的围食膜是由中肠细胞分泌形成的，根据分泌细胞在中肠所处的位置，可将围食膜分为Ⅰ型和Ⅱ型。围食膜紧贴中肠内壁，包裹着食物，因此具有保护中肠上皮细胞和有助于食物消化吸收的功能。

昆虫外激素：是由昆虫身体某一器官或组织分泌到体外的一些微量化学物质，借空气或其他媒介传递到同种的另一个体或异种个体的感受器，引起一定的行为反应或生理效应。

幼体生殖：是动物在其幼虫期进行单性生殖，产生幼虫的一种生殖方式。某些寄生虫和昆虫可进行此种生殖。

多胚生殖：有些昆虫的一个卵可以产生两个或更多的胚胎，每个胚胎发育成一个新个体，这种生殖方式称多胚生殖，如膜翅目小蜂科的昆虫。

绿腺：是多数甲壳动物的排泄器，它是与后肾管同源的腺体结构，分腺体部和囊状部，开口于第二触角基部，排泄物是近似尿酸的绿色鸟氨酸，故称绿腺。

半变态：是不完全变态的一种类型，即幼虫期与成虫不仅形态差别较大，而且生活习性也不同，其幼虫称稚虫。如蜻蜓的变态。

渐变态：是不完全变态的一种类型，即幼虫期与成虫的特征差别不大，只是性器官未成熟、翅未长成等，其幼虫称为若虫。如蝗虫的变态。

保幼激素与蜕皮激素：保幼激素是由昆虫的咽侧体分泌的激素。使昆虫保持幼体性状，抑制成体性状的出现。蜕皮激素是昆虫的前胸腺分泌的激素，促使幼虫和蛹蜕皮。

昆虫的生活年史与世代：昆虫生活年史是指昆虫在整个一年中的发生过程，也就是由当年越冬虫态开始，到第二年越冬结束为止的发育过程。昆虫世代一般指由其卵开始到成虫性成熟产生后代的个体发育周期。

蛹化与羽化：完全变态的昆虫，在胚后发育过程中，其老熟幼虫蜕皮转化为蛹的过程称为蛹化。昆虫由若虫或蛹，经过蜕皮变化为成虫的过程称羽化。

## 二、填空题

（1）上表皮；外表皮；内表皮；几丁质；蛋白质。

（2）背板；侧板；腹板。

（3）几丁质酶；蛋白酶。

（4）头部；躯干部；头胸部；腹部；头部；胸部；腹部。

（5）双枝型；单枝型。

（6）5；8；6。

（7）脑；咽下神经节；围咽神经；触角；平衡囊；复眼。

（8）马氏管；中肠；后肠。

（9）小颚腺；触角腺。

（10）第三；第五。

（11）无节幼体；溞状幼体；糠虾；仔虾。

（12）三；二。

（13）基节腺；马氏管；书肺；气管。

（14）咀嚼式；大颚；小颚；上唇；下唇；舌。

（15）咀嚼式；虹吸式；刺吸式；嚼吸式；舐吸式。

（16）感觉；取食；运动；营养繁殖。

（17）膜翅；革翅；鞘翅；鳞翅。

（18）20；19。

（19）捕捉足；步行足；跳跃足。

（20）5；大触角；小触角；大颚；第一小颚；第二小颚。

（21）节肢动物门；软体动物门。

（22）表皮；基膜；上皮；外骨骼。

（23）外；钙盐；蛋白质；几丁质。

（24）三；内表皮；外表皮；上表皮。

（25）鳃；书鳃；书肺；气管。

（26）绿腺；颚腺；基节腺；后。

（27）胃磨；磨碎食物；刚毛；过滤食物、以防粗食进入中肠。

（28）单；双。

（29）触角腺；保持体液渗透压平衡。

（30）链；脑；咽下神经节；腹神经索。

（31）螯肢；捕食；触肢（或脚须）；捕食和触觉。

（32）转节；腿节；胫节；跗节。

（33）中胸；后胸。

（34）气管；体壁；螺旋丝；支撑气管以利气体流通。

（35）B；棉蝗的气门分布在胸部和腹部。

（36）马氏管；脂肪体。

（37）脑神经分泌细胞；前胸腺；咽侧体；脑神经分泌细胞。

（38）龄＝蜕皮次数＋1。

（39）孵化；羽化。

（40）变态；增节；表；原。

（41）若虫；稚虫。

（42）蛹；裸蛹；围蛹；被蛹。

（43）内部结构；增节变态；表变态；原变态。

（44）休眠；滞育；遗传稳定；光周期。

（45）直翅；同翅；鳞翅；双翅。

（46）鳞翅；白天活动；体细翅宽大，休息时翅竖于背上；触角末端膨大呈鼓槌状。

（47）警戒色；拟态。

（48）无翅；缨尾；有翅；同翅。

（49）双翅；芒角；膜翅；细腰。

## 三、选择题

（1）—（5）：CCADC；（6）—（10）：DBBCD；（11）—（15）：ACBBB；

（16）—（20）：CCBBD；（21）—（25）：CADBA；（26）—（30）：BCACC；

（31）—（35）：BACAD；（36）—（40）：CCDAB；（41）—（45）：CDDBB；

（46）—（49）：CBBC。

## 四、判断题

（1）—（5）：√√××√；（6）—（10）：××√××；

（11）—（15）：×√√√×；（16）—（20）：×××√×；
（21）—（25）：××√√×；（26）—（30）：×√××√；
（31）—（35）：×√√×√；（36）—（40）：×√×××；
（41）—（47）：√×××××√。

**五、简答题**

（1）① 大部分水生；② 身体分为头胸部和腹部；③ 每个体节几乎都有1对附肢，头部2对触角、1对大颚、2对小颚，附肢大部分为双肢型；④ 用鳃呼吸；⑤ 排泄：触角腺和颚腺。

（2）① 触角。第一触角：小触角（内触角），口前附肢，柄部＋节鞭，单枝型，有嗅觉、触觉、游泳、生殖、感知方向的功能。第二触角：大触角（外触角），双枝型，外肢（触角鳞片）＋内肢，有感觉、平衡、游泳的功能。② 口肢。大颚：原肢＋内肢＋外肢，内肢、外肢退化或消失，双枝型，有咀嚼食物的功能。第一小颚和第二小颚：双枝型，片状，内叶发达称小颚片，原肢、内肢、外肢均不发达，有辅助进食、咀嚼食物、传送食物和过滤食物的功能。③ 胸肢。3对颚足：原肢＋内、外叶＋内、外肢，原肢和内、外叶发达，内、外肢萎缩退化，有辅助摄食的功能。5对步足：外肢＋内肢，外肢退化，内肢发达，顶端两节有时形成半钳或钳，有游泳、爬行、执握的功能。④ 腹肢。双枝型，6对，上面密生刚毛，雄性前两对形成生殖肢，最末一节体节的附肢即尾肢与尾叉形成尾扇，尾扇具有平衡、增强腹部拨击运动的能力。腹肢有游泳、生殖的功能。

（3）构成：口→食道→胃→中肠→后肠→肛门。特点：① 食道短。② 胃大而复杂（包括贲门胃、幽门胃）。贲门胃内有角质突起，上面有齿，碾碎食物。幽门胃内有刚毛，过滤作用。③ 有些种类胃内角质膜增厚，形成骨板和硬齿，特称为胃磨。④ 消化腺为肝脏，消化和储存肠内已消化的食物。

（4）① 身体分为胸部和腹部；② 头胸部第一对附肢为螯肢；无触角，第二对附肢为脚须；③ 呼吸器官书肺和气管；④ 排泄：基节腺、马氏管；基节腺是节肢动物排泄器官的一种类型，是一种和后肾同源的腺体结构，这些腺体一般为囊状结构，一端是排泄孔，开口在体表与外界相通（如虾的排泄孔开口在大触角的基部），另一端是盲端，相当于残留的体腔囊与体腔管。

（5）① 身体分为头部和躯干部；② 触角1对，大颚1对、小颚2对，每一体节具1～2对附肢；③ 气管呼吸；④ 陆栖。

（6）① 身体分为头、胸、腹3部分；② 头部1对触角、1对大颚和1对小颚，胸部3对步足、2对翅；③ 气管呼吸；④ 陆栖。

（7）① 防止水分蒸发（陆地）或进入（淡水）；② 保护内脏（似铠甲）；③ 支撑身体；④ 内附着肌肉，运动能力大大加强。

（8）① 大小：一般情况下雌性大于雄性，但沼虾属是雄性大于雌性；② 体色：成熟雌性是青绿色（青虾），成熟雄性是黄褐色（黄虾）；③ 交接器：雌性的纳精囊位于第四、五对步足基节的腹甲上，雄性的交接器是由第一腹足特化而形成的；④ 生殖孔：雌性的生殖孔位于第三步足的基部，雄性的生殖孔位于第五步足的基部；⑤ 雄性：精巢位于围心腔的前下方输精管开口于第五步足内侧雌性：卵巢1个，输卵管开口第三步足内侧。

（9）疣足是体壁的突起，呈叶状构造，不分节，并且疣足与体壁之间不形成关节，运动范围受到一定限制；节肢动物的附肢，不仅在和身体相连处形成可以活动的关节，附肢本身也分若干节，节与节间以关节相连，附肢具关节，从而大大加强了附肢的灵活性，使其可以适应多种功能。

（10）① 两者身体都有明显分节；② 它们的循环系统均在消化管背方；③ 神经系统基本相同，感觉器官集中在头部；④ 原气管纲兼有节肢和环节动物的特征，可以看成是一种过渡类型；⑤ 叶状肢的构造与疣足相似，因此疣足可能是节肢动物附肢的前身；⑥ 节肢动物的无节幼虫和三叶虫幼虫体节的出现与环节动物担轮幼虫变态时相似，它们的最初3个体节是同时出现的，增加体节的方法都是从前端依次向后出现。

## 六、论述题

（1）① 体被具几丁质的外骨骼。② 具高效的呼吸器官——气管。气管是陆栖节肢动物的呼吸器官，由外胚层发生，是体壁的内陷物，其外端以气门与外界相通，内端在体内延伸分枝，伸入组织间，直接与细胞接触，可以运输氧气和排放碳酸气。书肺：为蛛形纲动物的呼吸器官，是腹部体表内陷的囊状构造，内有很薄的书叶状突起，是气体交换的地方。小型节肢动物体表呼吸。水生类群以鳃或书鳃呼吸。③ 混合体腔、开管式循环，心脏在消化道背方。咽鳃裂是咽部两侧一系列成对的裂缝，与外界相通，在咽鳃裂上有许多毛细血管，有呼吸和滤食的功能，是低等水生脊索动物的呼吸器官。④ 身体分部，分化又组合，从而增强运动功能，提高了动物对环境条件的趋避能力。⑤ 附肢。节肢：节肢动物的附肢与身体相连处有活动的关节，而且本身也分节，内有发达的肌肉，活动灵活，这种附肢称为节肢。类型：双枝型附肢：节肢动物原始的附肢呈双枝型，由与体壁相连的原肢及其顶端发出的内肢和外肢3部分构成。如虾类腹部的游泳足等；单枝型附肢：由双枝型附肢的外肢节退化而形成，如昆虫的3对步足。意义：大大加强了附肢的灵活性，使其适应多种功能。⑥ 消化管完全、发达，由头部和附肢组成口器。前肠由外胚层内陷形成，通常用以取食、运送和贮存食物，以及对食物进行机械消化。中肠由内胚层发育形成，产生酶，司食物的化学消化，常与一个或多个消化盲囊（消化腺、肝脏或肝胰脏）相通，中肠内壁包有围食膜。围食膜是无脊椎动物所特有的一种半透性膜状结构，昆虫的围食膜是由中肠细胞分泌形成的，根据分泌细胞在中肠所处的位置，可将围食膜分为Ⅰ型和Ⅱ型。由于围食膜紧贴中肠内壁，包裹着食物，因此具有保护中肠上皮细胞和有助于食物消化吸收的功能。后肠由外胚层内陷形成，是水分吸收、粪便的形成与暂时贮存场所。直肠垫是陆生节肢动物后肠上重吸收水分的结构。⑦ 排泄系统。低等结构简单的种类无专门的排泄器官。由残留的体腔囊与体腔管形成的构造，如触角腺和小颚腺（甲壳动物）、基节腺（蛛形纲）。陆生昆虫马氏管：指节肢动物的排泄器官，即从中肠与后肠之间发出的多个细管，直接浸浴在血体腔内的血液中，能吸收大量尿酸等蛋白质的分解产物，使之通过后肠，与食物残渣一起由肛门排出。⑧ 肌肉由横纹肌组成，能迅速收缩，牵引外骨骼，从而产生敏捷的运动。⑨ 神经系统与感觉器官。链状神经系统：脑、食道下神经节（咽下神经节）、围咽神经、腹神经索、前脑（视觉等）、中脑（触觉等）、后脑（下唇、消化道等）。脑神经节＋食管下神经节＋腹神经链。感官：触觉器（体表刚毛、触角、接收空气震动的表皮窗）、化感器（触角、下唇须等）和视觉器（单眼、复眼）。⑩ 生殖：雌雄异体，一般雌雄异形；多数体内受精，卵生或卵胎生；有直接和间接发育，也有孤雌生殖性结构包括：触须、口笠、轮器、前庭、缘膜和缘膜触手等。

（2）昆虫的口器是由头部后面的3对附肢和一部分头部结构联合组成，主要有摄食、感觉等功能。蜘蛛的口器包括2对附肢（蜘蛛不是昆虫，为蛛形纲），昆虫的口器包括上唇1个，大颚1对，小颚1对，舌、下唇各1个。上唇是口前页，1块（其内有突起，叫上舌）。舌是上唇之后、下唇之前的一狭长突起，唾液腺一般开口于其后壁的基部。大颚、小颚、下唇属于头部后的3对附肢。

① 咀嚼式口器（chewing mouthpiece）的基本构造：咀嚼式口器主要有上唇、上颚、下颚、下唇和舌5部分组成。直翅目昆虫的口器是这一类型的典型代表。② 刺吸式口器（puncture-suction mouthpiece）。这一类型口器是由咀嚼式口器特化而来的，为取食动植物汁液的昆虫所具有，它和咀嚼式口器的主要不同有3点：上颚和下颚的一部分特化为细长的口针；下唇延长成收藏和保护口针的喙；食窦（唇茎与

舌之间）形成强有力的抽吸机构。③虹吸式口器（siphon mouthpiece）。虹吸式口器是鳞翅目昆虫所特有在外观上是一条能卷曲和伸长的喙，喙由左右下颚的外颚叶凑合而成，每个外颚叶极度延长，内壁具有纵沟，两外颚叶合在一起形成管状的食物道，除去下唇须仍发达外，其余部分均退化。整个外颚叶有无数个骨化环并列而成，环间为膜质，故能卷曲，取食时，喙借血淋巴的压力而伸直，伸进花里吸收花蜜或其他液体，取食完毕，喙借肌肉的收缩作用，蜷曲与头下似钟表的发条状。④舐吸式口器（suction mouthpiece）。舐吸式口器为双翅目蝇类昆虫所特有，如家蝇的口器在外观上是一粗短的喙，由3部分组成：基部呈倒锥状称基喙，中间大致呈筒状部分称中喙，端部有两个圆形瓣状称端喙或唇瓣。真正的喙是中喙，是由下唇的前颏形成的，其后壁骨化为唇鞘，前壁凹陷成唇槽，上唇呈刀片状盖在上面，内壁纵向凹陷成一槽沟，唇槽内藏着扁长的舌。舌紧贴在上唇凹陷的槽沟上形成食物道。由于基喙膜质而有弹性，所以可以折叠头下或缩入头内。⑤嚼吸式口器（chewing and sucking mouthpiece）。嚼吸式口器是高等膜翅目昆虫所具有，这类口器既能咀嚼固体食物，又能吸取液体食物，蜜蜂可作为这一口器类型的典型代表蜜蜂的口器，上唇和上颚保持咀嚼式口器的形式，下颚的外颚叶延长成刀片状，内颚叶和下颚须不发达。下唇的中唇舌和下唇须延长，中唇舌的腹面凹陷一纵槽，端部膨大成瓣状构造成中舌瓣，侧唇舌不发达，取食花蜜或其他食物时，下颚外颚叶覆盖中唇舌的背、侧面形成食物道，下唇须贴于中唇舌腹面的槽沟上形成唾液道，中唇舌有刮取花蜜的功能，借唧筒的抽吸作用将花蜜或其他液体吸入肠。取食完毕，下颚和下唇各部分马上分开，分别弯曲在头下，只有在吸食时，下颚和下唇才会凑合起来。⑥锉吸式口器（rasping-mouthparts）：锉吸式口器为蓟马类昆虫所特有，蓟马的头部成短锥状，向下突出，有一短小的喙，由上下唇组成，喙内藏有舌和上下颚口针，但右上颚退化，仅左上颚发达，不对称的上颚是这类昆虫口器的特点。上颚口针较粗大，是主要的穿刺工具，两下颚口针组成食物道，舌与下颚间组成唾道，取食时，先以上颚口针锉破寄主表皮，然后以喙端密接伤口，靠唧筒的抽吸作用吸取植物的汁液。

# 第十二章  棘皮动物门（Phylum Echinodermata）和半索动物门（Phylum Hemichordata）

知识速览

　　棘皮动物门在动物演化上属于后口动物（Deuterostome）。它们与原口动物（Protostome）不同的是：在胚胎发育中的原肠胚期，原口（胚孔）形成动物的肛门，而在与原口相对的一端，另形成新口（称为后口）。以这种方式形成口的动物，称为后口动物。因此棘皮动物与大多数无脊椎动物不同，与半索动物和脊索动物同属于后口动物，为无脊椎动物中最高等的类群。我们熟知的有海星、海胆、海参等。

　　半索动物门，又称隐索动物（Adelochorda）。本门约50种，均海产。

　　学习重点：棘皮动物在动物演化上的意义；半索动物门的主要特征。

　　学习难点：棘皮动物体腔的结构、功能和发生；半索动物鳃裂的结构，吻、领的结构和功能。

## 知识要点

### 一、棘皮动物门的特征

#### （一）身体为辐射对称，且大多为五辐对称

辐射对称的形式是次生形成的，是由两侧对称的幼体发育而来的。

#### （二）体壁由上皮和真皮组成

上皮：单层细胞；真皮：结缔组织、肌肉层、内骨骼（中胚层形成）、体腔上皮。

内骨骼是钙和碳酸镁的混合物，形态差别很大：如极微小（海参），形成骨片呈一定形式排列（海星类、蛇尾类及海百合类），骨骼完全愈合成完整的壳（海胆类）。

内骨骼常突出体表，形成刺或棘，故称棘皮动物。

### （三）次生体腔发达，有独特的血系统和围血系统

以体腔囊法（肠体腔法）形成中胚层和体腔。

次生体腔发达，除围绕内部器官的围脏腔外，体腔的一部分形成棘皮动物独有的水管系统和围血系统。

血系统为一套与水管系统相对应的管道，内含体液，包括辐血管、环血管、反口环血管、胃血管、辐腺。围血系统包围着血系统并与之伴行，如在环血管、辐血管、辐腺等外形成环窦、辐窦和轴窦。

### （四）具独特的水管系和管足

是次生体腔的一部分特化形成的一系列管道组成，有开口与外界相通，海水可在其中循环。水管系包括筛板、石管、环管、辐管、侧管、管足和罍。环管向周围发出5条辐管。侧管连于伸出体表的管足和罍，管足末端有吸盘。管足内水压的变化，可以使管足伸长或缩短，以此来拖动身体完成运动。管足具有运动、呼吸、排泄及辅助摄食的功能。环管上还有4～5对贴氏体和1～5个波士囊，分别有产生变形吞噬细胞和调节水压的功能。

### （五）运动迟缓，神经和感官不发达

由中胚层形成神经系统在整个动物界中仅见于棘皮动物。其神经系统无神经节或神经中枢，分为口神经系统（由外胚层发育而成，司感觉）、下神经系统（由中胚层形成，司运动）、反口神经系统（由中胚层发育而成，司运动）。海盘车口周围的管足兼有嗅觉功能。

### （六）个体发育中有各型的幼虫

绝大多数雌雄异体，体外受精，间接发育，完全均等卵裂，内陷法形成原肠胚。个体发育中有不同的幼虫期，如羽腕幼虫、短腕幼虫、海胆幼虫、蛇尾幼虫、樽形幼虫、耳状幼虫、五触手幼虫等。

## 二、棘皮动物门的分类

全部于海洋中营底栖生活，现存约6 000余种，化石种类有20 000多种。分为2亚门5个纲。

### （一）游移亚门（Eleutherzoa）

生活史中无固着生活的柄，自由生活。口面向下，口位于口面或身体前端，肛门位于反口面或身体后端，骨骼发达或不发达，主要神经系统在口面。

1. 海星纲（Astroidea）

五辐射对称，体表具棘。腕（数量为5或5的倍数）与体盘的分界不明显，腕的口面有步带沟，步带沟中具管足。为藻类和贝类养殖的敌害。已知约1600种，如海盘车、海燕。

2. 蛇尾纲（Ophiuroidea）

五辐射对称，腕细长，腕与体盘的分界明显。没有步带沟，管足没有罍和吸盘。腕内的小骨之间有关节，运动灵活。已知约200种，如真蛇尾、筐蛇尾。

3. 海胆纲（Echinoidea）

体球形、盘形。体表长有能活动的刺、棘。无腕，内骨骼愈合成坚硬的壳。杂食性。生殖腺可吃，有的危害贝、藻。已知约700种，中国南海有30余种，常见种类有马粪海胆、紫海胆等。

4. 海参纲（Holothuroidea）

体呈蠕虫状，两侧对称，口、肛门分别在身体的两端。口面与反口面之间的距离拉长。以体侧着地。骨片退化，小而分散，无互相关连的骨板——故体表没有棘、叉棘。无腕，口的周围有被一圈管足形成的触手。生活史需经短腕幼虫。已知1000余种，常见种有褐刺参、刺参等。

**（二）有柄亚门（Pelmatozoa）**

附着或固着生活，生活史中至少有一个时期具固着的柄，故口和肛门均位于口面，口面向上。

大多数为化石种类，现存的仅海百合一纲，有650余种。为最古老的现存棘皮动物。身体呈植物状，分根、茎、冠3部分，具5或5倍数的腕，腕呈羽状分支，有步带沟。以浮游动物为食，以柄营固着生活（海百合）或无柄自由生活（海羊齿）。

**三、棘皮动物门的系统发展**

棘皮动物的辐射对称是次生形成的。原因是：棘皮动物身体为辐射对称，但其幼虫为两侧对称。关于棘皮动物的祖先主要有两种主张：

（1）认为棘皮动物的祖先为两侧对称体形的对称幼虫（Dipleurula），具有3对体腔囊，与现在生存的棘皮动物幼虫形态相似。

（2）认为五触手幼虫是棘皮动物的祖先。

**四、半索动物门的主要特征**

半索动物又称隐索动物（Adelochordata），是一类口腔背面有一条短盲管（口盲囊，俗称口索）前伸至吻内的海栖动物。身体分为吻、领、躯干三部分。它们属于后口动物，无真正的脊索，为介于非脊索动物与脊索动物之间的过渡类型。其具有如下主要特征。

**（一）具背神经索**

背神经索最前端变为内部有空腔的管状神经索（中空的神经管）。一般认为这是背神经管的雏形。背、腹神经索在领部相连。

**（二）具咽鳃裂**

消化管的前端、咽区背侧排列着许多成对的外鳃裂，为呼吸器官。

**（三）具口索**

口索为半索动物特有的结构，由内胚层演变而来，与脊索相像，是口腔背壁向前伸出的一条直至吻腔基部的短盲管状结构。因其较脊索短小，半索、隐索动物由此得名。目前其功能不明，很可能是一种内分泌器官。

**五、半索动物门分类**

半索动物种类很少，全部海产。分为2纲，90余种，包括身体呈蠕虫状的肠鳃纲和形似苔藓动物的羽鳃纲两大类。

**（一）肠鳃纲（Enteropneusta）**

柱头虫，鳃裂和消化道相通，形似蚯蚓，体较大。黄岛长舌虫（青岛产），为自由运动的种类。

**（二）羽鳃纲（Pterobranchia）**

头盘虫，领背部有腕状突起，形似苔藓虫，体较小，有腕和触手，营海底固着的群体生活。

**六、半索动物主要代表动物——柱头虫（Balanoglossus）**

**（一）外部形态及生活习性**

体呈蠕虫状，长2～250 cm。栖息于太平洋沿岸的浅海泥沙中，生活方式似蚯蚓。身体分三部分：吻、领、躯干。吻在最前端，具体腔，吸水可膨胀；当吻腔充水时，吻部变得强直而有力，类似柱头的作用，故名"柱头虫"。躯干部细长，分为鳃裂区、生殖区、肝囊区和肠区，前部两侧向外延伸形成翼状板，内有生殖腺，称为生殖翼；肛门在躯干部末端。吻、领有发达的肌肉，吻能缩入领内。肌肉、腔的充水和排水依靠吻腔、领腔的排水和充水及吻、领部的肌肉舒缩活动，挖掘泥沙及运动身体。

**（二）内部结构特点**

（1）鳃裂和体腔：躯干部前端两侧有鳃裂孔，咽壁有鳃裂呈U形；吻、领、躯干中有空腔，包括一个吻体腔、成对的领体腔和成对的躯干体腔，3个部分间有隔膜。

（2）消化系统：吻基的腹面、领的最前端为口。消化道无胃、肠分化，肠管后段背侧有若干成对的突起，称为肝盲囊。肛门开口于体末端。

（3）循环系统：具原始的开管式循环，主要由纵走于背、腹隔膜间的背血管、腹血管和血窦组成。从血管球发出4条血管，2条分布到吻部，2条汇合成腹血管。背血管在吻腔基部略微膨大成静脉窦，再往前则进入中央窦。中央窦内的血液通过附近的心囊搏动，注入其前方的血管球，由此过滤排出代谢废物至吻腔，再从吻孔流出体外。

（4）排泄器官：血管球（脉球），位于口索前端。

（5）神经系统：具沿背中线的背神经索（前端为管状）和沿腹中线的腹神经索。两者在领部联成环。

（6）生殖系统：雌雄异体；生殖腺排列在躯干部背面的两侧，为若干小形的囊状物，各有小孔开口于体外。水中受精、发育。性成熟时卵巢呈灰褐色，精巢呈黄色。受精卵经过辐射卵裂，以内陷法形成原肠胚，再经肠腔法形成中胚层和体腔。间接发育：幼体与海参的短腕幼虫（Auricularia）相似，称为柱头幼虫（Torharia），游泳数日或数周后沉入水底变态为成虫。有的种类以长有纤毛的原肠胚形式自由生活，然后直接发育为成体。发育过程类似于棘皮动物。

**七、棘皮动物和半索动物的演化关系及分类地位**

**（一）二者由共同的祖先演化而来**

半索动物的胚胎发育与棘皮动物相似，但又有鳃裂及中空的神经，类似于脊索动物。从胚胎发育和具有鳃裂来看，半索动物与棘皮动物和脊索动物有亲缘关系。认为棘皮动物和半索动物由共同祖先演化而来的理由有：① 都属于后口动物；② 中胚层由原肠突出形成；③ 柱头虫的幼体（柱头幼虫）与棘皮动物的幼体（海参的短腕幼虫）形态相似；④ 脊索动物肌肉中含有肌酸化合物，非脊索动物肌肉中含有精氨酸化合物，棘皮动物和半索动物肌肉中都含有肌酸和精氨酸。

**（二）半索动物是无脊椎动物和脊椎动物之间的过渡类群**

理由：① 半索动物具有咽鳃裂和背神经管的雏形，但其"口索"不是脊索，口索与脊索既不同功，又不同源。② 半索动物具有腹神经索，开管式的血液循环，肛门位于身体末端，这些都是无脊椎动物的特征。

### 试 题 集 锦

**一、选择题**

（1）海星的早期胚胎发育特点是（　　　）。

A. 等全卵裂，有腔囊胚，内陷法形成原肠胚。

B. 螺旋形卵裂，有腔囊胚，体腔囊法形成中胚层。

C. 盆状卵裂，极囊胚，分层法形成原肠胚。

D. 辐射型卵裂、实囊胚、外包法形成原肠胚。

（2）棘皮动物具有辐射对称的体形，是因为（　　　）。

A. 在系统发育上与刺胞动物处于同一水平

B. 是原始的后口动物

C. 真体腔极度的退化

D. 适应固着或不太活动的生活方式的结果

（3）下面（　　　）门动物是完全海产的。

A. 节肢动物　　　　B. 环节动物　　　　C. 软体动物　　　　D. 棘皮动物

（4）棘皮动物所具有的结构是（　　　）。

A. 疣足　　　　　　B. 伪足　　　　　　C. 管足　　　　　　D. 斧足

（5）海盘车属于（　　　）。

A. 原口动物　　　　B. 后口动物　　　　C. 侧生动物　　　　D. 半索动物

（6）具有特殊水管系统的动物是（　　　）。

A. 海星　　　　　　B. 柱头虫　　　　　C. 毛壶　　　　　　D. 苔藓虫

（7）棘皮动物各纲中，具细长腕结构的纲是（　　　）。

A. 海百合纲　　　　B. 海参纲　　　　　C. 海胆纲　　　　　D. 蛇尾纲

（8）各纲中具柄结构的是（　　　）。

A. 海百合　　　　　B. 海星　　　　　　C. 海胆　　　　　　D. 海蛇尾

（9）只有中胚层形成内骨骼的动物是（　　　）。

A. 鲨　　　　　　　B. 海盘车　　　　　C. 鼠妇　　　　　　D. 章鱼

（10）棘皮动物的成虫是辐射对称，其幼虫是（　　　）。

A. 辐射对称　　　　B. 两侧对称　　　　C. 两侧辐射对称　　D. 无对称

（11）下列动物中口和肛门均位于口面的动物是（　　　）。

A. 海燕　　　　　　B. 海胆　　　　　　C. 海百合　　　　　D. 海蛇尾

（12）下列动物中以肠腔法形成体腔的是（　　　）。

A. 环毛蚓　　　　　　B. 乌贼　　　　　　C. 海盘车　　　　　　D. 河蚌

（13）下列动物中属于后口动物的是（　　　）。

A. 海胆　　　　　　B. 海豆芽　　　　　　C. 乌贼　　　　　　D. 海螺

（14）口腔内有结构复杂的咀嚼器——亚氏提灯的动物是（　　　）。

A. 海羊齿　　　　　　B. 海参　　　　　　C. 阳遂足　　　　　　D. 马粪海胆

（15）海老鼠属于（　　　）。

A. 海星纲　　　　　　B. 海百合纲　　　　　　C. 海参纲　　　　　　D. 蛇尾纲

（16）半索动物与（　　　）有更近的亲缘关系。

A. 尾索动物　　　B. 棘皮动物　　　C. 头索动物　　　D. 原索动物

（17）柱头虫的排泄器官是（　　　）。

A. 血管球　　　　　　B. 后肾管　　　　　　C. 原肾管　　　　　　D. 肾脏

（18）下列动物中，（　　　）为国家一级重点保护野生动物。

A. 柱头虫　　　　　　B. 头盘虫　　　　　　C. 杆壁虫　　　　　　D. 黄岛长吻虫

## 二、填空题

（1）棘皮动物具有_____骨骼，它起源于_____胚层。

（2）海盘车的卵裂为典型的_____，囊胚经内陷形成原肠胚，同时以_____法形成体腔，并且由体腔的一部分形成独特的_____系统和_____系统。

（3）半索动物身体分_____、_____和_____三部分。

（4）在无脊椎动物中，具有由中胚层形成的内骨骼的动物是_____和_____。

（5）海盘车属于_____纲，其幼体为_____对称，成体为_____对称，成体的这种对称形式特称为_____。

（6）海盘车的水管系由_____、_____、_____、_____、_____和_____等部分组成。

（7）海胆卵裂属于_____，蛙卵裂属于_____，鸡卵裂属于_____，昆虫卵裂属于_____。

（8）棘皮动物胚胎发育时的原口以后变成_____，它区别于原口动物而属于_____。

（9）棘皮动物在系统进化上被认为与半索动物由共同祖先进化而来，是因为海参纲的_____幼虫与半索动物门肠鳃纲类的_____相似。

（10）棘皮动物的围血系统由_____和_____两部分以及连通它们的_____组成，它由_____的一部分特化而成。

（11）海盘车的神经系统包含3个有联系的系统，起源于_____胚层的_____、起源于_____胚层的_____和_____。

（12）海星呼吸主要是通过_____进行。除了呼吸功能外该结构还具有_____功能。另外_____也可以辅助呼吸。

（13）海星的主要代谢物为_____和_____。

（14）棘皮动物的管足功能有_____、_____、_____、_____等。

（15）柱头虫的体腔分_____、_____和_____三部分，_____单个，其余均成对。

（16）柱头虫体呈_____状，两侧对称，身体分为_____、_____和_____三部分。

（17）柱头虫的体壁由表皮、_____和_____组成，表皮由_____组成，其间散布有许多_____。

（18）柱头虫的循环系统由_____、_____和_____组成，循环方式为_____。

## 三、判断与改错题

（1）箭虫和海星均为后口动物，主要分布在海洋。　　　　　（　　）

（2）海百合营固着生活，海羊齿营自由生活。　　　　　　　（　　）

（3）棘皮动物的肛门无排泄作用，残渣由口排出。　　　　　（　　）

（4）棘皮动物是无脊椎动物中最高等的类群，全部生活在海洋中。（　　）

（5）半索动物受精卵经螺旋卵裂后，以内陷法形成原肠胚，再经肠腔法形成中胚层和体腔。　　　　　　　　　　　　　　　　　（　　）

（6）区别海星的正反面最明显的标志是在其背面各腕中间均有一条由口伸向腕端部的步带沟。　　　　　　　　　　　　　　　　　（　　）

（7）海星的外皮鳃兼有呼吸及排泄功能。　　　　　　　　　（　　）

（8）海盘车的感觉器官不发达，但其管足具有嗅觉功能。　　（　　）

（9）海星绝大多数雌雄异体，体外受精，其个体发育为变态发育。（　　）

（10）柱头虫具有连通成整个体腔的吻体腔、领体腔和躯干体腔。（　　）

（11）海盘车的3个神经中枢都来自中胚层，这在动物界中是唯一的。

　　　　　　　　　　　　　　　　　　　　　　　　　　（　　）

（12）海盘车的呼吸和排泄主要是通过皮鳃和管足来完成的。　　　　（　　）

（13）呼吸树是海参的呼吸和排泄器官。　　　　　　　　　　　　（　　）

（14）在动物界，只有棘皮动物具有幼虫呈两侧对称，成虫呈辐射对称的这一情况。　　　　　　　　　　　　　　　　　　　　　　　　　　（　　）

（15）棘皮动物的体腔上皮能产生变形细胞，它具有吞食作用，可从体腔中收集代谢产物，有排泄功能。　　　　　　　　　　　　　　　　　　（　　）

（16）半索动物的口索与脊索是同功器官而非同源器官。因此把其列为非脊索动物更为合适。　　　　　　　　　　　　　　　　　　　　　　（　　）

（17）柱头虫是典型的后口动物，直接发育。　　　　　　　　　（　　）

## 四、名词解释

五幅对称；次生性辐射对称；水管系统；围血系统；适应辐射；口索；

后口动物；管足；棘钳；皮鳃。

## 五、问答题

（1）简述述棘皮动物门的主要特征。

（2）简述肠体腔的形成过程。

（3）为什么说半索动物和棘皮动物的亲缘关系最近？

## 六、高阶挑战题

根据现有研究，棘皮动物为无脊椎动物中的一类后口动物，处于无脊椎向脊椎动物开始分支进化的阶段，其种类繁多，分布广泛，从热带海域到寒带海域，从潮间带到深海均有分布，不同类群形态差异较大，有球状、星状、圆筒状和形似植物状。作为一类重要经济动物，棘皮动物与人类健康发展有着密不可分的关系。棘皮动物具有极强的再生能力，例如棘皮动物的腕在自身诱导或外部因素（高温、缺氧、污染、御敌等）作用下常发生自割，但可迅速再生出所丢失的身体部分。其在进化上和发育上与脊椎动物具有许多相似性，是在器官、组织、细胞和分子水平上研究后口动物再生过程与再生机理的理想模式动物。

问题一：棘皮动物不同类群为何形态差异较大？形态差异明显的棘皮动物为何在系统发生上属于近缘类群？

问题二：棘皮动物的种群发展对海洋生态健康与海洋碳循环有何积极意义？

问题二：总结棘皮动物的再生研究进展文献，分析其再生机理对人类健康发生的意义。

# 参考答案

## 一、选择题

（1）—（5）：ADDCB；（6）—（10）：ADABB；（11）—（15）：CCADC；
（16）—（18）：BAD。

## 二、填空题

（1）内；中。

（2）辐射均等卵裂；体腔囊；水管；围血。

（3）吻；领；躯干。

（4）棘皮动物；软体动物的头足类。

（5）海星；两侧；五辐射；次生性辐射对称。

（6）筛板；石管；环水管；辐射管；侧水管；管足。

（7）等全分裂（均等卵裂）；不等全裂（不等裂）；盘状卵裂（盘裂）；表面卵
裂（表裂）。

（8）肛门；后口动物。

（9）耳状；柱头幼虫。

（10）生殖窦（反口面）；环窦（口面）；轴窦；体腔。

（11）外；外神经系统；中；下神经系统；反口神经系统。

（12）皮鳃；排泄；管足。

（13）氨；尿素。

（14）呼吸；排泄；运动；摄食。

（15）吻腔；领腔；躯干腔；吻腔。

（16）圆柱；吻；领；躯干。

（17）肌肉；体腔膜；单层纤毛柱状细胞；单细胞腺体。

（18）血管；血窦；心囊；开管式循环。

## 三、判断与改错题

（1）—（5）：×√√××；（6）—（10）：×√√√×；
（11）—（15）：×√√√√；（16）—（17）：××。

## 四、名词解释

五辐对称：通过动物体口面至反口面的中轴，可做五个对称面把动物体分成基
本互相对称的两部分。

次生性辐射对称：动物成体的对称性与幼虫体形不同时，成体体形的对称性就称之为次生性辐射对称。如棘皮动物成体是五辐射对称，而幼虫是两侧对称，其成体的对称为次生性五辐射对称。

水管系统：次生体腔的一部分特化形成的一系列管道组成，有开口与外界相通，海水可进入循环。包括筛板、石管、环水管、辐水管、管足、吸盘、坛囊等几个部分。

围血系统：是一套包在血系统之外的窦隙，由真体腔形成。它包围在血系统之外并与之伴行，如在环血管、辐血管、辐腺等相应的血系统外形成环窦、辐窦和轴窦。

适应辐射：分类相近的动物，由于适应不同的生态环境，经过长期演变在形态结构上发生显著变异，这种现象称之适应辐射。

口索：半索动物所具有的由内胚层演变而来，与脊索相像，并始自口腔直至吻腔基部的一条短盲管。至今其功能不明，很可能是一种内分泌器官。

后口动物：在胚胎发育中的原肠胚期，原口（胚孔）形成动物的肛门，而在与原口相对的一端，另形成新口称为后口。以这种方式形成口并由肠腔法形成中胚层和真体腔的动物，称为后口动物。棘皮动物是最原始的后口动物。

管足：为棘皮动物水管系统的侧水管末端的腹分支，伸出体外，壁薄，末端有吸盘。其具有呼吸、排泄、摄食和辅助运动的功能。

棘钳：位于棘皮动物的体表，与棘刺相间分布，由内骨骼形成后向体表突出而形成，前端分叉呈钳状，可活动。在口周围的棘钳能捕食，兼御敌作用。

皮鳃：无脊椎动物、棘皮动物门、海星纲动物的背面或背、腹两面的骨板间伸出的膜质突起，称为皮鳃。为体壁的突起，该处体壁的真皮层退化，是体壁的最薄处。皮鳃腔与体腔相连，兼有呼吸和排泄作用。

## 五、问答题

（1）① 成体辐射对称，幼体两侧对称；② 体表有棘状突起，具有中胚层形成的内骨骼；③ 真体腔发达，具有特殊的水管系统和围血系统；④ 神经系统不发达，有3套神经系统，包括外胚层来源的外神经系统，中胚层来源的反口神经系统和下神经系统；⑤ 生殖系统雌雄异体，体外受精，间接发育。

（2）胚胎发育中原肠背侧的内胚层突起形成体腔囊，体腔囊逐渐扩大，最后与内胚层脱离而形成体腔。体腔的内壁与肠壁相贴，外壁与体壁肌肉相贴。是后生动物形成体腔的方式。

（3）① 半索动物的胚胎发育与棘皮动物相似，幼体形态结构非常相似；② 半索动物与棘皮动物的中胚层都由原肠突出形成；③ 海胆和柱头虫肌肉中同时含有肌酸和精氨酸；④ 都具有后口动物特征，均属于后口动物。

## 六、高阶挑战题

问题一：棘皮动物对不同生境的适应性进化，棘皮动物门主要特征。

问题二：维持食物链稳定和海洋生态环境健康发展，棘皮动物身体骨骼发育钙化可促进海洋碳循环，降低海洋碳汇。

问题二：对棘皮动物再生机理进行更深入而广泛的研究促进未来人类健康发展。

答案略。

# 第十三章　无脊椎动物的生命活动与演化

**知 识 速 览**

　　地球上无脊椎动物的种类和数量远远多于脊椎动物，身体的结构也明显地较脊椎动物更多样化。同时结构上的变化也反映了动物在进化上的一定规律。无脊椎动物门类繁多，结构多样。从水生演化到陆生，从单细胞动物演化到多细胞动物，身体结构从简单到复杂，并逐步演化出各个系统。伴随着中胚层的出现，形成肌肉组织，使运动能力增强，进而导致神经系统和感官、消化系统、排泄系统逐步增强。伴随着身体结构的愈加完善，无脊椎动物的适应能力逐步增加，使得节肢动物成为动物界种类最多、分布最广的种类。本章节重点掌握无脊椎动物的生命活动与演化历程，熟悉无脊椎动物各个系统的演化动态及从水生演化到陆生的结构特点。

**知 识 要 点** ..................................................................

## 一、体制

　　动物躯体结构的基本形式称为体制。动物躯体的部分结构和器官在一个中心轴的周围重复排列，称这种体制为对称型。

　　原生动物门：无对称型（变形虫等）和辐射对称（太阳虫和放射虫等）。

　　多孔动物门：无对称型（多数海绵动物）和辐射对称（毛壶等）。

　　刺胞动物门：辐射对称（大多数刺胞动物）和两辐对称（海葵等）。

　　扁形动物门：两侧对称。

　　从扁形动物门开始，随后出现的大多数无脊椎动物都是两侧对称，但是有两个例外，一是软体动物门腹足纲的动物，由于身体发生了扭转，无对称体制；二是棘皮动物，幼虫则为两侧对称，但成体为五辐射对称。

无脊椎动物的体制演化是：无对称→辐射对称→两辐对称→两侧对称。

这是由于进化程度和生活方式的不同而引起的演进。其中辐射对称适应于固着或漂浮生活；两侧对称适应于爬行生活。两侧对称也是动物由水生进化到陆生的重要条件之一。动物能在水中爬行，就有可能在陆地爬行，爬行是水生和陆生都具有的运动方式。

## 二、胚层

对于单细胞动物来说没有胚层的概念，即使是团藻（单细胞群）也只有一层细胞。真正的多细胞动物有胚层的分化。

多孔动物门：两层细胞（内层和外层）构成。不称为胚层的原因是胚胎发育过程中存在着胚层逆转现象，在动物演化上是一个侧支。

刺胞动物门：具有两个胚层，开始分化为简单的组织：上皮组织、结缔组织、肌肉组织、神经组织。

从扁形动物开始，出现了中胚层，中胚层的出现在动物进化上有着极为重要的意义。

无脊椎动物的胚层演化是：无胚层→两胚层（刺胞动物）→三胚层（扁形动物及以后）

## 三、体腔

这里无脊椎动物的"体腔"是指处于外胚层形成的体壁和内胚层形成的消化道之间的腔。真正的体腔又称为真体腔或次生体腔，是指既有体壁中胚层又有脏壁中胚层的腔，由中胚层发育而来。原腔动物如蛔虫，其体壁和消化管之间存在广阔的空腔，称为假体腔，又叫原体腔或初生体腔，是由胚胎时期的囊胚腔发展形成的。假体腔只有体壁中胚层，其不具有体腔膜，也没有脏壁中胚层。

多孔动物门、刺胞动物门和扁形动物门：没有体腔。

假体腔动物：具假体腔。

环节动物门：具真体腔。

软体动物门：真体腔退化，仅在围心腔、生殖腺和排泄导管残留真体腔。初生体腔则存在于各组织器官的间隙，内有血液流动，形成血窦。

节肢动物门：为混合体腔，其中充满血液，故又称体腔液，各种内脏器官浸入血液中。

棘皮动物门：真体腔发达；水管系统和围血系统的体腔囊也由真体腔构成。

无脊椎动物的"体腔"演化历程为：无体腔→假体腔（初生体腔，原体腔）→真体腔（次生体腔）；

### 四、体节和身体分部

身体分节是高等无脊椎动物的重要标志之一。低等无脊椎动物只有外表分节，称为原始分节现象。两侧对称多细胞动物有了明显的分节现象，在扁形动物的原始类型中已可分辨出高度分节性，如涡虫的内部结构几乎都是分节的，但其外部形态却没有分节现象。绦虫纲的躯体是由头节和链状节片所组成，是一种假分节现象。

环节动物门：属于同律分节，是指多数种类除前两节和最后一节外，其余各体节的形态和机能都基本相同。动物身体分节后，不仅对运动有利，而且由于各体节内器官的重复，使得动物的反应和代谢加强。

软体动物门：身体不分节，但是分成了头、足、内脏团和外套膜4个区，外套膜外面还具有壳，起保护作用。

节肢动物门：属于异律分节，其特点是不仅各部形态不同而且各部机能也有了分化，器官趋于集中。异律分节的结果导致了动物的身体分部；节肢动物身体一般分为头、胸、腹三部分，有些种类中发生不同程度的愈合，比如甲壳动物分为头胸部、腹部；多足类分为头部、躯干部。

### 五、体壁和骨骼

各种动物的体壁都直接与外界环境相接触，并有不同的结构和担负着一定的功能。

原生动物门：部分种类在其质膜外覆盖有保护性的外壳，如表壳虫，砂壳虫，有孔虫、足衣虫。

多孔动物门：体壁由皮层和胃层两层细胞组成，两层之间为中胶层。

刺胞动物门：体壁由内、外两胚层发育而成，其间也有中胶层，外层具有保护、运动和感觉作用；内层的主要功能是消化。

扁形动物门：体壁由皮肤肌肉囊构成，具有保护和运动的功能。

假体腔动物和环节动物门：体壁由皮肤肌肉囊构成，且体表有角质层。

软体动物门：体壁是内、外表皮和结缔组织、极少数肌肉纤维所组成的外套膜，多数种类的外套膜能分泌形成壳，具有保护作用。

节肢动物门：体壁由外骨骼构成；外骨骼是由上皮层及其向内分泌形成的基膜和向外分泌形成的表皮层所组成的。外骨骼的形成，有利于适应比较广阔而复杂的环境。

棘皮动物门：体壁的外层为柱状上皮，其下多为网状骨骼，由中胚层形成的小骨片组成。骨片间以结缔组织和肌肉组织相连接，骨骼常形成棘、叉棘等，突出于体表，有保护及运动等作用。体壁最内层是具有纤毛的体腔上皮。

无脊椎动物的表皮的作用：保护、支持、运动、分泌（皮肤腺、唾腺、丝腺、毒腺）和生殖（蚓茧）等。由于角质膜或者表皮层、外骨骼均为上皮细胞分泌的死物质，所以这些动物在生长过程中会出现蜕皮现象，这点在原腔动物和节肢动物尤为明显。

除了外骨骼外，高等无脊椎动物也出现了中胚层起源的真正的内骨骼。如：头足纲包围脑的软骨匣和棘皮动物的内骨骼，这点与脊椎动物的内骨骼相同。内骨骼即真骨骼有三大特点：1. 中胚层起源；2. 终生生长；3. 在体壁内起支持、保护、运动等功能。

### 六、运动器官和附肢

原生动物门：运动胞器为鞭毛、伪足和纤毛。

海绵动物门：两囊幼虫可以游动（动物极的小细胞鞭毛摆动打水），成体营固着生活。

刺胞动物门：固着或漂浮生活。浮浪幼虫以纤毛运动。

扁形动物门：开始出现由中胚层形成的肌肉组织。扁形动物的中胚层形成的肌肉使动物体得以蠕动，体表有纤毛用于运动，寄生种类的幼体有纤毛。

假体腔动物门：肌肉只有纵肌而无环肌，纵肌收缩可做拱曲运动（蛇行运动）而不能做伸缩运动。

环节动物门：既有纵肌又有环肌，出现了原始的运动器官刚毛和疣足。

软体动物门：肌肉发达，出现了肌肉质的足，用以爬行运动。

节肢动物门：发达的横纹肌成束附着在不同的外骨骼内侧，其迅速而强有力的收缩。节肢动物具有多样化的足和翅，成为无脊椎动物中运动最复杂的一个类群。

棘皮动物门：用管足运动。

### 七、消化系统

绝大多数动物的营养，都来源于其他生物或生物的残体。通过消化酶将食物中的大分子蛋白质、糖类和脂类分解成小分子的氨基酸、单糖、脂肪酸等，然后透过细胞膜被动物吸收。

原生动物门：营养方式多样，进行细胞内消化。

海绵动物门：领细胞（具鞭毛）有吞噬作用，进行细胞内消化。

刺胞动物门：出现了消化循环腔，开始出现细胞外消化。食物在消化循环腔内初步水解后，便被吞到细胞内进行细胞内消化。

扁形动物门：不完全的消化系统。也是细胞外消化和细胞内消化相结合。

从假体腔动物开始出现完全的消化系统。系统发生的倾向是由细胞内消化向细胞外消化发展，如线虫、棘皮动物、甲壳动物、最高级的无脊椎动物（如头足类和昆虫）及脊椎动物几乎全靠细胞外消化取得营养物质。但刺胞动物、扁形动物、环节动物、软体动物以及节肢动物中的鲎（Limulus）都可以看到细胞内消化和细胞外消化相结合的消化形式。

### 八、呼吸系统

呼吸作用是保持动物代谢作用的动力，停止呼吸即标志着生命的终止。根据种类和生活环境的不同，呼吸方式亦有所差异。

原生动物、海绵动物、刺胞动物、扁形动物和假体腔动物都没有专门的呼吸器官，呼吸作用是通过体表完成的，寄生种类为厌氧呼吸。

环节动物门：呼吸可通过体表和疣足进行，但疣足是运动器官不是呼吸器官。

软体动物门：出现了专门负责呼吸的器官——鳃。陆生软体动物靠外套膜形成的"肺"呼吸。

节肢动物门：水生节肢动物的呼吸器官有鳃和书鳃。陆生节肢动物的呼吸器官为气管或书肺。

棘皮动物门：呼吸器官有皮鳃、管足和呼吸树（海参纲）。

### 九、排泄系统

原生动物、海绵动物、刺胞动物都没有专门的排泄系统，多以体表进行排泄。原生动物还可通过伸缩泡进行排泄。

扁形动物门：出现了由外胚层内陷而成的排泄器官，叫原肾管。原肾管顶端盲管内有纤毛，称焰细胞。

假体腔动物：原肾管型的排泄系统。假体腔动物的原肾管则没有纤毛。

环节动物门：为后肾管型排泄系统。

软体动物门：排泄器官为肾脏，由后肾管演化而来，其一端通入围心腔，另一端通外套腔。

节肢动物门：排泄器官有两类，一类是后肾管来源的绿腺（触角腺）、下颚腺和基节腺；另一类是马氏管。

棘皮动物门：无单独的排泄器官，由变形细胞将代谢废物经管足、皮鳃或肛门排出体外。

### 十、循环系统

动物在代谢过程中要不断获得养分和$O_2$，同时不断地运出代谢废物和$CO_2$。单细胞和低等类型的多细胞动物，没有专门循环器官，物质的运输一般借扩散作用来完成。

纽形动物门：第一次出现了循环系统，但血液流动不定向，是循环系统的雏形。

环节动物门：第一次出现了完整的循环系统，出现了血管、心脏和血液，为闭管式循环。蛭纲的血液循环方式为开管式循环。

软体动物门：为开管式循环，血液不仅在心脏和血管中流动，也在血窦中流动。头足类的乌贼循环系统为闭管式循环，使头足类血液流速快、血压高、营养物质和氧的输送效率高，有利其在海洋里迅速游动。

节肢动物门：为开管式循环。

真体腔的出现产生了血管，环节动物开始有了真正的循环系统；

除环节动物和棘皮动物中的大部分为闭管系统外，其他的高等无脊椎动物的循环系统多为开管式。

### 十一、神经系统

原生动物、多孔动物都没有神经系统。

刺胞动物门：第一次出现原始的神经系统——网状神经系统。

扁形动物门：梯形神经系统，出现了中枢神经系统。

假体腔动物：梯形神经系统。

环节动物门：链状神经系统（索状神经系统）。

软体动物门：由脑、侧、脏、足4对神经节和其间的联络神经所构成。

节肢动物门：链状神经系统。伴随体节的愈合，神经系统更加集中。

棘皮动物门：有口、下、反口神经系统。下神经系统和反口神经系统由中胚层形成。

### 十二、生殖和发育

#### （一）生殖

原生动物门：没有专门的生殖系统，生殖方式有无性繁殖和有性繁殖。无性生殖有二裂法、出芽法和复分裂法；有性生殖有配子生殖和接合生殖。有些原生动物在不良环境下可形成包囊。

多孔动物门：无生殖腺，生殖细胞分散在中胶层中，无性生殖为出芽生殖，不良环境下还可形成芽球。

刺胞动物门：无专一生殖系统，生殖腺由外胚层产生，无性生殖为出芽生殖，有世代交替现象。

从扁形动物门开始出现了专门的生殖腺和生殖导管。扁形动物多为雌雄同体，线虫动物开始出现雌雄异体，且多异型。

### （二）发育

卵生的无脊椎动物的个体发育，一般分为胚胎发育和胚后发育两个阶段。胚胎发育始于受精卵的卵裂。除节肢动物的卵裂是表面卵裂，头足类是盘状卵裂外，一般是完全卵裂。扁形动物、环节动物、软体动物为螺旋型卵裂，多孔动物、刺胞动物、棘皮动物等以辐射型卵裂为主。

原肠腔的开口即为胚孔或原口，原口成为将来成体的口者，属于原口动物；原口成为肛门或封闭，口是后来重新形成者，即属后口动物。棘皮动物、半索动物、脊索动物是后口动物；扁形动物、环节动物、软体动物、节肢动物等为原口动物。

胚后发育过程中，幼虫与成虫形态相似，不经过变态的叫直接发育；幼虫和成虫形态不同，须经变态的，叫间接发育。间接发育的不同类群，各有不同形式的幼虫。

多孔动物门：两囊幼虫；

刺胞动物门：浮浪幼虫；

扁形动物门：牟勒氏幼虫；

环节动物门：担轮幼虫；

软体动物门：担轮幼虫、面盘幼虫和钩介幼虫；

节肢动物门：甲壳类有无节幼虫。昆虫的幼虫类型更为复杂；

棘皮动物门：羽腕幼虫（海盘车）、长腕幼虫（海蛇尾和海胆）、耳状幼虫（海参）、樽形幼虫（海百合）。

### （三）无脊椎动物的系统演化

略。

表1　无脊椎动物各门类生命活动与演化动态比较

| 动物类群／各系统 | 多孔动物门 | 刺胞动物门 | 扁形动物门 | 假体腔动物门 | 环节动物门 | 软体动物门 | 节肢动物门 | 棘皮动物门 | 半索动物门 |
|---|---|---|---|---|---|---|---|---|---|
| 体制对称 | 不对称或辐射对称 | 辐射对称或两辐射对称 | 绝大多数呈两侧对称；除软体动物门腹足纲动物不对称，棘皮动物门呈五辐射对称之外。 | | | | | | |
| 分节现象 | 无分节现象，扁形动物绦虫纲具有假分节现象 | | | | 同律分节 | 不分节，但多现象 | 异律分节 | 不分节 | 不分节 |
| 附肢 | 无附肢 | | | | 原始的疣足或刚毛 | | 分节的附肢 | 管足等 | |
| 胚层　种类 | 外层和内层，两胚层 | 内外胚层和中胶层 | 三胚层：外胚层、中胚层和内胚层 | | | | | | |
| 胚层　原因 | 胚层逆转 | | | | 端细胞法（也称为裂体腔法） | | | 肠腔法（也称体腔囊法） | |
| 体壁 | 皮层、胃层和中胶层 | 皮肌，中胶层 | 皮肤肌肉囊（皮肌囊）　表皮层 | 角质层 | 角质层 | 上皮层（上皮组织）和底膜（结缔组织） | | | 上皮层（上皮组织）和底膜（结缔组织） |
| 骨骼　种类 | 骨针和海绵丝 | | | | | 贝壳、软骨匣 | 外骨骼 | 内骨骼（骨片和骨板） | 无 |
| 体腔　种类 | 无体腔 | | 被实质组织填充 | 假体腔（初生体腔） | 真体腔（次生体腔） | 真体腔退化 | 混合体腔 | 真体腔 | 真体腔 |
| 体腔　特征 | | | | | | 蜕缩为假体腔，内充满血窦；仅在围心腔、生殖腺和排泄导管残留真体腔 | 血液流速度慢，血压低，适合存活肢后存活 | 体腔发达，形成了水管系统和围血系统。 | 吻、领和躯干内水腔为真体腔 |
| 肌肉 | 无 | 皮肌细胞 | 中胚层形成的肌肉 | 有纵肌，无环肌 | 消化道出现肌层 | 发达的闭壳肌、足肌 | 发达的横纹肌 | 不发达 | 不发达 |

| 各系统 / 动物类群 | | 多孔动物门 | 刺胞动物门 | 扁形动物门 | 假体腔动物 | 环节动物门 | 软体动物门 | 节肢动物门 | 棘皮动物门 | 半索动物门 |
|---|---|---|---|---|---|---|---|---|---|---|
| 营养消化和消化 | 消化方式 | 无消化管，细胞内消化 | 不完全消化管 | 细胞内、细胞外消化 | 完整消化管，细胞外消化 | | | | | |
| | 特点 | 具有水沟系，领细胞 | 具有消化和循环的功能 | 自由生活种类发达，寄生种类退化 | 有口，有肛门，肠壁没有肌肉 | 肠壁具有肌肉，消化能力增强 | 具齿舌和晶杆等结构 | 具胃磨和口器等结构 | 肛门短直 | 具有鳃裂，过滤食物 |
| 呼吸系统 | 呼吸器官 | 无专门的呼吸器官，体表气体扩散呼吸进行，寄生种类厌氧呼吸 | | | | | 具栉鳃、有栉鳃、羽鳃、瓣鳃、楯鳃等（出现专门的呼吸器官） | 鳃、书鳃、气管、书肺、丝管、书肺等 | 皮鳃、气管、管足、呼吸树 | 咽鳃裂 |
| | 特点 | 气体扩散（皮层和胃层层细胞） | 气体扩散（表皮细胞） | 气体扩散（自由生活种类）；厌氧呼吸（寄生种类） | 气体扩散（自由生活种类）；厌氧呼吸（寄生种类） | 气（体）扩散（表皮细胞），体表黏液，辅助呼吸 | | 触角腺、颚腺、马氏管、基节腺等 | | |
| 循环系统 | 特点 | 无循环系统，物质的运输主要靠细胞与细胞间的物质扩散作用 | | | | 闭管式循环 | 开管式循环 | 开管式循环 | 闭管式循环 | 开管式循环 |
| | 特殊情况 | | | | | 蛭纲为开管式循环 | 蛭纲为开管式循环 | 头足类为闭管式循环 | 具围血系统 | |
| 排泄系统 | 排泄器官 | 体表 | 体表 | 原肾管 | 原肾管 | 后肾管 | 后肾管 | 触角腺、颚腺、马氏管、基节腺等 | 管足、皮鳃、呼吸树 | |
| | 排泄物 | 氨、尿素 | 氨、尿素 | 氨、尿素 | 氨、尿素 | | 尿素 | 鸟氨酸、尿酸 | 氨、尿素 | |
| 神经系统 | 类型 | 无 | 网状神经系统 | 梯形神经系统 | 梯形（筒形）神经系统 | 链状神经系统 | 具4对神经节 | 链状神经系统 | 外神经系统、下神经系统和内神经系统 | 具背神经索 |
| | 特征 | 具芒状细胞 | 传导慢，不定向，无中枢 | 寄生种类神经系统退化 | 多寄生，头部神经系统退化 | 头部形成简单反射弧 | 双神经纲（多板纲）仍处在梯状 | 神经系统高等复杂 | 下神经系和内神经系统来源于中胚层 | 具腹神经索 |

续表

| 各系统＼动物类群 | | 多孔动物门 | 刺胞动物门 | 扁形动物门 | 假体腔动物 | 环节动物门 | 软体动物门 | 节肢动物门 | 棘皮动物门 | 半索动物门 |
|---|---|---|---|---|---|---|---|---|---|---|
| 生殖和发育 | 生殖 | 无性生殖有出芽生殖，其生殖细胞由中胶层的原细胞特化而成。有性生殖，少由有外胚层细胞特化的原生殖细胞和芽球特化而成生殖，无性生殖和芽球生殖 | 无性生殖有出芽生殖，形成配子体；多雌雄异体，少同体；生殖腺由中胚层出现，无生殖导管 | 中胚层出现，形成了一整套生殖腺附属腺组成的生殖系统；寄生种类雌雄同体，生殖系统发达，可行幼体生殖 | 雌雄异体，形状，产卵数量多 | 生殖腺由体腔上表皮产生或由血管壁上的细胞产生，体腔管兼有生殖导管的作用 | 除多板纲和多数瓣鳃纲具专门生殖导管外，余者生殖细胞先落于围心腔中，后经肾管通过外套腔排出体外，受精在外套膜腔或海水中进行 | 雌雄异体，生殖腺为囊状，且与生殖管相连；副性腺在本门动物中有了更高的发展，生殖方式也多样化，并且多数种类已出现了外生殖器和交配现象 | 生殖腺由中胚层细胞形成，生殖细胞在本层细胞形成，受精多在水中完成。雌雄异体，少数雌雄同体 | 少数为直接发育为同，多数经过柱头幼虫阶段 |
| | 发育 | 不等全裂；胚胎发育中具逆转现象；有两囊幼虫阶段 | 卵黄小，行完全卵裂以分层法（水螅）或内陷法形成实心原肠胚；胚胎发育中多具逆转现象；育种类（海产）经过幼虫阶段 | 淡水生活的直接发育，海产种类多经牟勒氏幼虫期，寄生种目多个幼虫期，经过更换宿主 | 多寄生，螺旋状卵裂，胚胎发育中多具幼虫，且发育过程中具有蜕皮现象 | 蛭纲、寡毛纲为不等全裂；直接发育，多毛纲海生螺旋状卵裂，外包法形成原肠胚；间接发育，经过担轮幼虫阶段 | 螺旋状卵裂，头足纲盘状卵裂；头足纲部分双足纲直接发育，其余海产种类多间接发育，经担轮幼虫期；高等海产种经不能游泳的面盘幼虫期，介幼虫、蚌类的钩介幼虫期 | 蝎目盘状卵裂外，其余中黄卵，多表面卵裂，完全卵裂，内陷法形成原肠腔；后口动物，间接发育过程中有昆虫纲变态现象，完全变态和不完全变态，且有蛹期出现，蜕皮幼虫期具龄期现象 | 多为均黄卵，内陷法成原肠腔；后口动物，间接发育为同样，幼虫多，如：羽腕幼虫、海胆幼虫、蛇尾幼虫、短腕幼虫、桶状幼虫 | 少数为直接发育，多数经过同头幼虫阶段 |

### 试 题 集 锦

**一、选择题**

（1）下列动物中为两侧对称、三胚层、有口、无肛门的是（　　　）。

A. 涡虫　　　　　　B. 猪带绦虫　　　　　C. 海葵　　　　　　D. 蛔虫

（2）下列动物中为两侧对称、三胚层、原体腔的是（　　　）。

A. 环毛蚓　　　　　B. 猪带绦虫　　　　　C. 轮虫　　　　　　D. 日本血吸虫

（3）下列动物中为两侧对称、三胚层、真体腔、后口的是（　　　）。

A. 涡虫　　　　　　B. 线虫　　　　　　　C. 蚯蚓　　　　　　D. 海盘车

（4）下列动物中生殖腺不是由中胚层形成的是（　　　）。

A. 海葵　　　　　　B. 涡虫　　　　　　　C. 环毛蚓　　　　　D. 海盘车

（5）团藻、海蜇、海葵和蛇尾的对称形式依次分别是（　　　）。

A. 辐射对称、两辐对称、球状辐射对称、五辐对称

B. 球状辐射对称、辐射对称、两辐对称、五辐对称

C. 球状辐射对称、五辐对称、辐射对称、两辐对称

D. 两辐对称、五辐对称、球状辐射对称、辐射对称

（6）下列动物中属裂体腔动物的是（　　　）。

A. 蛔虫　　　　　　B. 环毛蚓　　　　　　C. 涡虫　　　　　　D. 海盘车

（7）下列动物中属肠体腔动物的是（　　　）。

A. 蛔虫　　　　　　B. 沙蚕　　　　　　　C. 蝗虫　　　　　　D. 柱头虫

（8）涡虫、蛔虫、沙蚕、棉蝗分别依次对应下列体腔（　　　）。

A. 假体腔、无体腔、真体腔、混合体腔

B. 无体腔、真体腔、假体腔、混合体腔

C. 无体腔、假体腔、真体腔、混合体腔

D. 无体腔、假体腔、混合体腔、真体腔

（9）在消化系统中，具有吸吮胃、胃磨、齿舌和咀嚼器的动物依次分别是（　　　）。

A. 蜘蛛、对虾、腹足类、蝗虫　　　　　B. 蜘蛛、腹足类、对虾、蝗虫

C. 轮虫、对虾、腹足类、蜘蛛　　　　　D. 蜘蛛、对虾、腹足类、轮虫

（10）下列动物中无中枢神经系统的是（　　　）。

A. 涡虫　　　　　　B. 海葵　　　　　　　C. 纽虫　　　　　　D. 海片蛭

（11）下列动物中无集中脑的是（　　　）。

A. 涡虫　　　　　　B. 环毛蚓　　　　　　C. 沼虾　　　　　　D. 海盘车

（12）下列动物中神经系统不全是来自外胚层的是（　　　）。

A. 扁形动物　　　　B. 环节动物　　　　C. 软体动物　　　D. 棘皮动物

（13）头足类、涡虫、半索动物和昆虫依次对应的神经系统是（　　　）。

A. 软骨保护的脑、梯形神经系统、雏形背神经管、链状神经系统

B. 雏形背神经管、梯形神经系统、软骨保护的脑、链状神经系统

C. 链状神经系统、网状神经系统、雏形背神经管、软骨保护的脑

D. 软骨保护的脑、网状神经系统、雏形背神经管、链状神经系统

## 二、填空题

（1）动物体在生殖方面演化的趋势为：动物体由雌雄_____到雌雄_____，受精方式由_____到_____。

（2）水螅的卵裂为_____，涡虫的为_____，蝗虫的为_____，海盘车的为_____。

（3）消化道的演化趋势是：由无消化道演化为_____，再演化为_____。

（4）原生动物、海绵动物、刺胞动物和扁形动物涡虫的消化方式依此为_____、_____、_____、_____。

（5）海绵动物、刺胞动物体内的腔依次叫_____、_____，扁形动物的腔被_____，它们的消化道均无_____。

（6）扁形动物的表皮与中胚层形成的肌肉共同形成_____，线形动物的肌肉只有_____而无_____，环节动物的肌肉不仅参与了体壁的构成，而且还参与了_____的构成。

（7）蛔虫体表的环纹为_____，蚯蚓的分节为_____，河蚌的身体为_____，沼虾的分节为_____。

（8）线形动物的体腔为_____，环节动物的体腔为_____，软体动物的真体腔_____，节肢动物的体腔为_____。

（9）无脊椎动物中，只有_____的软骨和_____动物的_____骨骼来源于_____细胞。

（10）无脊椎动物中，呼吸器官有多种多样，书肺和呼吸树依次由_____纲和_____纲的动物用以呼吸，而用气管呼吸的动物除蛛形纲和原气管纲外，还有_____纲和_____纲。

## 三、判断题

（1）关于无脊椎动物的循环系统可以这样总结：纽形动物最先有循环系统；环节动物毫无例外地开始具有真正的闭管式循环；但节肢动物却为开管式循环。

（　　）

（2）无脊椎动物中有许多类型的排泄器官，如伸缩泡、原肾管、后肾管、马氏管和血管球。　　　　　　　　　　　　　　　　　　　　　　　　　（　　）

## 四、简答题

（1）简答无脊椎动物体制的演化。

（2）简答无脊椎动物神经系统的演化。

（3）简答无脊椎动物皮肤系统的演化。

（4）简答无脊椎动物"体腔"（特指外胚层与内胚层之间的空腔）的演化。

（5）无脊椎动物具有哪几类"体腔"（特指外胚层与内胚层之间的空腔）？比较真体腔和假体腔的结构特征。

（6）简答无脊椎动物循环系统的演化。

（7）比较同律分节与异律分节的异同，并回答身体分节对动物演化的意义。

（8）简答无脊椎动物排泄系统的演化。

（9）简答下列动物的呼吸器官及呼吸方式：

① 原腔动物以前的自由生活的种类；② 内寄生生活的种类；③ 某些海产的多毛类；④ 水生软体动物；⑤ 陆生软体动物；⑥ 甲壳类；⑦ 肢口类；⑧ 蛛形类；⑨ 多足类；⑩ 昆虫类；⑪ 多数棘皮动物；⑫ 海参；⑬ 半索动物。

（10）简答下列动物的幼虫：

① 白枝海绵；② 薮枝螅；③ 海片蛭；④ 纽虫；⑤ 沙蚕；⑥ 河蚌；⑦ 海螺；⑧ 海盘车；⑨ 柱头虫；⑩ 海胆；⑪ 蛇尾；⑫ 海百合。

**参考答案**

## 一、选择题

（1）—（5）：ACDAB；（6）—（10）：BDCDB；（11）—（13）：DDA。

## 二、填空题

（1）同体；异体；体外受精；体内受精。

（2）辐射卵裂；螺旋卵裂；表裂；辐射卵裂。

（3）不完全消化道（有口无肛门）；完全消化道（有口有肛门）。

（4）细胞内消化；细胞内消化；细胞外和细胞内消化；细胞外和细胞内消化。

（5）中央腔；消化循环腔；中胚层形成的实质组织所填充；肛门。

（6）皮肌囊；纵肌；环肌；肠壁。

（7）假分节；同律分节；不分节；异律分节。

（8）假体腔；真体腔；退化；混合体腔或血腔。

（9）头足类；棘皮；内；中胚层。

（10）蛛形；海参；昆虫；多足。

### 三、判断题

（1）×；（2）√。

### 四、简答题

（1）原生动物门：无对称型（变形虫等）和辐射对称（太阳虫和放射虫等）。

多孔动物门：无对称型（多数海绵动物）和辐射对称（毛壶等）。

刺胞动物门：辐射对称（大多数刺胞动物）和两幅对称（海葵等）。

扁形动物门：两侧对称。

从扁形动物门开始，随后出现的大多数无脊椎动物都是两侧对称，但是有两个例外，一是软体动物门腹足纲的动物，由于身体发生了扭转，无对称体制；二是棘皮动物，幼虫则为两侧对称，但成体为五辐射对称。

无脊椎动物的体制演化是：无对称、辐射对称、两辐对称、两侧对称。

（2）无脊椎动物神经系统由低等到高等的演化趋势概括地讲为：集中、头化。

不同无脊椎动物神经系统的演化过程如下：

海绵动物门：没有神经系统，只出现了能够传递神经冲动的芒状细胞；

刺胞动物门：网状神经系统；

扁形动物门：出现了脑神经节，形成了梯形神经系统；

假体腔动物门：与扁形动物门类似，仍为梯形神经系统；

环节动物门：为链状（索式）神经系统，主要有咽上神经节（脑）、围咽神经索、咽下神经节和腹神经索构成；

软体动物：低等种类与环节动物类似，为链状（索式）神经系统；高等种类集中为4对神经节，即脑神经节、足神经节、侧神经节和脏神经节；

节肢动物门：为链状神经节，但随着身体体节的愈合，神经节也往往出现愈合。

棘皮动物门：没有集中的脑，有3个神经中枢。分别为口神经系、下神经系和反口神经系。

（3）原生动物门：部分种类在其质膜外覆盖有保护性的外壳；

多孔动物门：体壁由皮层和胃层两层细胞组成，两层之间为中胶层；

刺胞动物门：体壁由内、外两胚层发育而成，其间也有中胶层，外层具有保护、运动和感觉作用；内层的主要功能是消化；

扁形动物门：体壁由皮肤肌肉囊构成，具有保护和运动的功能；

假体腔动物和环节动物门：体壁由皮肤肌肉囊构成，且体表有角质层；

软体动物门：体壁是内、外表皮和结缔组织极少数肌肉纤维所组成的外套膜，多数种类的外套膜能分泌形成壳，具有保护作用。

节肢动物门：体壁由外骨骼构成；外骨骼由上皮层及其向内分泌形成的基膜和向外分泌形成的表皮层所组成。外骨骼的形成，有利于适应比较广阔而复杂的环境。

棘皮动物门：体壁的外层为柱状上皮，其下多为网状骨骼，由中胚层形成的小骨片组成。骨片间以结缔组织和肌肉组织相连接，骨骼常形成棘、叉棘等，突出于体表，有保护及运动等作用。体壁最内层是具有纤毛的体腔上皮。

无脊椎动物的表皮的作用：保护、支持、运动、分泌（皮肤腺、唾腺、丝腺、毒腺）生殖（蚓茧）。由于角质膜或者表皮层、外骨骼均为上皮细胞分泌的死物质，所以这些动物在生长过程中会出现蜕皮现象，这点在原腔动物和节肢动物尤为明显。

（4）这里无脊椎动物的"体腔"是指处于外胚层形成的体壁和内胚层形成的消化道之间的腔。真正的体腔又称为真体腔和次生体腔，是指既有体壁中胚层又有脏壁中胚层的腔，由中胚层发育而来。原腔动物如蛔虫，其体壁和消化管之间存在广阔的空腔，称为假体腔，又叫原体腔或初生体腔，是由胚胎时期的囊胚腔发展形成的。假体腔只有体壁中胚层，其不具有体腔膜，而没有脏壁中胚层。

多孔动物门、刺胞动物门和扁形动物门：没有体腔。

假体腔动物：具假体腔。

环节动物门：具真体腔。

软体动物门：真体腔退化，仅在围心腔、生殖腺和排泄导管残留真体腔。初生体腔则存在于各组织器官的间隙，内有血液流动，形成血窦。

节肢动物门：为混合体腔，其中充满血液，故又称体腔液，各种内脏器官浸入血液中。

棘皮动物门：真体腔发达；水管系统和围血系统的体腔囊也是由真体腔构成。

无脊椎动物的演化历程为：无体腔→假体腔（初生体腔，原体腔）→真体腔

（次生体腔）。

（5）① 有假（原、初生）体腔、真（裂、次生）体腔、混合体腔（血窦）；② 假体腔为囊胚腔的剩余部分，真体腔来源于体腔囊；③ 假体腔无体腔膜包被，真体腔有体腔膜；④ 假体腔较原始；⑤ 真体腔进步，其体壁和肠壁均有发达的肌肉，促进了其他器官系统的分化。

（6）环节动物门：第一次出现了循环系统，出现了血管、心脏和血液，为闭管式循环。蛭纲的血液循环方式为开管式循环；软体动物门：为开管式循环，血液不仅在心脏和血管中流动，也在血窦中流动。头足类的乌贼循环系统为闭管式循环，使头足类血液流速快、血压高、营养物质和氧的输送效率高，有利其在海洋里迅速游动；节肢动物门：为开管式循环；棘皮动物门：闭管式循环；半索动物门：开管式循环。

（7）同律分节是指除前两节和最后一节外，其余各体节的形态基本相同的分节方式，如环毛蚓。异律分节是指具有相同功能的体节愈合成体部，不同体部执行不同的生理功能，如节肢动物分为头、胸和腹三部分。

身体分节的意义：① 增强运动机能；② 促进动物体结构与机能的进一步分化。

（8）原生动物、海绵动物、刺胞动物都没有专门的排泄系统，多以体表进行排泄。原生动物还可通过伸缩泡进行排泄。

扁形动物门：出现了由外胚层内陷而成的排泄器官，称为原肾管。原肾管顶端盲管内有纤毛，称焰细胞。

假体腔动物：原肾管型的排泄系统。假体腔动物的原肾管则没有纤毛。

环节动物门：为后肾管型排泄系统。

软体动物门：排泄器官为肾脏，由后肾管演化而来，其一端通入退化的围心腔，另一端通外套腔。

节肢动物门：排泄器官有两类，一类是后肾管来源的绿腺（触角腺）、下颚腺和基节腺；另一类是马氏管。

棘皮动物门：无单独的排泄器官，由变形细胞将代谢废物经管足、皮鳃或肛门排出体外。

（9）① 自由生活种类：无专门呼吸器官，体表呼吸；② 内寄生种类：厌氧呼吸；③ 某些多毛类：皮肤呼吸，疣足特化成的鳃；④ 水生软体动物：为外套膜、鳃；⑤ 陆生软体动物：为外套膜形成的"肺"呼吸；⑥ 甲壳类：鳃呼吸；⑦ 肢口类：书鳃呼吸；⑧⑨ 多足类和昆虫类：气管呼吸；⑩ 蛛形类：气管和书肺呼吸；

⑪棘皮动物：管足和皮鳃；⑫海参：呼吸树；⑬半索动物：以咽鳃裂呼吸。

（10）① 两囊幼虫；② 浮浪幼虫；③ 牟勒氏幼虫；④ 帽状幼虫；⑤ 担轮幼虫；⑥ 钩介幼虫；⑦ 担轮幼虫和面盘幼虫；⑧ 羽腕幼虫和短腕幼虫；⑨ 柱头幼虫；⑩ 海胆幼虫；⑪ 蛇尾幼虫；⑫ 桶状幼虫。

# 第十四章　脊索动物门（Phylum Chordata）

**知识速览**

　　脊索动物门是动物界最高等的一个门类。尽管脊索动物门现存物种在外部形态和生活方式上存在较大差异，但其个体发育的某一时刻或整个生活史中具有背神经管、脊索、咽鳃裂和肛后尾，而这些特征是完全区别于无脊椎动物的。脊索动物是由无脊索动物演化而来的，与棘皮动物和半索动物具有共同的祖先，他们均属后口动物，以体腔囊法形成中胚层和体腔。本章重点掌握脊索动物门的主要特征以及脊索出现的意义；熟悉脊索动物门的分类及其特征；了解文昌鱼似脊椎动物的原始性及其适应特定生活方式的特化性。

**知识要点** ·····················································

## 一、脊索动物门的主要特征

### （一）脊索（notochord）

概念：脊索位于消化道的背面，背神经管的腹面，为一条纵贯身体全长，对身体起支撑作用的棒状结构。

来源：脊索来源于胚胎期的原肠背壁，由中胚层形成。

组成：脊索由富含液泡的脊索细胞组成；外面包裹着脊索鞘，脊索鞘由弹性组织鞘和纤维组织鞘组成。

存在形式：① 终生存在：如文昌鱼和圆口纲；② 幼体存在：如尾索动物；③ 胚胎期间存在：发育完全时被脊柱所取代。

脊索出现的意义：

① 使动物体的支持、保护和运动的功能获得质的飞跃。

② 脊索（以及脊柱）构成支撑躯体的主梁，是体重的受力者。

③ 使内脏器官得到有力的支撑和保护，运动肌肉获得坚强的支点，在运动过程中不至于由于肌肉的收缩而是躯体缩短变形。

④ 脊索的中轴支撑作用也使动物体更有效地完成定向运动，对于主动捕食及逃避敌害都更为准确迅捷。

⑤ 是脊椎动物头部和上、下颌以及椎管出现的前提条件。

**（二）背神经管**

背神经管位于脊索背方，来源于外胚层。

**（三）咽鳃裂**

咽鳃裂是咽部两侧一系列成对的裂缝，与外界相通，在咽鳃裂上有许多毛细血管，有呼吸和滤食的功能，是低等水生脊索动物的呼吸器官。

咽鳃裂的发生：胚胎咽部内胚层向外突形成咽囊，对应外胚层形成咽沟向内凹陷，穿透中胚层并打通形成裂缝状结构。

咽鳃裂的作用：呼吸、滤食；

咽鳃裂存在的形式：

① 水生动物：特化成功的呼吸器官，终生存在，发达；

② 陆生两栖类：幼体有鳃裂，成体退化；

③ 羊膜动物：仅胚胎期具有咽鳃裂。

**（四）肛后尾**

具有肛后尾。

**（五）心脏**

心脏位于消化管腹面，绝大多数为闭管式循环

**（六）内骨骼**

具有内骨骼。

**（七）与高等无脊椎动物的共同特征**

三胚层、后口、体腔、两侧对称、分节等。

## 二、脊索动物门的分类

**（一）尾索动物亚门（Urochordata）**

代表动物为柄海鞘

1.尾索动物亚门的主要特征

（1）脊索和背神经管仅存于幼体尾部，成体退化或消失。

（2）成体体外被有被囊，也称为被囊动物。

（3）逆行变态：

逆行变态：在海鞘变态发育过程中，幼体的尾部连同内部的脊索和肌肉萎缩消失；神经管退化成一个神经节，感觉器官消失；咽部扩大，鳃裂数目增加，内脏位置发生改变，形成被囊。经过变态，海鞘失去了一些重要的构造，形体变得更加简单，这种变态方式称为逆行变态。

（4）开管式循环。

## （二）头索动物亚门（Cephalochordata）

代表动物为文昌鱼

文昌鱼具有脊索动物的模式结构，对了解脊索动物的起源和演化有重要意义。

1. 文昌鱼似脊椎动物的原始特征

（1）皮肤薄而透明，有表皮和真皮构成。表皮只有一层柱状上皮，真皮为一层薄薄的胶冻结构；

（2）肌肉有原始的分节现象；

（3）身体中轴为纵贯身体全长的脊索构成；

（4）具有肝盲囊，为脊椎动物肝脏的同源器官，但功能不同；

（5）咽鳃裂以最原始形式存在；

（6）循环系统为闭管式循环，但没有心脏，靠腹大动脉的搏动将血液压入其他血管进行循环；

（7）背神经管没有脑和脊髓的分化。

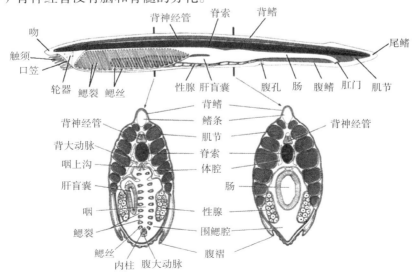

图14.1　文昌鱼纵切与横切模式图

2. 适应特定的生活方式在其结构上的特化

文昌鱼适应于水底沙中生活的适应性结构包括：触须、口笠、轮器、前庭、缘膜和缘膜触手等。

### （三）脊椎动物亚门（Vertebrata）

1. 脊椎动物亚门的主要特征

（1）出现了明显的头部；

（2）以脊柱代替脊索，脊索只见于发育的早期；

（3）出现了成对的附肢；

（4）出现了上、下颌；

（5）具有完善的循环系统；

（6）水生种类以鳃呼吸，陆生种类在胚胎期有鳃裂，成体以肺呼吸；

（7）具有1对结构复杂的肾脏。

2. 脊椎动物亚门的分类

脊椎动物亚门可分为6个纲，分别为：圆口纲、鱼纲、两栖纲、爬行纲、鸟纲和哺乳纲。

脊椎动物演化史上出现了5项重大进步性事件，分别是：

（1）在鱼类出现了上、下颌，加强了动物主动捕食的能力；

（2）在两栖类出现了五趾型附肢，使脊椎动物的陆上运动成为可能；

（3）在爬行类出现了羊膜卵，解决了陆地上繁殖的问题；

（4）在鸟类出现了恒温，较少了对外界环境的依赖；

（5）在哺乳类出现了胎生、哺乳，提高了后代的成活率。

## 试题集锦

### 一、名词解释

脊索；背神经管；咽鳃裂；逆行变态；被囊；尾索动物；头索动物；原索动物。

### 二、填空题

（1）脊索动物分为_____、_____和_____3个亚门，其中低等的脊索动物合称为_____。

（2）脊椎动物亚门脑和各种感觉器官集中在身体前端，形成明显的头部，故称_____，本亚门包括_____、_____、_____、_____、_____、_____和_____。

（3）脊椎动物的演化，出现了5次飞跃，即_____、_____、_____、_____和_____。

（4）脊索动物的三大主要特征包括_____、_____和_____。

（5）海鞘的血液循环方式为_____；文昌鱼的血液循环方式为_____。

（6）文昌鱼的发育需经过_____、_____、_____、_____和_____等时期，发育为幼体。

（7）脊索鞘包括内外两层，分别是_____和_____。

## 三、选择题

（1）下列动物中成体无脊索的是（　　　）。

A. 海鞘　　　　　　　B. 文昌鱼　　　　　　C. 七鳃鳗　　　　　　D. 盲鳗

（2）下列动物中（　　　）能常以出芽法形成群体。

A. 住囊虫　　　　　　B. 火体虫　　　　　　C. 文昌鱼　　　　　　D. 七鳃鳗

（3）下列动物中终生保留脊索动物三大主要特征的是（　　　）。

A. 海鞘　　　　　　　B. 文昌鱼　　　　　　C. 七鳃鳗　　　　　　D. 盲鳗

（4）下列对海鞘循环系统的描述，正确的是（　　　）。

A. 闭管式循环，血流方向周期性改　　　B. 开管式循环，血流方向周期性改变

C. 闭管式循环，血流方向无改变　　　　D. 开管式循环，血流方向无改变

（5）文昌鱼的下列结构不是由内胚层分化形成的是（　　　）。

A. 脊索　　　　　　　B. 肝盲囊　　　　　　C. 神经板　　　　　　D. 消化道

（6）下列动物的肌肉中同时含有肌酸和精氨酸的是（　　　）。

A. 棘皮动物　　　　　B. 脊索动物　　　　　C. 原索动物　　　　　D. 脊椎动物

（7）下列对白氏文昌鱼描述正确的是（　　　）。

A. 雌雄同体，生殖腺成对，有生殖导管

B. 雌雄异体，生殖腺成对，有生殖导管

C. 雌雄同体，生殖腺成对，无生殖导管

D. 雌雄异体，生殖腺成对，无生殖导管

（8）下列哪种特征不属于脊索动物？（　　　）

A. 脊索　　　　　　　B. 背神经管　　　　　C. 咽鳃裂　　　　　　D. 原肾管

（9）下列哪组均是羊膜动物？（　　　）

A. 两栖类与爬行类　　　　　　　　B. 鱼类与两栖类

C. 鱼类与鸟类　　　　　　　　　　D. 爬行类与鸟类

（10）下列哪些类属于无羊膜动物？（　　　　）

A. 两栖类　　　　　B. 爬行类　　　　　C. 鸟类　　　　　D. 哺乳类

（11）下列哪些纲不属于脊椎动物亚门？（　　　　）

A. 圆口纲　　　　　B. 头索纲　　　　　C. 两栖纲　　　　　D. 爬行纲

（12）下列关于脊索的描述，哪一项是错误的？（　　　　）

A. 位于消化道和神经管之间　　　　　B. 来源于胚胎期的原肠背壁

C. 脊索细胞富含液泡　　　　　D. 在低等脊索动物中终生存在

（13）在原索动物中与摄食活动无关的器官是（　　　　）。

A. 扩大的咽部　　　B. 内柱和背板　　　C. 触须和轮器　　　D. 肝盲囊

（14）关于柄海鞘的血液循环，描述错误的是（　　　　）。

A. 心脏位于靠近背部的围心腔内　　　　　B. 血管有动脉和静脉之分

C. 具有特殊的可逆式血液循环流向　　　　　D. 属于开管式循环

（15）下列关于文昌鱼的描述错误的是（　　　　）。

A. 在分类上属于头索动物亚门

B. 终生具有脊索、背神经管和咽鳃裂

C. 咽腔占身体的1/2以上，既是收集食物的场所，又是呼吸的场所

D. 文昌鱼的血液循环属于闭管式，具有能够搏动的腹大动脉

（16）文昌鱼胚胎发育期顺序正确的是（　　　　）。

A. 受精卵—桑葚胚—囊胚—原肠胚—神经胚

B. 受精卵—囊胚—桑葚胚—原肠胚—神经胚

C. 受精卵—囊胚—原肠胚—桑葚胚—神经胚

D. 受精卵—囊胚—原肠胚—神经胚—桑葚胚

（17）脊椎动物中与文昌鱼肝盲囊为同源器官的是（　　　　）。

A. 肝脏　　　　　B. 脾脏　　　　　C. 肾脏　　　　　D. 胰脏

（18）下列关于脊椎动物的主要特征叙述错误的是（　　　　）。

A. 出现了明显的头部，因此又称"有头类"

B. 具备了上下颌，增强了主动摄食、消化的能力

C. 出现了能收缩的心脏，促进血液循环

D. 复杂的肾脏代替了简单的肾管

（19）神经管来源于（　　　　）。

A. 内胚层　　　　　B. 中胚层　　　　　C. 外胚层　　　　　D. 中胚层和外胚层

（20）文昌鱼的卵属于（　　　）。

A. 均黄卵　　　　　B. 中等端黄卵　　　　C. 端黄卵　　　　D. 中黄卵

## 四、判断题

（1）海鞘的幼体营自由游泳生活，经过变态成成体，营固着生活。　　（　　）

（2）文昌鱼终生具有脊索动物的三大特征。　　（　　）

（3）脊索动物的循环均是闭管式循环。　　（　　）

（4）脊索动物的成体均是固着生活。　　（　　）

（5）在脊椎动物亚门中只有圆口类和鱼类是用鳃进行呼吸的。　　（　　）

（6）海鞘的排泄器官为一团由细胞组成的小肾囊，内含有尿酸等废物，排泄物入围鳃腔借水流排出体外。　　（　　）

（7）文昌鱼属于狭心动物，为闭管式循环，具有搏动能力的腹大动脉，血流的动力来自心脏和腹大动脉。　　（　　）

（8）文昌鱼在分类上属于头索动物亚门，属于有头类。　　（　　）

（9）文昌鱼的肝盲囊与脊椎动物的肝脏属同源器官。　　（　　）

（10）脊索是由原肠的背面中央先形成脊索中胚层，然后与原肠分离而形成的。

（　　）

## 五、简答题

（1）脊索动物有哪些共同特征，与无脊椎动物有哪些联系？

（2）脊索动物三大特征是什么？试各加以说明。

（3）脊索动物分为哪几个亚门，各亚门主要特征是什么？脊椎动物亚门分为哪几个纲，各纲的主要特征是什么？

（4）简答脊索出现的意义。

（5）以海鞘为例，说明何为逆行变态。

## 六、论述题

（1）论述文昌鱼似脊椎动物的原始特征，以及适应特定的生活方式在其结构上的特化。

（2）论述文昌鱼的血液循环途径。

（3）论述海鞘和文昌鱼的呼吸和摄食过程。

（4）（提高题）随着基因组学的发展，近年来越来越多的物种的基因组被测序，其中就包括尾索动物亚门的玻璃海鞘（*Ciona intestinalis*）和萨氏海鞘（*Ciona savignyi*）；以及头索动物亚门的佛罗里达文昌鱼（*Branchiostoma floridae*）和白氏

文昌鱼（*Branchiostoma belcheri*）。根据基因组学的最新研究成果和您所学动物学知识，论述尾索动物和头索动物哪一个才是脊索动物中最原始的，被称为脊索动物的基底物种。

## 参 考 答 案

### 一、名词解释

脊索：介于消化道和背神经管之间，起支撑作用的纵行棒状结构，来源于胚胎期的原肠背壁。内部由泡状细胞构成，外围以结缔组织鞘，坚韧而有弹性。低等的脊索动物脊索终生存在或仅见于幼体时期，高等脊索动物脊索只在胚胎期出现，发育完全时被分节的骨质脊柱所代替。

背神经管：位于脊索动物脊索背面的中空管状的中枢神经系统，由胚体背中部的外胚层下陷卷褶形成。脊椎动物的神经管前端膨大形成脑，脑后部形成脊髓。

咽鳃裂：低等脊索动物在消化道前端的咽部两侧有一系列左右成对排列、数目不等的裂孔，直接开口于体表或以一个共同的开口间接地与外界相通，这些裂孔即为咽鳃裂。低等种类咽鳃裂终生存在，并附生布满血管的鳃，作为呼吸器官，陆生的种类咽鳃裂只在胚胎期或幼体期出现。

逆行变态：在海鞘变态发育过程中，幼体的尾连同内部的脊索和尾肌萎缩消失，神经管退化成一个神经节，感觉器官消失。咽部扩大，鳃裂数目增加，内脏位置发生改变，形成被囊。经过变态，失去了一些重要的构造，形体变得更加简单，这种变态方式即逆行变态。

被囊：尾索动物体外包有一层由体壁分泌的似纤维素的被囊素形成的结构，用以保护身体。此结构即为被囊，在动物界中仅见于尾索动物和少数原生动物。

尾索动物：脊索动物中较低级的类群之一，脊索和背神经管仅存在于幼体时期，成体退化消失。身体包在胶质或近似植物纤维的被囊中，故又称为被囊动物。

头索动物：终生具有发达的脊索、背神经管和咽鳃裂等特征的无头鱼形脊索动物，脊索不但终生保留，并延伸至背神经管的前方，故称头索动物。

原索动物：尾索动物和头索动物两个亚门是脊索动物中最低级的类群，合称为原索动物。

### 二、填空题

（1）头索动物亚门；尾索动物亚门；脊椎动物亚门。

（2）有头类；圆口纲；软骨鱼纲；硬骨鱼纲；两栖纲；爬行纲；鸟纲；哺乳纲。

（3）颌的出现；四肢出现；羊膜出现；恒温出现；胎生哺乳出现。

（4）脊索；背神经管；咽鳃裂。

（5）开管式循环；闭管式循环。

（6）受精卵；桑葚胚；囊胚；原肠胚；神经胚。

（7）纤维组织鞘；弹性组织鞘。

## 三、选择题

（1）—（5）：ABBB（AC）；（6）—（10）：CDDDA；（11）—（15）：BDDBC；
（16）—（20）：AABCA。

## 四、判断题

（1）—（5）：√√×××；（6）—（10）：√××√√。

## 五、简答题

（1）脊索动物的主要特征包括：脊索、背神经管、咽鳃裂、肛后尾、闭管式循环、心脏位于身体腹面等。其中脊索、背神经管、咽鳃裂是脊索动物三大主要特征。

与无脊椎动物有哪些联系即相似特征：后口、三胚层、两侧对称、真体腔、分节现象等。

（2）脊索动物的三大主要特征分别是：脊索、背神经管、咽鳃裂。

脊索：介于消化道和背神经管之间，起支撑作用的纵行棒状结构，来源于胚胎期的原肠背壁。内部由泡状细胞构成，外围以结缔组织鞘，坚韧而有弹性。低等的脊索动物脊索终生存在或仅见于幼体时期，高等脊索动物脊索只在胚胎期出现，发育完全时被分节的骨质脊柱所代替。

背神经管：位于脊索动物脊索背面的中空管状的中枢神经系统，由胚体背中部的外胚层下陷卷褶形成。脊椎动物的神经管前端膨大形成脑，脑后部形成脊髓。

咽鳃裂：低等脊索动物在消化道前端的咽部两侧有一系列左右成对排列、数目不等的裂孔，直接开口于体表或以一个共同的开口间接地与外界相通，这些裂孔即为咽鳃裂。低等种类咽鳃裂终生存在，并附生布满血管的鳃，作为呼吸器官，陆生的种类咽鳃裂只在胚胎期或幼体期出现。

（3）脊索动物门分为：尾索动物亚门、头索动物亚门和脊椎动物亚门。

尾索动物亚门的脊索和背神经管仅存于幼体时期，成体退化消失，体表有被囊。

头索动物亚门脊索和背神经管纵贯全身，并终生保留，咽鳃裂众多，身体呈鱼形，分节，头部不明显。

脊椎动物亚门脊索只在胚胎发育阶段出现，随后被脊柱所代替。脑和各种感觉器官集中在体前端，形成明显的头部。脊椎动物亚门包含以下6个纲。

圆口纲：无颌，缺乏成对的附肢，单鼻孔，脊索及雏形的椎骨并存。

鱼纲：出现上、下颌，体表被鳞，用鳃呼吸，成对的附肢形成适应水生生活的胸鳍和尾鳍。

两栖纲：皮肤裸露，幼体用鳃呼吸，以鳍游泳，经过变态后的动物可在陆上生活，用肺呼吸，具有五趾型附肢。

爬行纲：皮肤干燥，外被角质鳞、角盾或骨板。心脏两心房一心室，心室不完全分隔，胚胎发育过程中出现羊膜。

鸟纲：体表被羽，前肢特化成翼，恒温，卵生。

哺乳纲：身体被毛，恒温，胎生，哺乳。

（4）① 使动物体的支持、保护和运动的功能获得质的飞跃；② 脊索（以及脊柱）构成支撑躯体的主梁，是体重的受力者；③ 使内脏器官得到有力的支撑和保护，运动肌肉获得坚强的支点，在运动过程中不至于躯体因肌肉的收缩而缩短变形；④ 脊索的中轴支撑作用也使动物体更有效地完成定向运动，对于主动捕食及逃避敌害都更为准确迅捷；⑤ 是脊椎动物头部和上、下颌以及椎管出现的前提条件。

（5）海鞘幼体形似蝌蚪，具有脊索动物的三大特征：尾内有发达的脊索，脊索背方有中空的神经管，神经管前端还有膨大的脑泡，内有眼点和平衡器官，消化道前端分化成咽，并有少量成对的咽鳃裂。

幼体经短时间的自由游泳生活后，身体前端的附着突起黏附到其他物体上，开始变态。变态过程中海鞘幼体的尾连同脊索和肌肉逐渐萎缩并被吸收，神经管及其感觉器官退化为一个神经节。咽部扩大，鳃裂数急剧增多，同时形成围绕咽部的围咽腔；附着突起也为海鞘的柄所代替。附着突起在背面生长迅速，把口孔的位置推到另一端，造成内部器官的位置也随之转动了90°～180°。最后体壁分泌被囊素构成保护身体的被囊，使它从自由生活的幼体变成固着生活的柄海鞘。柄海鞘经过变态，失去了一些重要的结构，体形变得更加简单，这种变态即逆行变态。

## 六、论述题

（1）文昌鱼似脊椎动物的原始特征：① 皮肤薄而透明，有表皮和真皮构成。表皮只有一层柱状上皮，真皮为一层薄薄的胶冻结构；② 肌肉有原始的分节现象；③ 身体中轴为纵贯身体全长的脊索构成；④ 具有肝盲囊，为脊椎动物肝脏的同源器官，但功能不同；⑤ 咽鳃裂以最原始形式存在；⑥ 循环系统为闭管式循环，但没有心脏，靠腹大动脉的搏动将血液压入其他血管进行循环；⑦ 背神经管没有脑和脊髓的分化。

适应特定的生活方式在其结构上的特化：文昌鱼适应于水底沙中生活的适应性结构包括触须、口笠、轮器、前庭、缘膜和缘膜触手等。

（2）文昌鱼的血液循环方式属于闭管式循环，无心脏，但具有搏动能力的腹大动脉。腹大动脉搏动能够将血液通过其两侧分出的许多成对的鳃动脉运输进入鳃间隔，完成气体交换后，于鳃裂背部汇入2条背大动脉根，背大动脉根含有多氧血。左、右两侧的背大动脉跟向往身体前端各器官供血，向后汇合成一条背大动脉，再由此分出血管到身体各部。身体前端的动脉血经过气体交换后最后注入一对前主动脉；身体后部的动脉血在组织间进行气体交换后成静脉血，少部分经尾静脉进入肠下静脉，大部分则流入2条后主静脉。左、右前主静脉和后主静脉汇流至一对总主静脉。左、右主静脉会合于静脉窦，然后入腹大动脉。从肠壁返回的毛细血管集合成肠下静脉，接受部分尾静脉血液。肠下静脉前行至肝盲囊处毛细血管网，由于这条静脉两端在肝盲囊区都形成毛细血管网，因此成为肝门静脉，由肝门静脉的毛细血管再一次合成肝静脉汇入静脉窦。

（3）海鞘固着生活，所以它只能借助于水流的流动完成呼吸和摄食过程。海鞘的消化系统由咽、食道、胃、肠、肛门组成。咽几乎占整个身体的3/4，咽壁有许多鳃裂，水流进入咽后再经鳃裂进入围鳃腔，经出水口流出体外，咽部有丰富的毛细血管，当水流经过鳃裂时进行气体交换，完成呼吸作用。海鞘的咽内壁腹侧和背侧中央各有一条具有纤毛细胞和腺细胞的纵沟，为内柱和背板，纤毛不断摆动使进入体内的水流做定向运动，腺细胞分泌黏液将随水流入的食物颗粒粘成食物团，进入食道。食物团在胃内消化吸收，残渣经肛门排出。

文昌鱼的呼吸和摄食过程与海鞘类似。文昌鱼靠触须、轮器和口部的缘膜触手的摆动，使含有食物颗粒的水流经口入咽，食物被过滤下来留在咽内。文昌鱼咽部作为收集食物和呼吸的场所极度扩大，约占身体全长的1/2，咽腔结构与海鞘相似，具有内柱、背板、围眼沟等，食物颗粒的运动也是借助纤毛的摆动完成的。文昌鱼的咽壁两侧有数量众多的鳃裂，鳃裂内壁布满血管，血流经过时完成气体交换。

（4）脊椎动物门共包括3个亚门：头索动物亚门（文昌鱼）、尾索动物亚门（海鞘）和脊椎动物亚门。这3个亚门都具有脊索动物的基本特征，包括脊索、背神经管、咽鳃裂和肛后尾等。基于身体构造的相似性，长久以来，原索动物（海鞘和文昌鱼）和脊椎动物之间的比较，一直被生物学家用来探索脊椎动物如何从无脊椎动物演化而来这个问题。由于头索动物在解剖学上更像脊椎动物，曾长期被认为与脊椎动物的亲缘关系比尾索动物与脊椎动物的亲缘关系更近。也就是说，文昌鱼和脊索动物最接近，海鞘是最原始的脊索动物，或称为基底脊索动物。例如，Willey（1894）认为脊椎动物的祖先是类似于海鞘的幼虫，能自由游泳，具有一个位于背部的开口和一根有限的脊索，而不像文昌鱼那样。差不多整个20世纪里，生物学界的主流观点是脊索动物祖先类似于固着生活的海鞘，其自由游泳的幼虫通过幼体生殖演化出文昌鱼和脊椎动物。这个观点也得到了由18S rDNA序列所构建的系统发育树的支持。

但是，到了基因组时代，情况就发生了改变。基因组测序结果完全颠覆了原先认定的海鞘、文昌鱼和脊椎动物三者之间的亲缘关系，证明文昌鱼才是基底脊索动物，海鞘属于脊椎动物的姐妹群。这些研究也表明脊索动物祖先可能类似于文昌鱼，可运动，具肌节、背神经管、咽鳃裂和脊索。从前寒武纪发现的化石，如海口鱼和海口虫化石，也说明早期脊索动物和早期脊椎动物是可运动、营滤食性生活、具有分节生殖腺的小型动物。所以说，文昌鱼才是真正的脊索动物的基底物种，是最原始的脊索动物。

# 第十五章　圆口纲（Cyclostomata）

**知 识 速 览**

　　圆口纲是现代脊椎动物中最原始、最低等种类，出现了头部，但无成对附肢，无上、下颌，又称为无颌类。寒武纪晚期、早期奥陶纪、志留纪和泥盆纪发现无颌类为甲胄鱼。现存种类的圆口类主要包括七鳃鳗和盲鳗两类，生活在海洋或淡水中。本章重点掌握圆口纲动物的主要特征；为什么说圆口纲动物是最原始最低等的脊椎动物；与文昌鱼相比，圆口纲进步性的特征有哪些。

**知 识 要 点**

## 一、圆口纲的主要特征

（1）没有上、下颌。

（2）没有成对的附肢，没有偶鳍，只有奇鳍。

（3）终生保留脊索，没有真正的脊椎骨，在脊索上方及神经管的两侧只有一些软骨小弧片，是脊椎的雏形。

（4）脑的发达程度低。

（5）具有特殊的呼吸器官——鳃囊。

　　鳃位于鳃囊，囊壁为由内胚层来源的褶皱状鳃丝，其上面有丰富的毛细血管，可进行气体交换。

## 二、圆口纲的代表动物——东北七鳃鳗

### （一）外部形态

　　皮肤裸露，单鼻孔，无眼睑，只有奇鳍，无偶鳍，具有侧线。

　　皮肤分为表皮和真皮。表皮为多层上皮细胞组成，内有很多单细胞腺。真皮为

有规则排列的结缔组织。

### （二）内部结构

1. 骨骼系统

只有软骨和结缔组织，没有硬骨。脊索终生保留。脊索背侧面有按体节排列的软骨椎弓，代表了雏形的脊椎骨。

软骨脑颅在脊索背面，但是只有一软骨基板，头骨顶部还没形成。

2. 消化系统

消化道：口漏斗、咽、肠（黏膜褶）、肛门。

消化腺：唾液腺、肝（腹侧心囊之后）、胰细胞。

3. 呼吸系统

呼吸管—内鳃孔—鳃囊—外鳃孔。

4. 循环系统

（1）心脏的结构：具有心脏，心脏由一心房、一心室、一静脉窦构成，无动脉圆锥。

（2）血液循环：单循环，与文昌鱼类似，无肾门静脉。

5. 神经系统

脑分化为大脑、间脑、中脑、小脑和延脑5个部分，但很原始，而且依次排列在一个平面上。脑神经10对。

感觉器官：松果眼、侧线。

嗅觉器官：单鼻孔。

听觉器官：仅具内耳，且具有2个半规管，但盲鳗仅具有1个半规管。

视觉器官：眼已经具有脊椎动物眼的基本结构。

6. 泄殖系统

东北七鳃鳗为雌雄异体，成熟的卵和精子突破生殖腺壁而落入体腔，经过腹孔而入泄殖窦，再经泄殖孔出体外。卵在水中行体外受精。

### （三）圆口纲作为最原始脊椎动物，其原始性和特化的结构

① 无成对附肢；② 无上、下颌；③ 原尾型；④ 具有原始的肌节；⑤ 脊索终生保留；⑥ 脑颅只有一软骨基板，头骨顶部还没形成；⑦ 仅具有两个半规管；⑧ 具有特殊的鳃囊和内鳃孔。

**（四）与文昌鱼相比，圆口纲进步性的特征**

① 皮肤含有单细胞黏液腺；② 脊索具有软骨弧片；③ 分化出了脑和脊髓；④ 出现了原始的头骨：脑下方的软骨基板；⑤ 感觉器官集中，有外鼻孔1个，内耳具有2个半规管（盲鳗仅具有1个半规管），眼1对，但不发达，具有松果眼和顶眼；⑥ 心脏由1心房、1心室、1静脉窦构成，血液循环为单循环；⑦ 具有集中的肾脏和生殖腺。

**（五）圆口纲的分类**

圆口纲有大约75种，分为2个目，盲鳗目和七鳃鳗目。

1. 盲鳗目（Myxiniformes）

约30种，完全寄生，眼退化，无口漏斗，鳃囊6～15对，雌雄同体。

2. 七鳃鳗目（Petromyzoniformes）

约45种，半寄生，7对鳃囊，有口漏斗和角质齿，雌雄异体，间接发育。

## 试题集锦

**一、名词解释**

鳃囊；半规管；沙隐虫；单鼻类；半寄生；鳃篮；围心软骨。

**二、判断题**

（1）七鳃鳗体侧各具有8个松果眼，以进行感光，因此又被称为八目鳗。
（     ）

（2）圆口纲动物又称为单鼻类，是由于在体背部只有一个鼻孔，水流从外鼻孔进入到鳃囊内进行气体交换，从外鳃孔流出，这样完成了整个呼吸过程。（     ）

（3）与圆口动物的无颌相对应，从鱼类开始的脊椎动物出现了可动的上、下颌，此后的脊椎动物均为颌口类。（     ）

（4）所有脊椎动物都是雌雄异体的。（     ）

（5）圆口纲是脊椎动物亚门中最低等的一个纲。（     ）

（6）七鳃鳗呼吸时水流进出都是通过外鳃孔，与一般鱼类由口进水经鳃裂流出方式不同。（     ）

**三、填空题**

（1）圆口纲的心脏由_____、_____和_____组成，血液循环方式为_____循环。

（2）七鳃鳗是雌雄_____体，盲鳗是雌雄_____体。

（3）七鳃鳗的呼吸器官是＿＿＿＿＿＿＿，由特化的＿＿＿＿＿＿＿作为骨质基础来支持。

（4）圆口纲动物的中轴骨是＿＿＿＿＿＿＿，其背侧有按体节排列的＿＿＿＿＿＿＿，虽无支撑作用，但代表了脊椎骨的雏形。

（5）圆口纲动物没有成对的附肢，只有＿＿＿＿＿＿＿鳍，没有＿＿＿＿＿＿＿鳍。

（6）沙隐虫是＿＿＿＿＿＿＿的幼体，其摄食和生活方式与＿＿＿＿＿＿＿相似。

## 四、选择题

（1）最低等的脊椎动物是（　　　　）。

A. 七鳃鳗　　　　　B. 鲨鱼　　　　　C. 文昌鱼　　　　　D. 海鞘

（2）圆口纲动物具（　　　　）。

A. 只有脊索，因而最低等

B. 具有脊索，但脊索的背方出现软骨质弓片，尚未形成椎体

C. 具有脊索和软骨形成的椎体

D. 具有软骨形成的椎体，且脊索贯穿于椎体中央的椎管

（3）下列多圆口纲动物描述错误的是（　　　　）。

A. 无颌类　　　　　B. 单循环　　　　　C. 单鼻类　　　　　D. 具偶鳍

（4）七鳃鳗的鳃丝来源于（　　　　）。

A. 外胚层　　　　　B. 内胚层　　　　　C. 中胚层　　　　　D. 外胚层和中胚层

（5）七鳃鳗成体生殖系统的特点是（　　　　）。

A. 生殖腺成对，有输出管　　　　　　　B. 生殖腺成对，无输出管

C. 生殖腺单个，有输出管　　　　　　　D. 生殖腺单个，无输出管

（6）下列属于圆口纲特有的结构是（　　　　）。

A. 鳃篮和内柱　　　B. 内柱和口笠　　　C. 鳃篮和鳃囊　　　D. 口笠和鳃囊

## 五、简答题

（1）圆口纲的主要特征有哪些？

（2）结合七鳃鳗的结构特征，说明为什么圆口纲是最原始的脊椎动物。

（3）与头索动物相比，圆口纲进步性的特征有哪些？

（4）列举脊椎动物进化史上重大的进步事件，并说明每一进步事件的生物学意义。

**参考答案** ·······································································

## 一、名词解释

鳃囊：圆口纲所特有的结构，位于内鳃孔和外鳃孔之间呈球形的构造，囊的

背、腹、侧壁上都着有鳃丝，构成呼吸器官的主体。

半规管：是维持姿势和平衡有关的内耳感受装置，为内耳的组成部分。由上、后和外3个相互垂直的环状管，即上半规管、后半规管和外侧半规管组成，连接内耳与前庭。其一端有一个膨大部分，称为壶腹，具有隆起的隔膜。其中有感觉细胞，与前庭中的椭圆囊相通。

沙隐虫：七鳃鳗的幼体，其摄食和生活方式与文昌鱼类似，经过3~7年，于秋冬之际经变态发育为成体。

单鼻类：圆口类只有一个外鼻孔，开口于两眼中间的稍前方或吻端，因此又称单鼻类。

半寄生：像七鳃鳗那样，幼体营自由生活，成体营寄生生活的生活方式称为半寄生。

鳃篮：由9对横向弯曲的软骨条和4对纵向的软骨条联结而成。鳃篮紧贴皮下，包在鳃囊外面，不分节，其末端为保护心脏的围心软骨。

围心软骨：七鳃鳗保护心脏的软骨组织，位于鳃篮末端。

## 二、判断题

（1）—（5）：××√×√；（6）×。

## 三、填空题

（1）心房；心室；静脉窦；单。

（2）异；同。

（3）鳃囊；软骨鳃篮。

（4）脊索；软骨椎弓。

（5）奇；偶。

（6）七鳃鳗；文昌鱼。

## 四、选择题

（1）—（5）：ABDBD；（6）C。

## 五、简答题

（1）① 没有上、下颌；② 没有成对的附肢，没有偶鳍，只有奇鳍；③ 终生保留脊索，没有真正的脊椎骨，在脊索上方及神经管的两侧只有一些软骨小弧片，是脊椎的雏形；④ 脑的发达程度低；⑤ 具有特殊的呼吸器官——鳃囊。

（2）① 无成对附肢；② 无上、下颌；③ 原尾型；④ 具有原始的肌节；⑤ 脊索终生保留；⑥ 脑颅只有一软骨基板，头骨顶部还没形成；⑦ 仅具有两个半规管。

（3）① 皮肤含有单细胞黏液腺；② 脊索具有软骨弧片；③ 分化出了脑和脊髓；④ 出现了原始的头骨：脑下方的软骨基板；⑤ 感觉器官集中，有外鼻孔1个，内耳具有2个半规管（盲鳗仅具有1个半规管），眼1对，但不发达，具有松果眼和顶眼；⑥ 心脏由1心房、1心室、1静脉窦构成，血液循环为单循环；⑦ 具有集中的肾脏和生殖腺。

（4）① 在鱼类出现了上、下颌，加强了动物主动捕食的能力；② 在两栖类出现了五趾型附肢，使脊椎动物的陆上运动成为可能；③ 在爬行类出现了羊膜卵，解决了陆地上繁殖的问题；④ 在鸟类出现了恒温，较少了对外界环境的依赖；⑤ 在哺乳类出现了胎生、哺乳，提高了后代的成活率。

# 第十六章　鱼纲（Pisces）

**知 识 速 览**

　　鱼纲是体表被鳞、以鳃呼吸、用鳍作为运动器官和凭上、下颌摄食的变温水生脊椎动物，是脊椎动物中种类和数量最多的类群，躯体结构和内部生理均高度适应于水生生活。本章重点掌握鱼类进步性特征；熟悉鱼类各鳍条和鳞片类型；了解各器官系统的特点；了解软骨鱼和硬骨鱼的特征及其代表动物；掌握鱼类适应水中生活的特征及其经济意义。

**知 识 要 点**

## 一、鱼类的主要特征

### （一）体形和皮肤

1. 体形

（1）纺锤形：生活于中上层，适合快速游泳，如鲨鱼、鲤鱼。

（2）侧扁形：生活于静水水域，游速慢不太敏捷，如鲳鱼、鳊鱼。

（3）平扁形：适应底栖生活，如牙鲆、舌鳎鱼。

（4）鳗形：潜伏于泥沙而适于穴居或擅长在水底礁石岩缝间穿行，如鳗鲡、泥鳅。

2. 身体分部

（1）头部：硬骨鱼：身体最前端（口端）至鳃盖后缘（硬骨鱼）。

　　　　　软骨鱼：或最后一对鳃裂（软骨鱼）。

（2）躯干部：硬骨鱼：自鳃盖后缘至肛门。

　　　　　　软骨鱼：最后一对鳃裂至泄殖孔。

（3）尾部：硬骨鱼：肛门至体末端。

软骨鱼：泄殖孔至体末端。

3. 鳍式

（1）概念：用来表示鳍的组成和鳍条数目的记载形式，是反映鱼类物种间差异的重要指标。

（2）鳍式的表示方式：

1）鳍名用大写英文字母表示：

A（analfin）臀鳍，C（candalfin）尾鳍，D（dorsalfin）背鳍，

P（pectoralfin）胸鳍，V（ventralfin）腹鳍；

2）鳍棘数用大写罗马数字；

3）软鳍条数用阿拉伯数字；

4）"—"表示鳍棘与软鳍条相连；

5）","表示鳍棘与软鳍条分隔

6）"–"表示数目变化范围。

如鲤的鳍式：D.II，18-19；P.I，16-18；V.II，8-9；A.III，5-6；C.20-22。

4. 头部

头部主要有口、须、眼、鼻孔、鳃盖。

口：由活动的上、下颌支持，称颌口类。口的位置可分为端位、上位和下位。端位：摄食中上层食物（鲤鱼）；上位：摄食浮游生物（鲌鱼）；下位：摄食底栖生物或附着在岩石上的水藻（鲮鱼）。

眼：1对，大小和位置随各种鱼类的体形和生活方式而异。

外鼻孔：1对，是嗅觉器官的通道，但鼻腔多不与口腔相通。

鳃盖：硬骨鱼有骨质鳃盖，后缘有鳃盖膜。软骨鱼的鳃裂直接开口于体表。

侧线：鱼类适应水生生活器官，是深藏于皮下的管状系统结构，与神经系统紧密联接。

5. 皮肤及其衍生物

（1）鳞片。

盾鳞：软骨鱼特有，由表皮和真皮共同形成。

硬鳞：少数硬骨鱼的硬鳞鱼，来源于真皮层。

骨鳞：多数硬骨鱼，来源于真皮层，有圆鳞和栉鳞。

（2）腺体。

黏液腺：表皮组织中的各种单细胞腺。黏液的作用：① 润滑体表，减少游泳摩擦力；② 保护鱼体免遭病原的侵袭；③ 澄清水中污染；④ 调节渗透压。

毒腺：多个表皮细胞集合在一起，陷入真皮内，外包结缔组织，特化为一个能分泌有毒物质的腺体，常位于棘的基部及周围。具有防卫、攻击和捕食的功能。

色素细胞：黑色素细胞、红色素细胞、黄色素细胞和虹彩细胞。

### （二）骨骼系统：中轴骨骼和附肢骨骼

中轴骨骼包括头骨和脊柱。

（1）头骨：

分为脑颅，咽颅。颌弓与脑颅的连接的方式可分为以下4种方式。

两接型：上颌骨的基突及耳突以韧带与脑颅相连，舌弓又以韧带连接脑颅与上、下颌。常见于原始的软骨鱼。

舌接型：以舌颌骨作为悬器，将颌弓与脑颅连接。见于多数鱼类。

自接型：上颌骨与脑颅愈合，其上的方骨与下颌的关节骨相连接。大多数陆生脊椎动物与软骨鱼类的全头类属此型。

颅接型：上颌骨与脑颅愈合，其方骨与关节骨变为中耳听小骨，下颌的齿骨直接连颞骨。哺乳动物属于此型。

（2）脊柱和肋骨：

脊柱分为躯干椎和尾椎，躯椎上有肋骨，保护内脏。锥体类型为双凹型椎体，残留脊索呈念珠状。各椎骨的髓弓连成椎管，内有脊髓通过。脉弓连成脉管，内有血管通过。

### （三）肌肉系统

1. 头部肌肉

眼肌：活动眼球。

鳃节肌：上下颌开闭，鳃盖活动和呼吸动作。

2. 躯干肌

呈现分节现象，轴上肌发达。

大侧肌：保持分节的肌节。

鳍肌：支配奇鳍升降。

3. 附肢肌

使鳍依附肢体做整体运动。

4. 发电器官

电细胞是特化的肌细胞。

### （四）消化系统

1. 消化管

消化管分口腔、咽、食管、胃、肠、肛门（泄殖腔）。

特点：（1）存在上、下颌，但无唾液腺。

（2）具有咽喉齿。

咽喉齿的形态有梳状和臼状等。梳状牙齿细弱，多为草食性鱼类（如草鱼）所有；臼状牙齿尖锐，多为肉食性鱼类（如青鱼）所有；杂食性鱼类牙齿多呈缺刻形或磨形。

（3）具有鳃耙：滤食器官。鳃耙长而密，以浮游生物为食；鳃耙粗短而疏，食肉。

（4）胃肠：分化程度及肠的长度与食性有关。草食或杂食鱼，胃肠分化不明显，肠较长；肉食鱼，胃肠分化明显，肠较短；有些鱼有幽门盲囊，软骨鱼多具螺旋瓣，加强对食物的消化吸收。

2. 消化腺

消化腺包括肝和胰。

### （五）呼吸系统

1. 呼吸器官

鳃。

2. 其他呼吸器官

① 皮肤（鳗鲡）；② 肠（泥鳅）；③ 咽腔（黄鳝）；④ 鳔（肺鱼）；⑤ 鳃上器（乌鳢）。

3. 鳔

（1）鳔的发生：鳔是由食道上分出来的一个小泡发展而来的。

（2）作用：调节身体比重；具有呼吸功能；具有感觉功能：韦伯氏器。

（3）分类：管鳔类和闭鳔类。

### （六）循环系统

1. 心脏组成

（1）软骨鱼：静脉窦、心房、心室、动脉圆锥。

（2）硬骨鱼：静脉窦、心房、心室。

动脉球：硬骨鱼心室前方有动脉球是腹大动脉基部扩大，不是心脏的组成部分。

2. 循环系统

（1）特点：单循环；心脏小，质量不到体重的1%；血量少，血液循环速度慢。是鱼类对代谢水平较低的水生生活的适应。

（2）具有肝门静脉和肾门静脉。

3. 淋巴系统

不发达。淋巴管在最后一枚尾椎骨的下方，扩大成2个淋巴心。淋巴液除不含红细胞和血液蛋白质外，其他成分与血液相似。

淋巴液的主要功能：协助静脉系统带走多余的细胞间液、清除代谢废料、促进受伤组织的再生。

脾：是造血、过滤血液和破坏衰老红细胞的场所。

**（七）神经系统和感觉器官**

1. 中枢神经系统

（1）脑：包括五部分。

大脑：嗅觉和运动调节中枢。

间脑：与垂体相连，底部有一血管囊是水深度和压力感受器。

中脑：视觉中心。

小脑：身体活动的主要协调中枢，听觉和侧线感觉的共同中枢。

延脑：听觉、皮肤感觉、侧线感觉、呼吸、调节色素细胞作用的中枢。

（2）脊髓：灰质（位于中央，是神经元本体）；白质（灰质周围，只有神经纤维）。

2. 外周神经系统

（1）脑神经：10对。分别为：一嗅二视三动眼；四滑五叉六外展；七面八听九舌咽；十迷走。

（2）脊神经：36对。

（3）植物性神经系统

支配和调节内脏平滑肌、心肌、内分泌腺、血管扩张和收缩等活动的神经。可分为交感神经系统和副交感神经系统。

3. 感觉器官

（1）皮肤感觉器官：感受水流方向、速度、水压的变化及周围生物活动情况。硬骨鱼称为侧线；软骨鱼称为罗伦氏壶腹。

（2）听觉平衡觉器官：具有内耳1对，半规管3个。能够感觉声波，调节平衡。

（3）视觉器官：具有眼1对；无眼睑，无泪腺。

（4）嗅觉器官：具有外鼻孔、鼻腔和嗅囊。外鼻孔1对，鼻腔不与口腔相通。

（5）味觉器官：具有味蕾。分布于口腔、舌、鳃弓、鳃耙、体表皮肤、触须、鳍等部位。

### （八）排泄系统

1. 肾及泌尿机能

（1）肾脏：中肾，排泄物为尿素、铵盐等。

（2）鳃：排氨和尿素。

（3）直肠腺：排盐（鲨鱼）。

2. 渗透压的调节

生活在不同水环境中的鱼有不同的调节机制。

（1）硬骨鱼类：淡水硬骨鱼肾小球发达，排大量低渗尿。海水硬骨鱼肾小球不发达，泌尿量极少，鳃上泌盐腺排多余盐分。

（2）软骨鱼类：血液中有高浓度的尿素，渗透压高于海水，肾小体发达，排泄废物为尿素。

### （九）内分泌系统

内分泌腺及组织有脑垂体、肾上腺、甲状腺、胸腺、胰岛、后鳃腺、性腺、尾垂体等。

### （十）生殖系统

1. 鱼类的性别

多数为雌雄异体，体外受精；少数为雌雄同体（有些可自体受精）。

2. 生殖方式

卵生、卵胎生（角鲨）、假胎生（星鲨）。

性逆转现象：性腺的发育从胚胎期一直到性成熟期都是卵巢，只产生卵。经第一次繁殖后，卵巢内部发生了改变逐渐转变成精巢而使鱼呈现出雄鱼特性。例如：黄鳝、剑尾鱼。

卵胎生：如棘鲨。胚胎发育在母体内进行，但营养是靠胚胎自身的卵黄囊供给，仅无机盐类和溶解的氧气可以在母体子宫壁血管和卵黄囊壁血管之间进行交换。成幼体后产出体外。如白斑棘鲨的怀孕期长达2年。

假胎生：如星鲨。受精卵在母体子宫内发育，胚胎发育的前期，在卵壳内完全靠卵黄的营养，发育的后期，胚胎由卵壳中破出，卵黄囊壁上生出许多褶皱并且嵌入母体子宫壁内，构成所谓卵黄囊胎盘。胎儿通过富有血管的卵黄囊胎盘从母体的血液中获得营养。星鲨的怀孕期为10个月，每次可产8～12尾。

### 二、鱼类的洄游

（1）概念：鱼类有规律地在一定时期集成大群，沿着固定路线做长短距离不等的迁移，以转换生活环境的方式满足它们对生殖、索饵、越冬所要求的适宜条件，并经过一段时期后又返回原地。鱼类的这种习性和行为称为洄游。

（2）根据洄游的目的，可分为生殖洄游、索饵洄游和越冬洄游。

生殖洄游：当鱼类生殖腺发育成熟时，脑垂体和性腺分泌的性激素对鱼体内部就会产生生理上的刺激，促使鱼类集合成群，为实现生殖目的而游向产卵场所，这种性质的迁徙称为生殖洄游。

索饵洄游：鱼类为追踪捕食对象或寻觅饵料所进行的洄游。

越冬洄游：当气温下降影响到水温时，鱼类为寻找适宜的水温常集结成群从索饵的海区或湖泊中分别转移到越冬海区或江河深处。

### 三、鱼类的分类和多样性

#### （一）软骨鱼类

软骨；盾鳞；鼻孔腹位；鳃间隔发达，鳃孔5～7对；鳍末端附生皮质鳍条；歪尾型；无鳔和"肺"；肠内有螺旋瓣；生殖腺与生殖导管不直接相连；雄鱼有鳍脚，体内受精；多分布于热带、亚热带海洋。

1. 板鳃亚纲

（1）侧孔总目：

锯鲨目，日本锯鲨：体长可达4 m，头平扁，吻长似剑状突起，无臀鳍。

虎鲨目，狭纹虎鲨：头大吻钝，眼上棱起显著，有鼻口沟，背鳍2，有臀鳍。

须鲨目，日本须鲨。

（2）下孔总目：

鳐形目，中国团扇鳐。

2. 全头亚纲

此亚纲下主要有银鲛目，此处略。

#### （二）硬骨鱼类

硬骨；骨鳞或硬鳞；鼻孔位于吻背面；鳃腔外有骨质鳃盖骨；鳍末端附生骨质鳍条；正尾型；常有鳔；肠内多无螺旋瓣；生殖腺外膜延伸成生殖导管，直接相连；无泄殖腔和鳍脚，体外受精。

1. 内鼻孔亚纲

（1）总鳍总目：

矛尾鱼。

（2）肺鱼总目：

澳洲肺鱼：具不成对的肺囊（鳔）。鳃发达，具内鼻孔。在氧气充足的水中用鳃呼吸；当水干涸时，改用鳔呼吸陆上空气，故有肺鱼之称。

2. 辐鳍亚纲

占现生鱼类总数的90％以上。包括9总目，36目。

（1）硬鳞总目：

古老鱼类类群的残余种，具有一些原始特征：硬鳞，心脏具动脉圆锥，肠内有螺旋瓣，歪尾型。

鲟形目：中华鲟：吻长，体被5行骨板或完全裸露，歪型尾。硬鳞。骨骼大部为软骨。

（2）鲱形总目：

鲑形目：大麻哈鱼。

（3）骨舌总目：

骨舌鱼目：驼背鱼。

（4）鳗鲡总目。

我国仅鳗鲡目。

鳗鲡目：体形细长似蛇。一般无腹鳍。鳃孔狭窄。鳍无棘，背鳍、臀鳍、尾鳍相连。鳞片退化。如海鳗。

（5）鲤形总目。较低等硬骨鱼类

鲤形目：体被圆鳞或裸露，许多种类口内无齿，但有咽喉齿。我国"四大家鱼"——青鱼、草鱼、鲢鱼、鳙鱼都在本目中。除常见的鲤鱼和鲫鱼外，武昌鱼、泥鳅也属于此目。

鲇形目：口大齿利，口须1～4对。咽骨有细齿。体表裸露或局部被骨板，常有脂鳍。如胡子鲇。

（6）银汉鱼总目：

鳉形目，鳍无棘，背鳍1个，位于臀鳍上方，无侧线。如青鳉、食蚊鱼。

（7）鲑鲈总目：

鳕形目，体长形，背鳍1～3个，臀鳍1～2个。如大头鳕。

（8）鲈形总目，多为海鱼，种类繁多，共10目。

刺鱼目，吻多管状，多被骨板，背鳍1～2个。如海龙、海马。

鲈形目，硬骨鱼类中种类最多的一个目。栉鳞，无鳔管。

鲽形目，俗称比目鱼

（9）蟾鱼总目。

鮟鱇目，体平扁或侧扁，头大，口上位。下颌突出。体无鳞。第一背鳍棘游离，成为引诱食饵之钓具。鳍棘部常具1～3独立鳍棘，位于头的背侧。胸鳍具2～4长形鳍条基骨。

表3.1　软骨鱼和硬骨鱼在形态结构上的区别

| 分类\\结构 | 软骨鱼纲 | 硬骨鱼纲 |
|---|---|---|
| 内骨骼 | 全部为软骨 | 出现了硬骨 |
| 鳞片 | 盾鳞 | 硬鳞、骨鳞 |
| 偶鳍 | 水平位 | 垂直位 |
| 鳃间隔 | 发达，鳃孔5～7对 | 1对外鳃孔 |
| 口 | 腹面 | 头前端，可分为端位口，上位口和下位口 |
| 尾 | 歪尾 | 原尾或正尾 |
| 鳔 | 无 | 有或无 |
| 心脏 | 心房、心室、动脉圆锥、静脉窦 | 心房、心室、静脉窦 |
| 肠内螺旋瓣 | 有 | 无 |
| 生殖导管 | 与生殖腺不直接相连 | 与生殖腺直接相连 |
| 生殖 | 体内受精，有鳍脚 | 体外受精，无鳍脚 |

## 四、鱼类的经济意义

（1）鱼肉鲜美，是高蛋白、低脂肪、高能量、易消化的优质食品。

（2）为工业和医药生产提供原材料。

（3）生产鱼粉或采用生物发酵制造液化饲料。

（4）防治害虫，减少疾病发生。

## 五、鱼类的起源与演化

现在一般认为：现代鱼类由盾皮鱼发展而来，盾皮鱼具有上、下颌和偶鳍，还

有成对的鼻孔。软骨鱼和硬骨鱼都出现于泥盆纪。泥盆纪为鱼类最为繁盛的时代，称为鱼类时代。

## 试题集锦

### 一、名词解释

鱼鳃；鳔；单循环；性逆转；侧线；洄游；鳍脚；韦伯氏器；原尾；歪尾；正尾；盾鳞；硬鳞；骨鳞；圆鳞与栉鳞；鳞式；鳍式；幽门盲囊与螺旋瓣；动脉球；动脉圆锥。

### 二、填空题

（1）"四大家鱼"指的是_____、_____、_____、_____。

（2）鱼类的体型大致可以分为4种，即_____、_____、_____、_____；鱼类的尾鳍根据外部形态和_____可分为_____、_____、_____3种类型。

（3）鱼类口的位置和_____有关，一般可以分为_____、_____和_____。

（4）鱼类的循环属于_____循环方式，其心脏为_____心房_____心室。

（5）有些鱼类除了用鳃呼吸外，还有一些辅助呼吸的器官，如泥鳅可用_____辅助呼吸，黄鳝可用_____辅助呼吸，鲇鱼和鳗鲡可用_____辅助呼吸，肺鱼和雀鳝可用_____辅助呼吸等。

（6）硬骨鱼用鳔来减轻身体比重，鳔可分成_____类和_____类；许多_____的鱼类和常年栖于水底的鱼类无鳔。软骨鱼类无鳔，但它靠_____来增加身体的浮力。

（7）鱼类的入鳃血管属于_____血管，流的是_____血；出鳃血管属于_____血管，流的是_____血。

（8）鱼类的肾脏属于_____肾，它除了有_____功能外，还能_____。

（9）在鱼类的鳍式中，D代表_____，A代表_____，P代表_____，V代表_____。

（10）现存鱼类的鳞片为_____鳞，可分为_____、_____、_____三种类型。

（11）鱼类头部和躯干部的分界线是_____或_____，躯干部与尾部的分界线是_____或_____。

（12）鱼类的咽颅由7对_____组成，第1对为_____，第2对为_____，第3~7对为_____。

（13）乌鳢属_____目，特具呼吸空气的_____；海马属_____目，身体被骨环，且雄鱼尾部还有一_____囊。

（14）解剖鲤鱼时：解剖剪从肛门处沿腹中线剪至_____，再使鱼左侧向上，从肛门向背方剪至脊柱，沿脊柱向前剪至_____，剪去左侧的_____和_____后即可。

## 三、选择题

（1）鱼类的主要呼吸器官是（　　　　）。

A. 鳍　　　　　　　　B. 尾　　　　　　　　C. 肺　　　　　　　　D. 鳃

（2）我国的五大主要淡水经济鱼种指的是（　　　　）。

A. 鲤鱼、鲫鱼、青鱼、草鱼、鳙鱼　　　　B. 鲤鱼、鲫鱼、青鱼、草鱼、鳝鱼

C. 鲤鱼、鲫鱼、青鱼、草鱼、甲鱼　　　　D. 鲤鱼、鲫鱼、青鱼、草鱼、鳄鱼

（3）鱼类的脊柱分化为（　　　　）。

A. 躯干椎和尾椎　　　　　　　　　　　　B. 颈椎、胸椎和尾椎

C. 颈椎、躯干椎、荐椎和尾椎　　　　　　D. 颈椎、胸椎、躯干椎、荐椎和尾椎

（4）关于鱼类进步性特征的描述，不正确的是（　　　　）。

A. 具有1对鼻孔，内耳有2个半规管　　　B. 具成对的附肢

C. 由脊柱代替了脊索　　　　　　　　　　D. 出现了上、下颌

（5）鱼类的偶鳍包括（　　　　）。

A. 胸鳍和腹鳍　　　B. 胸鳍和背鳍　　　C. 腹鳍和臀鳍　　　D. 背鳍和臀鳍

（6）鲫鱼和鲤鱼的鳞都是（　　　　）。

A. 硬鳞　　　　　　B. 圆鳞　　　　　　C. 栉鳞　　　　　　D. 盾鳞

（7）鲤形目鱼类的牙齿为（　　　　）。

A. 上、下颌齿　　　　　　　　　　　　　B. 咽喉齿（咽齿）

C. 门齿和臼齿　　　　　　　　　　　　　D. 犁骨齿

（8）软骨鱼类的肠中有（　　　　）。

A. 幽门盲囊和肝盲囊　　　　　　　　　　B. 形状各异的螺旋瓣

C. 盲肠和辅助呼吸器官　　　　　　　　　D. 盲肠

（9）鱼类脊椎骨的椎体类型为（　　　　）。

A. 双平型　　　　　　B. 马鞍型　　　　　C. 异凹型　　　　　D. 双凹型

（10）胚胎期和仔鱼的尾型为（　　　）。

A. 正尾　　　　　　　B. 原尾　　　　　　C. 歪尾　　　　　D. 无尾

（11）我国内陆淡水水域中鱼类种数和数量最多的一个总目是（　　　）。

A. 鲤形总目　　　　　B. 鲈形总目　　　　C. 银汉鱼总目　　D. 鲱形总目

（12）韦伯氏器存在于（　　　）。

A. 鲈形总目　　　　　B. 鲤形总目　　　　C. 银汉鱼总目　　D. 鲱形总目

（13）（　　　）属于剧毒鱼类。

A. 鲀形目　　　　　　B. 鲇形目　　　　　C. 鲽形目　　　　D. 鳗鲡目

（14）（　　　）有调节鱼体比重的作用。

A. 鳍　　　　　　　　B. 尾　　　　　　　C. 鳃　　　　　　D. 鳔

（15）软骨鱼类的鳃为（　　　）。

A. 瓣鳃　　　　　　　B. 羽鳃　　　　　　C. 板鳃　　　　　D. 栉鳃

（16）鱼类的咽颅由（　　　）组成。

A. 1对颌弓、1对舌弓和5对鳃弓　　　　　　B. 1对颌弓、2对舌弓和6对鳃弓

C. 2对颌弓、1对舌弓和5对鳃弓　　　　　　D. 1对颌弓、1对舌弓和4对鳃弓

（17）脊椎动物最早出现和最原始的颌为（　　　）。

A. 次生颌　　　　　　　　　　　　　　　B. 初生颌

C. 麦氏软骨　　　　　　　　　　　　　　D. 腭方软骨

（18）鱼的舌颌骨上端固着于脑颅，下端与下颌相连，这种脑颅与咽颅的连接方式叫（　　　）。

A. 舌接式　　　　　B. 自接式　　　　　C. 端接式　　　　D. 脑接式

（19）脊椎动物的五部脑是指（　　　）。

A. 大脑、间脑、中脑、小脑和脊髓　　　　B. 大脑、间脑、中脑、小脑和延脑

C. 端脑、中脑、小脑、延脑和脊髓　　　　D. 间脑、中脑、小脑、延脑和端脑

（20）鱼类端脑顶壁只有上皮细胞而无神经细胞，被称为（　　　）。

A. 原脑皮　　　　　B. 新脑皮　　　　　C. 旧脑皮　　　　D. 古脑皮

（21）在个体发生过程中发生性逆转的动物是（　　　）。

A. 泥鳅　　　　　　B. 黄鳝　　　　　　C. 鳗鲡　　　　　D. 乌鱼

（22）侧线是（　　　）。

A. 节肢动物的感觉器官　　　　　　　　　B. 鱼类的感觉器官

C. 鸟类的感觉器官　　　　　　　　　　　D. 哺乳动物的感觉器官

（23）鲫鱼在呼吸过程中，氧气与二氧化碳交换的场所在（　　　）。

A. 口腔 　　　　　　　　　　　　B. 咽喉

C. 鳃丝 　　　　　　　　　　　　D. 鳃孔

（24）鱼类呼吸器官鳃的组成为（　　　）。

① 鳃盖；② 鳃丝；③ 鳃耙；④ 鳃弓；⑤ 鳃孔

A.②③④ 　　　　B.①②④⑤ 　　　　C.②③④⑤ 　　　　D.①②③④⑤

（25）动脉是指什么样的血管（　　　）。

① 与心室相通；② 与心房相通；③ 血液离开心脏；④ 血液流回心脏

A.①③ 　　　　　B.②③ 　　　　　C.②④ 　　　　　D.①④

（26）解剖鲫鱼时，可观察到心脏的跳动，心室区别于心房的显著特征是（　　　）。

① 壁厚；② 壁薄；③ 颜色暗红色；④ 颜色淡红色；⑤ 收缩力强；⑥ 收缩力弱

A.②③⑥ 　　　　　B.①③⑥ 　　　　　C.②④⑥ 　　　　　D.①④⑤

（27）鱼类中有"活化石"之称的是（　　　）。

A. 银鲛 　　　　　B. 澳洲肺鱼 　　　　C. 美洲肺鱼 　　　　D. 矛尾鱼

（28）鲟鱼中属于我国稀有、特产，并于2019年12月23日宣布灭绝的是（　　　）。

A. 中华鲟 　　　　B. 白鲟 　　　　　C. 史氏鲟 　　　　D. 达氏鲟

（29）鱼类中最大的目是（　　　）。

A. 鲈形目 　　　　B. 鲤形目 　　　　C. 鲨目 　　　　　D. 鳐目

（30）淡水鱼类中最大的目是（　　　）。

A. 鲈形目 　　　　B. 鳝形目 　　　　C. 鲤形目 　　　　D. 鲟形目

（31）我国"四大家鱼"指的是（　　　）。

A. 鲤、鲫、鲢、鳙 　　　　　　　B. 鲤、鲫、鳢、鲂

C. 鲤、鲫、鳊、鲂 　　　　　　　D. 青、草、鲢、鳙

（32）鱼类的发电器官大都是由（　　　）转化而来的，如（　　　），个别的是由
（　　　）转化而来的，如（　　　）。

A. 肌肉/电鳗、真皮腺/电鲇 　　　　B. 真皮腺/电鳗、肌肉/电鲇

C. 肌肉/电鲇、真皮腺/电鳗 　　　　D. 真皮腺/电鲇、肌肉/电鳗

（33）作为名贵食用鱼的"加吉鱼"指的是（　　　）。

A. 真鲷 　　　　　B. 银鲳 　　　　　C. 鲈鱼 　　　　　D. 海鳗

## 四、判断题

（1）软骨鱼类具有软骨，体表被以盾鳞。　　　　　　　　　　　（　　　）

（2）鳃是鱼类唯一的呼吸器官。　　　　　　　　　　　　　（　　）

（3）七鳃鳗、鲨鱼和鲤鱼的鳃分别为囊鳃、板鳃和瓣鳃。（　　）

（4）鲤科鱼类具有咽喉齿，着生于第五对鳃弓形成的咽骨上。（　　）

（5）鱼类的鳔能调节身体的比重，有助于鱼停留在不同深度的水层。（　　）

（6）动脉圆锥为硬骨鱼类心脏前方的膨大部分，属于心脏本体。（　　）

（7）鱼类的排泄主要通过肾脏和鳃来完成。　　　　　　　　（　　）

（8）鲤鱼为淡水养殖中的主要对象之一，隶属于"四大家鱼"。（　　）

（9）鱼类在生殖方式上都是卵生的。　　　　　　　　　　　（　　）

（10）"四大海产"都属于鱼类。　　　　　　　　　　　　　（　　）

（11）歪尾是软骨鱼所特有的尾，正尾是硬骨鱼所具有的尾。（　　）

（12）硬骨鱼的软鳍条柔软、分节，末端常分叉。　　　　　（　　）

（13）硬骨鱼的鳍棘坚硬且不分节。　　　　　　　　　　　（　　）

（14）盾鳞是软骨鱼的鳞片，由表皮和真皮联合形成。　　　（　　）

（15）软骨鱼的鳞片是盾鳞，硬骨鱼的鳞片是骨鳞。　　　（　　）

（16）鲤科鱼的鳞片为栉鳞，鲈科鱼的鳞片为圆鳞。　　　（　　）

（17）鱼的鳞片上一宽一窄的环组合起来就是一个年轮。　（　　）

（18）鱼类的脊柱仅分化为躯干椎和尾椎，前者附有肋骨，后者具有脉弓。

（　　）

（19）鱼类和圆口类都是终生用鳃呼吸的水生脊椎动物，其鳃丝都起源于外胚层。　　　　　　　　　　　　　　　　　　　　　　　（　　）

（20）鲤科鱼的第五对鳃弓上无鳃丝，但生有发达的咽喉齿。（　　）

（21）鱼类胸鳍的标准位置，靠近心脏；腹鳍的标准位置，靠近肛门。（　　）

（22）鱼类成对的附肢骨骼已和脊柱发生了联系。　　　　　（　　）

（23）鱼类的肌肉分化程度不高，分节现象明显，躯干部和尾部的肌肉由肌节组成。　　　　　　　　　　　　　　　　　　　　　　　　（　　）

（24）鳃耙是鱼类的滤食器官，以浮游生物为食的鱼，其鳃耙长而密。（　　）

（25）草食性或杂食性的鱼胃肠分化不明显，肠管较长。　　（　　）

（26）肉食性的鱼的胃肠分明可辨，肠管比较短，仅为体长的1/3或1/4。（　　）

（27）软骨鱼有定形的肝脏和胰脏。　　　　　　　　　　　（　　）

（28）硬骨鱼的胰脏为弥散状腺体，埋入肝脏中构成肝胰脏。（　　）

（29）鳔是鱼类特有的器官，因而所有的鱼都具有鳔。　　（　　）

（30）硬骨鱼具有泄殖腔，软骨鱼则具有泄殖窦。 （　　）

（31）鱼类的第五对鳃弓不发达，不具鳃，所以软骨鱼和硬骨鱼只有四对全鳃。

（　　）

（32）鱼类心脏的血液为缺氧血。 （　　）

（33）鱼类心脏的血液是多氧血。 （　　）

（34）软骨鱼的动脉圆锥能搏动，是心脏的本体。 （　　）

（35）硬骨鱼的动脉球虽不能搏动，但仍属于心脏的本体。 （　　）

（36）硬骨鱼的动脉球不能搏动，是腹大动脉的膨大。 （　　）

（37）肺鱼为硬骨鱼，但具有下列特点：骨骼大部为软骨，终生保留脊索；心脏具动脉圆锥；肠内有螺旋瓣；有内鼻孔；有鳔且能直接呼吸空气。 （　　）

（38）硬骨鱼的生殖导管不用肾管而用生殖腺壁围成的管道。 （　　）

（39）雌性硬骨鱼的输卵管与卵巢直接相连。 （　　）

（40）软骨鱼类的输卵管不与卵巢相连，成熟卵子要经过体腔才能进入输卵管。 （　　）

（41）鱼类都只有成对的外鼻孔，而无内鼻孔。 （　　）

（42）韦伯氏器是鲈形目鱼类所特有的感官。 （　　）

## 五、简答题

（1）简述鳔的结构和功能。

（2）简述鱼类脊柱的特点。

（3）什么是上位口、下位口、端位口？

（4）何为腹鳍腹位、胸位与喉位？

（5）简述鱼类皮肤的结构及功能。

## 六、论述题

（1）试述鱼纲的进步性特征。

（2）试述硬骨鱼的主要特征。

（3）试述鱼类主要类群是如何进行渗透压调节保持其渗透平衡的？

（4）为什么说鱼类是脊椎动物中最适应水中生活的一大类群？

参 考 答 案 ⋯⋯⋯⋯⋯⋯⋯⋯⋯⋯⋯⋯⋯⋯⋯⋯⋯⋯⋯⋯⋯⋯⋯⋯⋯⋯⋯⋯

## 一、名词解释

鱼鳃：鱼的呼吸器官。鱼在水中时，每个鳃片、鳃丝、鳃小片都完全张开，使鳃和水的接触面积增大，增加摄取水中氧的机会，并把代谢产生的废气（二氧化碳）排出。

鳔：大多数鱼具有，位于肠管背面，呈囊状，内壁为黏膜层，中间是平滑肌层，外壁为纤维膜层。具有调节比重和呼吸等功能。

单循环：血液在全身循环一周，只经过心脏一次，心脏内全为缺氧血。

性逆转：黄鳝从胚胎到成体都是雌性，只有卵巢产卵过后，卵巢逐渐转化为精巢，黄鳝变为雄性，称为性逆转。

侧线：鱼类躯体两侧有一种特殊的感觉器官，即纵行管，其内有感觉细胞，以无数小管穿过鳞片通向外界，并使鳞片的穿孔排列成行，被称为侧线。可感知外界水流、压力及低频振动等。

洄游：一些鱼类在其生命过程中的一定时期会沿一定路线进行集群的迁徙活动，以寻求对某种生理活动的特殊需求，并避开不利的环境。

鳍脚：是雄性软骨鱼类的交配器官，是腹鳍内侧一块基鳍软骨特化所成的变形器官（延伸处的一对棒状交接器）。

韦伯氏器：鲤科鱼前几块躯干椎两侧各有一串小骨，由前向后为闩骨、舟骨、间插骨、三角骨，其一端连接鳔壁，另一端通内耳的淋巴腔，它可将自体表所感受的音波和鳔内气体感受的音波传至内耳。这一特殊结构称为韦伯氏器。

原尾：鱼类的胚胎及刚孵出不久的仔鱼的尾，其脊柱末端平直，将尾鳍分为完全对称的上下两叶。

歪尾：鲨鱼、鲟鱼的尾，其脊柱的末端向上翘，伸入尾鳍上叶，将尾鳍分成上下不对称的两半，一般上半较大。这类尾的内外均不对称。

正尾：大多数硬骨鱼所具有的尾，脊柱的末端仍向上翘，但仅达尾鳍基部。这类尾外形对称，但内部并不对称。

盾鳞：是软骨鱼特有的鳞片，由真皮和表皮联合形成。其结构系由埋于皮肤内的基板和露于外面尖峰斜向后方的棘突两部分组成，棘突外面覆有一层由表皮形成的珐琅质。

硬鳞：为硬骨鱼中最原始的鳞片，由真皮演化而成，鳞片上面覆盖一层能反射特殊亮光的硬鳞质，鳞片间以关节凹突联结。仅见于鲟鱼、雀鳝等。

骨鳞：为绝大多数硬骨鱼的鳞片，由真皮演化而成，其略成圆形，其前端插入鳞囊内，而后端游离，彼此作覆瓦状排列。又可分为圆鳞和栉鳞。

圆鳞与栉鳞：圆鳞为骨鳞的一种，其鳞片的游离端光滑无突起。多见于鲤科鱼类。栉鳞为骨鳞的一种，其鳞片的游离端有锯齿状突起，多见于鲈形目的鱼类。

鳞式：记载鳞片数目和排列方式可用分数式来表达，这种分数式称为鳞式。其

写法是：鳞式＝侧线鳞的数目（带孔的鳞数）$\dfrac{\text{侧线上鳞的数目（背鳍起点到侧线的鳞列数）}}{\text{侧线下鳞的数目（臀鳍起点到侧线的鳞列数）}}$

鳍式：用字母、数字和符号书面表达鳍的种类和鳍条数目的方式称为鳍式。如A、C、D、P、V分别代表臀鳍、尾鳍、背鳍、胸鳍、腹鳍；大写罗马数字代表鳍棘数目，阿拉伯数字代表软鳍条的数目。

幽门盲囊与螺旋瓣：大黄鱼、鳜鱼等某些硬骨鱼的胃肠交界处有数目不等的盲囊状突起，认为与分泌和吸收有关，被称为幽门盲囊。软骨鱼类和较原始的硬骨鱼类如肺鱼的肠壁向肠腔突出呈螺旋形的薄片状结构，具有延缓食物通过和增加消化吸收面积的作用，被称为螺旋瓣。

动脉球：硬骨鱼在心室与腹大动脉相连处有一个球形结构，它不是心室的延伸，而是腹大动脉基部的膨大，且由平滑肌构成，无搏动能力。这一结构被称为动脉球。

动脉圆锥：软骨鱼的心室与腹大动脉相连处有一圆锥形结构，它为心室前端的延伸，能节律收缩，被称为动脉圆锥。

## 二、填空题

（1）青鱼；草鱼；鲢鱼；鳙鱼。

（2）纺锤型；侧扁型；平扁型；棍棒型；脊柱末端的位置；原尾；歪尾；正尾。

（3）食性；上位口；下位口；端位口。

（4）单；一；一。

（5）肠；口咽腔表皮；皮肤；鳔。

（6）闭鳔；管鳔；快速游泳；巨大肝脏。

（7）动脉；缺氧；动脉；多氧。

（8）中；泌尿；调节体内水分；保持渗透压恒定。

（9）背鳍；臀鳍；胸鳍；腹鳍。

（10）真皮；盾鳞；硬鳞；骨鳞。

（11）最后一对鳃裂；鳃盖的后缘；肛门；泄殖腔孔。

（12）咽弓；颌弓；舌弓；鳃弓。

（13）鲈形；鳃上器；海龙；孵卵。

（14）下颌；鳃盖后缘；体壁；鳃盖骨。

## 三、选择题

（1）—（5）：DAAAA；（6）—（10）：BBBDB；（11）—（15）：ABADC；

（16）—（20）：ABABD；（21）—（25）：BBCDA；（26）—（30）：DDBAC；

（31）—（33）：DAA。

## 四、判断题

（1）—（5）：√××√√；（6）—（10）：×√×××；

（11）—（15）：×√√√×；（16）—（20）：×√√×√；

（21）—（25）：√×√√√；（26）—（30）：√√√××；

（31）—（35）：×√×√×；（36）—（40）：√√√√√；

（41）—（42）：××。

## 五、简答题

（1）结构：①鳔呈膜囊状，由纤维结缔组织构成，一般为二室，也有一室或三室的；②管鳔类的鳔有一鳔管与食道相通，闭鳔类的鳔有红腺和卵圆窗。

功能：①主要是承担自身的比重调节工作；②鲤科鱼因有韦伯氏器而有听觉作用；③大、小黄鱼的鳔具发声的能力；④肺鱼、雀鳝的鳔具呼吸作用。

（2）脊柱为双凹型椎体，包括躯干椎和尾椎2部分。

躯干椎附有肋骨，尾椎具有特殊的血管弧。鱼类没有分化出颈椎，因此头部不能灵活转动。躯干椎由椎体、椎弓、髓棘、椎体横突组成。尾椎包括椎体、椎弓、髓棘、脉弓、脉棘等部。

（3）食浮游生物的鱼类，其口位于头部前端并斜向上方，这种位置的口被称为上位口；食底栖生物或岩石上藻类的鱼类，其口位于头前部且斜向下方，称为下位口；以漂浮在水中的生物或其他有机物为食的鱼类，其口位于头正前端，被称为端位口。

（4）腹鳍在胸鳍之后、躯干部腹面中央的称为腹鳍腹位，如鲤。位于胸部前方，鳃盖之后叫腹鳍胸位，如鲈鱼、黄鱼和鲷鱼；位于两鳃盖之间的喉部者叫腹鳍喉位，如鮨科和䲁科的鱼类。

（5）鱼类的皮肤由表皮和真皮构成，富有单细胞的黏液腺，能分泌大量黏液，在体表形成1个黏液层。其作用主要有保护身体，减少摩擦力，防止水分散失，维持体内渗透压的恒定和防止细菌侵入等功能。

## 六、论述题

（1）鱼纲的进步性特点：① 出现了上、下颌。颌的出现，使动物能主动追捕食物，从而扩大了食物源，同时，上、下颌也具有营巢、防御、求偶、育雏等作用。因此，颌的出现，带动了动物体制结构的全面提高。② 具成对的附肢。鱼类具有胸鳍和腹鳍各1对，具有维持身体平衡和改变运动方向的作用。这些偶鳍的出现，不仅加强了动物体的运动能力，也为脊椎动物进军陆地及出现四肢提供了必要的条件。③ 具1对外鼻孔，内耳有3个半规管。这些结构加强了它们的嗅觉和平衡能力，而这也是脊椎动物嗅觉与听觉的最基本的结构类型。④ 脊柱的出现。在鱼类中，脊椎骨构成了脊柱，脊柱代替了脊索，成为支持身体和保护脊髓的最主要的结构。脊柱的形成同时也加强了支持、运动和保护功能。

（2）① 骨骼为硬骨。② 体外被骨鳞或硬鳞，或裸露无鳞。③ 口位于头的前端，肠中无螺旋瓣。多数肠胃分化不明显，无独立的胰脏，与肝脏合为肝胰脏。④ 鳃间隔退化，鳃裂不直接开口鱼体外，有鳃盖保护，大多数具有鳔。⑤ 体外受精，卵生，少数发育有变态。⑥ 尾属于正尾，偶鳍呈垂直位。⑦ 心脏不具动脉圆锥，但具有腹大动脉基部膨大所形成的动脉球。⑧ 生殖管道为生殖腺本身延续成管，泄殖孔与肛门分别开口于体外。⑨ 大脑顶部无神经物质。

硬骨鱼共分四个亚纲，即肺鳍亚纲、总鳍亚纲、腕鳍亚纲和辐鳍亚纲。其中辐鳍亚纲有多数种类可供药用。

（3）① 淡水鱼的体液的盐分浓度一般高于外界环境，为了维持其渗透压的平衡，它通过肾脏借助众多肾小球的泌尿作用和肾小管的重吸收作用，及时排出浓度极低的大量尿液，保持体内水分恒定。另外，有些鱼类还能通过食物或依靠鳃上特化的吸盐细胞从外界吸收盐分，维持渗透压的平衡。② 海水硬骨鱼体内的盐分浓度比海水略低，为了维持体内的水分平衡，鱼类一是从食物内获取水分；二是吞饮海水，海水先由肠壁连盐带水一并渗入血液中，再由鳃上的排盐细胞将多余的盐分排出，从而维持正常的渗透压。③ 鲨鱼等软骨鱼类虽与海产硬骨鱼的处境相同，因血液中含有尿素和氧化三甲胺，而使渗透压略高于或等于海水；尿素高进水多，稀释血液，排尿增加，尿素流失也多；尿素降到一定程度进水减少，排尿递减，尿素含量又升高。所以鲨鱼虽在海中，也会像淡水鱼那样，从肾脏排去体内多余水分。

（4）鱼类是脊椎动物中最适应水中生活的一大类群，可从其形态结构等诸要素说明：

① 多为纺锤形的体形，来减少水中运动的阻力，头和躯干固结不动，以利水

中前进；② 以鳍作为水中运动、平衡的器官；③ 皮肤黏滑并特有鳞片，具单细胞黏液腺，减少水摩擦并起保护作用；④ 骨骼、肌肉以利于鳍活动而分化，肌节与肌隔套叠，利于躯干活动。尾部的左右屈伸，为主要运动力；⑤ 适应水环境及水中获食的消化系统，口位多样，有鳃耙等；⑥ 以鳃进行呼吸，鳃丝毛细血管血流方向与水流相反，以利气体交换；⑦ 以鳔来调节身体的比重；⑧ 具与以鳃呼吸相适应的单循环；⑨ 排泄器官既泌尿，又维持渗透压的恒定；⑩ 适应水环境的生殖方式，有体外受精、体内受精的，有卵生、卵胎生、假胎生的等；⑪ 具对水环境特殊适应的感觉器官，如侧线器官；⑫ 无眼睑，无泪腺，无唾液腺。

# 第十七章　两栖纲（Amphibia）

知 识 速 览

　　两栖类是脊椎动物由水生到陆生的过渡类群。作为首次登陆的脊椎动物，面对水域到陆地生活环境的极大差异，其机体形态结构和各项生理机能及其行为等方面都发生了适应但又不完善的进化过程，初步适应了复杂多变的陆地生活，基本解决了在陆地运动的问题。本章节重点掌握两栖类的基本形态特征；熟悉两栖类从水生到陆生所面临的主要矛盾；掌握两栖类适应陆生生活的进步性特点；通过比较掌握两栖类的分类及在系统演化上的进步性意义。

## 知识要点

### 一、两栖类基本特征

#### （一）外部形态特征

1.体形

大致可分为蛇型（又称蠕虫型，如鱼螈）、蝾螈型（鱼型，如蝾螈）、蛙型（蛙）。以蛙为例，身体可分为头、颈（不明显）、躯干、四肢，成体无尾。

2.头部

扁平，略呈三角形，具外鼻孔、鼓膜、声囊和眼。

3.躯干部

较短，末端偏背侧有一个共泄腔，为生殖、泌尿、消化的共同开口。

4.四肢

前肢4指，指间无蹼；后肢5趾，趾间具蹼。

### （二）内部结构特征

**1. 皮肤及其衍生物**

皮肤：裸露无鳞，富含多细胞腺体，是现代两栖类的特点。皮肤由表皮和真皮组成。表皮1～2层细胞开始角质化，能防止体内水分蒸发。最内层为生发层，具有分裂增生能力。表皮下面有皮下结缔组织，并以此与体肌疏松地相连。

皮肤衍生物：包括各种腺体和色素细胞。

真皮内含有大量的多细胞的黏液腺，为表皮衍生物下陷到真皮内形成，可借真皮层内肌纤维的收缩，将黏液由管道通至皮肤表面，从皮肤开口的腺孔中流出。黏液能够保持皮肤湿润，从而进行气体交换，保持空气和水的可渗透性，并在呼吸过程中伴随水分蒸发，降低体温。特别在冬眠期间，两栖类几乎全靠皮肤呼吸。

**2. 骨骼系统**

两栖类的骨骼，在由水生向陆生的过渡中发生了很大的变化，比鱼类更坚韧更灵活，多为硬骨，但还有较多软骨，特别是脑颅。

头骨：扁而宽，脑颅属于平颅型，颅腔狭小，无眼眶间隔。

咽骨：包括上、下颌骨和舌骨。幼体具鳃弓，成体鳃弓大部分退化，仅一小部分演变为支持喉和气管的软骨。

颌弓和脑颅通过方骨连接，这种连接方式为自接式，为此后的四足动物奠定了基础。

耳柱骨：舌弓背部的舌颌骨移至中耳，转化成听骨。

初生颌：（腭方软骨和麦氏软骨）趋于退化，由其外包的膜性硬骨（前颌骨、上颌骨和齿骨）组成次生颌，代为执行上、下颌的功能。

脊柱：数目差异较大，从10枚至200枚不等。两栖类的脊柱已经有了一些分化，分化成颈椎（1枚），躯干椎，荐椎（1枚），尾椎。颈椎和荐椎的出现是陆生脊椎动物的特征。其椎体的椎形，低等种类为双凹型，凹入处有脊索的残余，如有尾类；高等的种类为前凹或后凹型，增大了椎体间的接触面积，提高了支持体重的能力。躯干椎横突不发达，无肋骨，出现胸骨。荐椎1枚，横突及肋骨大而粗壮，外端与腰带的髂骨相连，使后肢获得稳固的支持。蛙的尾椎愈合为1枚棒状的尾杆骨。

带骨：带骨已具有陆生脊椎动物的结构。以蛙为例，蛙的肩带不与脊柱相连，主要由肩胛骨、乌喙骨和锁骨构成，三骨相连处为肩臼，与前肢的肱骨相关节。从两栖类开始出现胸骨，与脊柱无关，而与肩带相连，也不形成胸廓。腰带由髂骨、坐骨和耻骨构成，借荐椎和脊柱相连，三骨连接处为髋臼，与后肢的股骨相连接。

五趾型附肢：前肢骨分别为肱骨、桡骨、尺骨、腕骨、掌骨、指骨；后肢骨为股骨、胫骨、腓骨、跗骨、跖骨和趾骨。蛙蟾类拇指内侧还有距（calar）。

3. 肌肉系统

水生种类躯干肌肉特化不明显。陆生种类已无原始的分节现象，而改成纵行或斜行的长肌肉群；腹侧肌肉分层，片状，左右腹部肌肉接合处形成白线，各层肌肉走向不同；具四肢肌，环绕带骨、肢骨四周分布，后肢肌尤为发达；随着鳃的消失，鳃肌多退化，只有少部分鳃肌节制咀嚼、喉和舌的运动。

4. 消化系统

消化道：蛙类虽然在上、下颌边缘具颌齿（蛙蟾类仅有上颌齿），口腔顶壁的犁骨上具有圆锥形的细齿，为犁骨齿（蟾蜍无），但无咀嚼功能，只是防止食物逃脱。舌根固定在口腔前端底部，分叉的舌尖向后，能翻出口腔，借助黏液捕捉昆虫。口腔内有分泌黏液的颌间腺，分泌黏液湿润食物，辅助吞咽，但不具备化学功能。口腔后端有一裂缝为咽。咽部两侧为耳咽管孔，口腔参与呼吸作用。

咽后紧缩成短的食道，其后通入胃，胃壁将食物研碎后进入十二指肠，在进入消化吸收的主要部位——小肠，未消化的食物残渣进入大肠，大肠能吸收水分，最后残渣由共泄腔排出。

消化腺：主要为肝脏和胰腺。肝脏位于体腔前端，为左右两大叶和中间中叶，肝脏的背侧有胆囊；胰脏位于胃和十二指肠之间的系膜上，为不规则的分枝状的淡黄色腺体。胰液和胆汁一并流入十二指肠，因而胰脏没有直接入肠的独立导管。

5. 呼吸系统

主要呼吸器官：幼体用外鳃、内鳃；成体通过鼻孔、口咽腔、喉气管室、气管、肺呼吸。

辅助呼吸器官：皮肤、咽腔上皮。

呼吸方式：鳃呼吸、口咽式呼吸、肺呼吸、皮肤呼吸。

6. 循环系统

不完全双循环：幼体期只有一心房和一心室。成体心脏的位置后移，由紧挨头部腹面后移至胸腔，外包围心膜。体动脉内含混合血液；心房内出现完全或不完全间隔，静脉窦和动脉圆锥仍存在。由于肺出现，出现新的循环途径——肺循环。

7. 排泄系统

排泄系统由肾脏、输尿管、膀胱、泄殖腔组成，担负调节体内水分平衡功能。

排泄器官：肾脏（中肾）、皮肤和肺，以肾脏最为重要。幼体蝌蚪以前肾为主，成体以中肾为主。

排泄导管：中肾→输尿管（在雄性为输精尿管）→共泄腔→孔。

膀胱：由共泄腔的腹壁突出形成，又称共泄腔膀胱。输尿管与膀胱不直接相通，尿液先入共泄腔，再慢慢流入膀胱，当膀胱内充满尿液时，再流入共泄腔，最终排出体外。

肾脏：有调节体内水分，维持渗透压的功能。

排泄废物：尿素。

8. 生殖系统

雄性：精巢1对，通过精细小管（若干）→中肾→输精尿管，最后通过共泄腔排出。

雌性：卵巢1对，通过输卵管伞部下行至子宫，通过共泄腔排出。

9. 神经系统和感觉器官

两栖类脑基本和鱼类相似，但大脑比鱼大。两栖类大脑半球已完全分开，大脑顶部有神经细胞，分布零散，只与嗅觉有关；具有发达的交感神经干，首次出现了发自脊髓荐部的副交感神经。

视觉范围广泛，具有可活动的上下眼睑、半透明的瞬膜及泪腺；首次出现中耳；幼体和少数种类的成体具侧线器官，嗅觉器官尚不完善，嗅黏膜平坦，一部分变为犁鼻器，为味觉器官。

**二、两栖类从水生过渡到陆生生活所面临的主要矛盾**

（1）在陆地支撑体重并完成运动。

（2）呼吸介质的改变。

（3）防止体内水分蒸发。

（4）在陆地上繁殖。

（5）维持体内生理变化活动所必需的温度环境。

（6）适应陆地生活的完善的感官器官和神经系统。

**三、两栖类适应陆生生活的进步性特点和不完善的表现**

（1）用肺呼吸，皮肤作为辅助的呼吸器官。

（2）表皮开始角质化，但程度较低，这就决定了两栖类依赖周围的湿度条件，离不开潮湿的环境。

（3）强有力的五趾型附肢，但相对原始，四肢不能将躯体抬高离开地面，不能快速运动。

（4）脊椎分化为颈椎、躯干椎、荐椎和尾椎四部分，荐椎的分化是由于腰带与脊椎直接相连的结果。

（5）大脑半球已完全分开，大脑顶部也有了神经细胞，为原脑皮。

（6）两栖类登陆后，听觉器官发生深刻变化，出现中耳——鼓膜及听小骨。

### 四、两栖类的分类及在系统演化上的进步性意义

两栖纲动物的分类主要依靠其外部形态特征，现存两栖动物可分为无尾目、无足目和有尾目，分别代表陆生跳跃、穴居和水生3种特化方向。

## 试题集锦 ··········································································

### 一、名词解释

五趾型附肢；咽式呼吸；固胸型肩带；弧胸型肩带；不完全双循环；原脑皮；婚垫；同型齿；耳柱骨；平颅型；毕氏器；变温动物；犁鼻器。

### 二、填空题

（1）两栖类分为3个目，分别为_____、_____和_____。

（2）两栖类的按体型可分为_____、_____和_____。

（3）两栖动物是初次登陆的脊椎动物，与陆生生活相适应，出现了_____型附肢，首次具有一枚_____椎和一枚_____椎，成体呼吸器官主要为_____，呼吸方式为_____，出现了_____双循环。

（4）皮肤_____、富含_____是现代两栖类的显著特征。

（5）两栖类皮肤由_____和_____组成，具有辅助_____的功能。

（6）在系统发育过程中，鱼类的_____演化而成两栖类的耳柱骨。

（7）两栖类的脊柱较鱼类有较大的分化，由颈椎、_____、_____和尾椎所组成，其中有颈椎_____枚，荐椎_____枚。

（8）两栖类肩带与头骨不相连，而是腰带借_____与脊柱联结，这是四足动物与硬骨鱼类的重要区别。

（9）现代两栖类肩带主要由：_____、_____、_____和_____构成，并与腹中央的_____相连，是陆生四足动物所特有的结构，从两栖类开始出现。

（10）两栖类中，其肩带结构分为_____和_____两种。

（11）两栖类幼体主要用_____呼吸，肺呼吸采用特殊呼吸方式_____。

（12）两栖动物的心脏由_____，_____，_____和_____四部分组成。

（13）依据两栖类循环系统的特点，成体的心脏为_____心房、_____心室，血液循环为_____。

（14）两栖类的排泄系统由_____，_____，_____和_____组成，其排泄物主要为_____。

（15）两栖类适应陆生生活，视觉范围广泛，已经具有可活动的_____，_____和_____。

（16）两栖类适应感觉声波，首次产生了_____结构，_____借咽鼓管与咽腔相连。

（17）两栖类嗅觉尚不完善，鼻黏膜的一部分变形为_____，是一种对空气的味觉感受器，为四足动物所特有的感官。

（18）一般认为，两栖类起源于_____。

（19）现存体型最大的两栖动物是_____。

（20）现代两栖类颌弓与脑颅的连接方式为_____型。

（21）成蛙的腰带包括_____，_____，_____。

（22）两栖蛙类的肩带是_____型，蟾蜍的肩带是_____型，蛙科的主要特征是一般有_____齿，舌端大多具缺刻，椎体_____型；蟾蜍科舌端_____，椎体为_____型。

（23）两栖类从动脉圆锥发出的颈动脉，体动脉，肺皮动脉分别相当于原始鱼类的第_____，_____，_____对动脉弓。

（24）两栖类的循环系统已由单循环的血液循环方式发展为包括_____循环和_____循环的双循环，包括_____系统和_____系统两部分。

（25）两栖类左右肺动脉弓各分为2支，一支是_____，另一支为_____。

（26）两栖类的脑神经是_____对。

（27）从_____类出现了原脑皮，从_____类出现了新脑皮。

（28）蛙蟾类在产卵常有_____现象。

（29）两栖类的鼓室借_____与咽腔相通，骨膜与内耳卵圆窗之间的听骨为_____，它是由鱼类的_____演化而来的。

## 三、选择题

（1）两栖类是（　　　）。

A. 典型的水生动物　　　　　　　　B. 真正的陆生动物

C. 由水生到陆生的过渡类群　　　　D. 最低等的脊椎动物

（2）不属于两栖类椎体的类型是（　　　）。

A. 双凹型　　　　　　 B. 单凹型　　　　　　 C. 前凹型　　　　　　 D. 后凹型

（3）下列动物中，属于两栖动物的是（　　　）。

A. 中国大鲵、蝾螈、蟾蜍

B. 龟、青蛙、蜥蜴

C. 中华鲟、中国大鲵、青蛙

D. 扬子鳄、青蛙、蜥蜴

（4）两栖类幼体与成体的心脏分别为（　　　）。

A. 1心房，1心室；1心房1心室

B. 2心房，1心室；2心房2心室

C. 1心房，1心室；2心房1心室

D. 2心房，1心室；2心房2心室

（5）两栖类消化道的组成是（　　　）。

A. 口、口咽腔、食道、肌胃、腺胃、大肠、小肠、肛门

B. 口、口咽腔、食道、胃、小肠、大肠、肛门

C. 口、口咽腔、食道、胃、盲肠、结肠、直肠、肛门

D. 口、口咽腔、食道、胃、小肠、大肠、泄殖腔

（6）两栖类尿排出途径是（　　　）。

A. 肾脏→输尿管→肛门→体外

B. 肾脏→输尿管→泄殖腔→体外

C. 肾脏→输尿管→膀胱→泄殖腔→体外

D. 肾脏→输尿管→泄殖腔→膀胱→泄殖腔→体外

（7）雄性蟾蜍生殖系统的特点是（　　　）。

A. 精巢呈短椭圆形

B. 精巢前端无其他结构相连

C. 有比德器，无输卵管

D. 有比德器，有脂肪体，还有退化状的输卵管

（8）两栖类摘除精巢后，比德器可发育成为（　　　）。

A. 精巢　　　　　　 B. 输精管　　　　　　 C. 输卵管　　　　　　 D. 卵巢

（9）两栖类受精卵的卵裂方式是（　　　）。

A. 不完全卵裂　　　　 B. 完全卵裂　　　　　 C. 盘裂　　　　　　　 D. 表裂

（10）两栖类成体的血液循环属于（　　　）。

A. 单循环　　　　　　　　　　　B. 完全的双循环

C. 开管式循环　　　　　　　　　D. 不完全的双循环

（11）两栖类的呼吸属于（　　　）。

A. 胸式呼吸　　　B. 腹式呼吸　　　C. 胸腹式呼吸　　　D. 口咽式呼吸

（12）两栖类的腰带由什么构成（　　　）。

A. 髂骨、坐骨、耻骨　　　　　　　　B. 肩胛骨、乌喙骨、锁骨

C. 股骨、坐骨、耻骨　　　　　　　　D. 坐骨、耻骨、荐骨、尾骨

（13）动物头骨骨骼通过枕骨髁与颈椎相连，人类有2枚枕骨髁，下列哪类动物与人类一样具有2个枕髁（　　　）。

A. 鱼类　　　　　B. 两栖类　　　　C. 爬行类　　　　D. 鸟类

（14）下列关于两栖类动物的叙述中，不正确的是（　　　）。

A. 两栖类指的是既能生活在水中又能生活在陆地上的生物种类

B. 两栖类的动物都属于脊椎动物

C. 蛙是常见的两栖类动物

D. 两栖类动物能够进行有性生殖来繁殖后代

（15）下列各项特征不是蛙类所具有的（　　　）。

A. 用肺呼吸，兼用皮肤辅助呼吸　　　B. 幼体营水生生活，成体水陆两栖

C. 个体发育为变态发育　　　　　　　D. 体温恒定，减少对水的依赖

（16）两栖类蟾蜍科在个体发育过程中呼吸器官的演化顺序为（　　　）。

A. 4个内鳃→1对肺　　　　　　　　B. 3对外鳃→1对肺

C. 3对外鳃→4对内鳃→1对肺　　　　D. 4对内鳃→3对外鳃→1对肺

（17）最早出现原脑皮的动物是（　　　）。

A. 硬骨鱼类　　　　B. 两栖类　　　　C. 爬行类　　　　D. 鸟类

（18）（提高题）下列有关两栖类描述，错误的是（　　　）。

A. 既能生活在水中，又能生活在陆地上的动物为两栖动物

B. 两栖动物心脏为两心房一心室，不完全的双循环和体动脉内含有混合血液

C. 两栖类幼体生活在水中，用鳃呼吸，成体一般生活在陆地，用肺呼吸

D. 两栖类中脑视叶发达，小脑不发达，且具有发达的交感神经

（19）两栖类动物未成为完全适于陆生生活的脊椎动物的主要原因是（　　　）。

A. 体温不恒定　　　B. 心室内有混合血　　C. 肺不发达　　　D. 生殖离不开水

（20）下列说法中正确的是（　　　）。

A. 只有雄蛙具有声囊，能够发出鸣叫

B. 两栖动物的受精能够摆脱水的束缚

C. 蝌蚪不仅能用鳃呼吸，还能用肺呼吸

D. 雌蛙直接产下小蝌蚪

（21）两栖类生殖特征主要为（　　　）。

A. 雌雄同体，体外受精　　　　　　　　B. 雌雄异体，体内受精

C. 体外受精，幼体在母体内发育　　　　D. 体外受精，幼体水中发育

（22）居于水中的一个界于水和空气之间的生物类群是（　　　）。

A. 鱼类　　　　　　B. 鲸类　　　　　　C. 有尾两栖类　　　D. 无尾两栖类

（23）下列动物中属于两栖动物的是（　　　）。

A. 鱿鱼　　　　　　B. 海蜇　　　　　　C. 娃娃鱼　　　　　D. 鲸鱼

（24）下列有关蛙的描述正确的是（　　　）。

A. 皮肤干燥，有鳞片起保护作用　　　　B. 后肢短小，可支撑身体

C. 眼后面有鼓膜，可感知声波　　　　　D. 肺的结构简单，不发达

（25）现存最大的两栖动物是（　　　）。

A. 大青蛙　　　　　B. 大蝾螈　　　　　C. 大蟾蜍　　　　　D. 大鲵

（26）下列描述中是蛙能在陆地上生活的原因的是（　　　）。

A. 皮肤裸露，能分泌黏液

B. 出现了肺，能在陆地上呼吸

C. 青蛙的后肢发达，趾间有璞，适于游泳

D. 生殖和发育摆脱了水的限制

（27）英国伦敦动物学会公布了一份最新濒危两栖动物名录，俗称娃娃鱼的中国珍稀动物大鲵居首。大鲵属于两栖动物是因为（　　　）。

A. 以陆地或水域作为栖息地

B. 水中生活但到陆地上产卵

C. 幼体生活在水中，成体生活在陆地上

D. 幼体生活在水中，用鳃呼吸，变态发育；成体营水陆两栖生活，用肺呼吸，皮肤辅助呼吸。

（28）两栖动物是研究生物进化的重要资料。下列动物中属于两栖动物的是（　　　）。

A. 螃蟹和蜻蜓　　　B. 青蛙和蟾蜍　　　C. 鳄鱼和壁虎　　　D. 蟾蜍和乌龟

（29）蛙的皮肤裸露而湿润的意义是（　　　）。

A. 保护体内水分不散失　　　　　　　　B. 有利于体表和外界进行气体交换

C. 减少游泳时的阻力　　　　　　　　　D. 适应水中生活，运动灵活

（30）有关蛙类牙齿的正确说法是（　　　）。

A. 上、下颌无有齿，为同型齿　　　　　B. 下、下颌均有齿，为异型齿

C. 仅有犁骨齿，为同型齿　　　　　　　D. 有上颌齿和犁骨齿，为同型齿

（31）两栖类背大动脉由什么形成（　　　）。

A. 左体动脉弓　　　B. 右体动脉弓　　　C. 左、右体动脉弓汇合　　D. 颈总动脉

（32）蛙的前后肢主要作用是（　　　）。

A. 前后肢都支撑身体　　　　　　　　　B. 前肢支撑身体，后肢跳跃

C. 前肢游泳，后肢支撑身体　　　　　　D. 前肢支撑身体，后肢跳跃、划水

（33）蛙的运动方式比较简单，与下列哪项有关（　　　）。

A. 大脑较发达　　　B. 小脑不发达　　　C. 有脑皮层　　　D. 心脏只有一心室

（34）两栖类脑最高级的整合中枢所在部位是（　　　）。

A. 间脑　　　　　　B. 中脑　　　　　　C. 小脑　　　　　　D. 大脑

（35）两栖类的大脑表皮为（　　　）。

A. 原脑皮　　　　　B. 古脑皮　　　　　C. 上皮组织　　　　D. 大脑皮层

（36）青蛙成体的呼吸器官是（　　　）。

A. 肠、肺　　　　　　　　　　　　　　B. 褶鳃、肺

C. 肠、皮肤、肺　　　　　　　　　　　D. 肺、皮肤、口咽腔黏膜

（37）冬眠状态下蛙的主要呼吸器官是（　　　）。

A. 肠　　　　　　　B. 肺　　　　　　　C. 口咽腔黏膜　　　D. 皮肤

（38）产于美洲和地中海地区的树螈，呼吸器官是（　　　）。

A. 鳃　　　　　　　B. 肺　　　　　　　C. 肺和皮肤　　　　D. 皮肤和口腔黏膜

（39）蛙类一生的呼吸器官的变化依次是（　　　）。

A. 外鳃、内鳃、肺和皮肤　　　　　　　B. 内鳃、外鳃、肺

C. 肺、鳃、皮肤　　　　　　　　　　　D. 皮肤、肺、鳃

（40）青蛙的幼体生活在水中，靠下列哪种器官进行呼吸（　　　）。

A. 肺　　　　　　　B. 鳃　　　　　　　C. 气管　　　　　　D. 表膜

（41）与蝌蚪相比，只有成体蛙才有的结构是（　　　）。

A. 鳃　　　　　　　B. 肺　　　　　　　C. 尾巴　　　　　　D. 后肢

（42）蛙类舌的特点是（    ）。

A. 舌尖固着                           B.舌根分叉

C.舌头不分叉                          D.舌根固着，舌尖分叉

（43）两栖动物的排泄器官是（      ）。

A. 肾脏            B. 皮肤            C.肺            D. 肾脏、皮肤、肺

（44）青蛙精细胞排出的途径是（      ）。

A. 精巢→输精管→肛门

B. 精巢→输尿管（中肾管）→肛门

C. 精巢→中肾管→泄殖腔

D. 精巢→输精小管→肾脏前端的中肾管（经过肾脏）→中肾管→泄殖腔

（45）关于脂肪体说法错误的是（      ）。

A. 位于生殖腺的前方

B. 供给生殖腺发育所需的营养结构

C. 脂肪体的大小在不同季节不发生变化

D. 脂肪体的大小在不同季节发生变化

（46）胚胎发育过程中，三胚层在（      ）期开始出现。

A. 卵裂期            B. 囊胚期            C. 原肠期            D. 神经期

（47）仅蝌蚪、圆口类、鱼类才具有的感觉器官是（      ）。

A. 眼            B. 内耳            C. 鼻            D. 侧线

（48）蛙听觉器官的组成是（      ）。

A. 内耳                           B. 内耳、外耳

C. 内耳、中耳                      D. 内耳、中耳、外耳

## 四、判断题

（1）两栖类虽然新陈代谢水平低，保温和调温机制不完善，但仍属于恒温动物。

（          ）

（2）两栖类的口腔腺不含消化酶，对食物无消化功能。          （          ）

（3）两栖类的牙齿为多出性的同型齿，能终生更换受损脱落的牙。   （          ）

（4）两栖类的生殖方式都是体外受精。                      （          ）

（5）两栖类的椎体都为前凹型椎体。                        （          ）

（6）绝大多数两栖类成体能够用肺进行呼吸。                  （          ）

（7）两栖类脊柱分化为颈椎、躯干椎、腰椎、荐椎和尾椎。        （          ）

（8）两栖类的大脑分化为两个半球，具原脑皮，有10对脑神经。　　（　　）

（9）蛙类幼体蝌蚪和成体的排泄器官均为中肾。　　（　　）

（10）某些水生种类及冬眠期间的两栖类，几乎全靠皮肤呼吸。　　（　　）

（11）两栖动物的肩带附着于头骨，腰带借荐推与脊柱联结，这是四足动物与鱼类的重要区别之一。　　（　　）

（12）两栖动物出现了胸骨，但与躯干椎的横突或肋骨互不连接。　　（　　）

（13）蛙的口腔中有分泌黏液的颌间腺，分泌物具有湿润口腔和消化食物的作用。　　（　　）

（14）鱼类有脑神经10对，两栖类有脑神经12对。　　（　　）

（15）缪勒氏管是退化状态的输卵管。　　（　　）

（16）一般情况下，雄性蛙蟾类的身体小于雌性。　　（　　）

（17）在繁殖期间，鲵类同蛙蟾类一样具有抱对行为。　　（　　）

（18）青蛙的黏液腺由表皮衍生，位于表皮层内。　　（　　）

（19）两栖类为恒温动物。　　（　　）

（20）中耳是两栖类特有的听觉器官。　　（　　）

（21）蝌蚪和青蛙成体都是动物食性。　　（　　）

（22）鱼类的眼无活动性眼睑，而大多数陆栖两栖动物的眼大而突出，具有活动性眼睑。　　（　　）

（23）两栖动物外鼻孔1对，内具瓣膜，而外鼻孔经鼻腔以内鼻孔开口于口腔。　　（　　）

（24）雨蛙和树蛙具有保护色而能迅速变色是由于在光线或温度影响下，皮肤内色素细胞发生扩展，聚合形态变化而引起的。　　（　　）

（25）蛙蟾类的外声囊是由肌肉皱褶向外突出而形成双壁结构，而内声囊则是由皮肤扩展而形成的。　　（　　）

（26）蛙蟾类的声囊即是其发声器官。　　（　　）

（27）蛙蟾类的前肢短小，4指，指间无蹼，后肢长而强健，5趾，趾间有蹼。　　（　　）

（28）两栖动物的皮肤裸露并富含腺体，鳞大多已退化，这是两栖动物区别于其他各纲脊椎动物的主要特征。　　（　　）

（29）除了幼体（蝌蚪）和鲵螈类外，原始的肌肉按节排列现象，在大多两栖动物的成体不明显，肌隔消失。　　（　　）

（30）胰脏能分泌胰液和胰岛素，既是一个消化腺，也是一个内分泌腺。

（　　）

（31）颈动脉腺是一个压力感受器，用以监测动脉的血压。 （　　）

（32）两栖动物冬眠期间淋巴液和血液中盐离子浓度低于其活动期间。（　　）

（33）两栖动物的膀胱除具有暂时贮存尿液的作用外，还具有重要的重吸收水分的机能。 （　　）

## 五、简答题

（1）简述两栖类幼体与成体在变态过程中的不同。

（2）简述两栖类由水生过渡到陆生生活所面临的环境差异。

（3）简要概括两栖类登陆所面临的矛盾。

（4）五趾型附肢出现的作用及在脊椎动物演化史上的意义。

（5）两栖纲分为几个目？简要概述各目的主要特征和代表动物。

（6）简述两栖动物皮肤的结构和特点。

（7）说明两栖类肺的结构特点、呼吸方式及发声过程。

（8）简述两栖动物适应陆生生活的特征。

（9）简述两栖纲的主要特征。

（10）简要说明为什么两栖类还不能摆脱水环境的束缚。

（11）从蛙个体发育史中呼吸器官的演变谈脊椎动物由水生向陆生的进化。

（12）试述蛙类心脏的结构及血液的分流。

（13）简述两栖类感觉器官的特点。

## 六、论述题

（1）试述两栖类对陆地生活的初步适应表现在哪些方面？其不完善性表现在哪些方面？

（2）概述两栖类的起源。

### 参 考 答 案 ...........................................................

## 一、名词解释

五趾型附肢：从两栖纲开始出现的结构，由总鳍鱼的鳍演化而来。包括肱（股）骨，桡（胫）骨，尺（腓）骨，腕（跗）骨、掌（跖）骨和指（趾）骨。

咽式呼吸：两栖动物由于没有胸廓，呼吸动作靠口腔底部的颤动升降来完成，同时口腔黏膜也能进行气体交换。

固胸型肩带：肩带与胸骨组合的一种类型，左右上乌喙骨极小，上乌喙骨内侧在腹中线紧密相连而不重叠，甚至有的种类愈合成一条狭窄的上喙骨，肩带不能通过上乌喙骨左右交错活动。

弧胸型肩带：肩带与胸骨组合的一种类型。主要特征是左、右上乌喙骨大，上乌喙骨内侧不相连，彼此重叠，肩带通过上乌喙骨在腹面左右交错活动。

不完全双循环：两栖类心脏为两心房一心室，体循环和肺循环不完全分开，血循环时经过心脏两次。

原脑皮：位于大脑脑皮两栖类在顶部发生了属于原脑皮零星的神经细胞，爬行纲大脑半球的顶壁及其两侧上的脑皮，其机能为嗅觉中枢，哺乳类原脑皮层萎缩，主要仍为嗅觉中板，称为海马。

婚垫：蛙类到生殖期，雄蛙前肢第一指或二三指之间的基部，有特别显著局部隆起的肉垫，上面富有分泌黏液的腺体或角质刺，加固抱对作用。

同型齿：牙齿数目多，但大小、形态相似，如蛙的犁骨齿

耳柱骨：为中耳腔出现的棒状小骨，一端连接在鼓膜，另一端与耳卵圆窗相连，主要传导声波，由鱼类的舌颌骨演化而来。

平颅型：两栖动物的头骨扁而宽，脑腔狭小，无眼眶间隔。

毕氏器：雄性蟾蜍在精巢与脂肪体之间有一粉红色扁平卵圆形小体，为退化的卵巢，在一定条件下可转化为有产卵功能的卵巢。

变温动物：有鱼类、两栖类、爬行类等，身体的体温无法保持恒定，随外界环境温度变化而变化。

犁鼻器：为嗅觉器官，从两栖类开始出现，在两栖类中为鼻腔腹侧的1对盲囊，能感知化学性质。

## 二、填空题

（1）有尾目；无尾目；无足目。

（2）蛇形；蝾螈型；蛙型。

（3）五趾；颈；荐；肺；口咽式呼吸；不完全。

（4）裸露；腺体。

（5）表皮组织；真皮；呼吸。

（6）舌颌骨。

（7）躯干椎；颈椎；1；1。

（8）荐椎。

（9）肩胛骨；乌喙骨；前乌喙骨；锁骨；胸骨。

（10）弧胸型；固胸型。

（11）鳃；口咽式呼吸。

（12）心房；心室；静脉窦；动脉圆锥。

（13）二；一；不完全的双循环。

（14）肾脏；输尿管；膀胱；泄殖腔；尿素。

（15）上下眼睑；泪腺；半透明的瞬膜。

（16）中耳；中耳腔。

（17）犁鼻器。

（18）古总鳍鱼类。

（19）大鲵。

（20）舌接。

（21）髂骨；坐骨；耻骨。

（22）弧胸型；固胸型；犁骨；参差；无缺刻；前凹。

（23）2；3；5。

（24）体；肺；血管；淋巴。

（25）肺动脉；皮动脉。

（26）10。

（27）两栖；爬行。

（28）抱对。

（29）耳咽管；耳柱骨；舌颌骨。

## 三、选择题

（1）—（5）：CBACD；（6）—（10）：DDDAD；（11）—（15）：DABAD；

（16）—（20）：CBADA；（21）—（25）：DCCDB；（26）—（30）：BDBBD；

（31）—（35）：CDBBA；（36）—（40）：DDDAB；（41）—（45）：BDDDC；

（46）—（48）：CDC。

## 四、判断题

（1）—（5）：×√√××；（6）—（10）：√×√×√；

（11）—（15）：×√××√；（16）—（20）：√××××；

（21）—（25）：×√√××；（26）—（30）：×√√√√；

（31）—（33）：√×√。

## 五、简答题

（1）幼体：水生；用鳃呼吸；无五趾型附肢；一心房一心室；血液循环为单循环

成体：主要陆生生活；用肺呼吸；具五趾型附肢；二心房一心室；血液循环为不完善的双循环。

（2）① 空气含氧量比水中充足；② 空气密度比水小；③ 空气中的温度比水温的恒定性差；④ 陆地环境具有复杂性和多样性。

（3）① 在陆地支持体重并完成运动；② 呼吸空气中的氧气；③ 在陆地繁殖；④ 维持体内生理生化活动所必需的温度条件；⑤ 适应于陆上的感官和完善的神经系统。

（4）① 把动物躯体抬高，离开地面；② 多支点杠杆运动的关节，能够推动躯体在地面上移动；③ 肩带借肌肉间接与头骨和脊柱联结，头部获得较大的活动范围，加强前肢功能；④ 腰带直接与脊柱联结，构成对躯体的主要支撑和推进；⑤ 使动物登陆成为可能。

（5）两栖纲共分为3个目，分别为：有尾目，无尾目，无足目；

① 有尾目：身体圆柱形，头扁宽，躯干较长，尾部发达侧扁。四肢短小，少数种类缺后肢。体表裸露，富含黏液腺。无眼睑、鼓膜和鼓室。体内或体外受精，水中发育。具外鳃，变态发育不明显。代表动物为大鲵、蝾螈等。② 无尾目：身体扁宽，颈部不明显。成体无尾，有尾杆骨。后肢较长且发达，适于跳跃。具眼睑和可活动的瞬膜，有鼓膜和鼓室，有声带。大多数雄性具鸣囊。代表动物为各种蛙、蟾蜍。③ 无足目：体长圆，四肢退化，营穴居生活。眼小，退化，隐于皮下。皮肤裸露，富黏液腺。椎体双凹型，脊索发达。卵生，具抱卵习性。代表动物为鱼螈、蚓螈。

（6）① 结构：皮肤由表皮和真皮组成。表皮由多层细胞组成，有不同程度的轻微的角质化现象。皮肤内具有色素细胞。全身遍布黏液腺，腺体下沉于皮肤深层的真皮层内，某些黏液腺可变形成毒腺。② 特点：皮肤裸露，富于腺体。

（7）① 结构特点：肺囊状，结构十分简单，内壁仅有少数褶皱，借短的喉气管开口于咽部。② 呼吸方式：呼吸方式多样，反映了水生到陆生的过渡情况。包括鳃呼吸、肺呼吸、皮肤呼吸。两栖类由于不具肋骨和胸廓，肺呼吸采用特殊的吞咽式呼吸完成。③ 发声过程：两栖类的喉门内侧着生有一对声带，当空气从肺内呼出时，带动声带振动而发出声音，有些种类的雄性有声囊结构，可产生共鸣的效果。

（8）① 出现了五趾型附肢，肩带借肌肉间接地与头骨和脊柱联结使前肢获得了较大的活动范围，有利于在陆上捕食和协助吞食；腰带直接与脊柱联结，构成对躯体重力的主要支撑和推进，初步解决了在陆上运动的矛盾；② 成体用肺呼吸，初步解决了从空气中获得氧的矛盾；③ 随着呼吸系统的改变，循环系统也由单循环改变为不完全的双循环；④ 大脑半球分化较鱼类明显，大脑顶壁出现了神经细胞；⑤ 出现了中耳，能将通过空气传导的声波扩大并传导到内耳；出现了眼睑和泪腺，能防止干燥，保护眼球。

（9）两栖纲的主要特征：① 皮肤富有黏液腺，体表湿润，有呼吸作用；② 幼体生活于水中，用鳃呼吸，成体可上陆生活，用肺呼吸；③ 心脏有两心房、一心室，血液循环为不完全的双循环；④ 具有五趾型附肢；⑤ 发育中有变态。

（10）① 皮肤的角质化程度不高，不能有效防止体内水分蒸发；② 四肢还不够强健；③ 肺呼吸还不完善，还要依靠皮肤辅助呼吸；④ 胚胎无羊膜，繁殖要在水中进行。

（11）蛙变态前（蝌蚪）的呼吸器官是鳃，在水中进行气体交换，与鱼类的呼吸方式相同；变态后，鳃消失，出现肺，在空气中进行气体交换，这是陆生动物的呼吸方式。但两栖类是首次登陆动物，虽然肺呼吸解决了在陆上进行气体交换的问题，但由于肺的结构简单，呼吸功能不强，还依赖皮肤进行辅助呼吸。

（12）① 心脏结构：静脉窦、两心房、心室、动脉圆锥。② 血液分流：当左右心房收缩，右心房的乏氧血压入心室中央偏右的一侧，左心房的富氧血压入心室中央偏左侧，这样心室右侧为乏氧血，心室左侧为富氧血，心室中间为混合血。心室收缩忖，心室右侧的乏氧血率先进入肺皮动脉弓，心室中部的混合血进入休动脉弓，左侧的富氧血，因压力高，进入颈动脉弓，这样乏氧血进入肺脏，混合血进入身体后部，富氧血供给头部。也有认为，心室内血液没有在一定程度上不相混合的现象，而且皮肤呼吸，多氧血通过皮静脉、锁骨下静脉、前大静脉回静脉窦进入右心房，已经是混合血。从生理上也看不出左右心房的血在心室中有分开的必要。

（13）① 侧线器官：幼体具有，可感知水压的变化，变态后消失，水栖种类终生保留；② 视觉器官：初步具与陆生相适应的特点，多具有突出的角膜；晶体近圆形而稍扁平，以悬韧带固着于眶壁上；晶体的腹面（有尾类）或背面（无尾类）具晶体牵引肌，收缩时可使晶体前移或改变晶体弧度，以调节视力，在脉络膜和晶体之间有相当于陆生脊椎动物的脉络膜肌，可协助调节视力；半陆生种类具活动的眼睑、瞬膜、泪腺、哈氏腺；③ 嗅觉器官：鼻腔壁具嗅黏膜；④ 听觉器官：耳中在球状囊的后壁上分化出雏形的瓶装囊，可感受音波；为适应陆地感受声波出现了中耳，包括鼓膜、鼓室（中耳腔）、耳柱骨、耳咽管。无足目和有尾目无鼓室，具耳柱骨，外端与鳞骨关节。

## 六、论述题

（1）适应性：① 肺呼吸；② 不完全的双循环；③ 皮肤轻微角质化，防止体内水分蒸发；④ 五趾型附肢；⑤ 脊柱分化为颈椎、躯干椎、荐椎和尾椎；⑥ 大脑半球彻底分开，顶壁出现神经物质；⑦ 中耳（耳柱骨），可动的眼睑。

不完善性：① 肺呼吸不完善，皮肤作为辅助呼吸器官；② 五趾型附肢不较原始，支持力弱，位体侧；③ 角质化程度不够，不耐干旱；④ 只有一个心室，动、静脉血不能完全分开，循环的效率低；⑤ 脊椎分化不完善，颈椎和荐椎均只有一枚，头部运动不灵活；⑥ 为变温动物，繁殖离不开水，大多数为体外受精，幼体水中发育。

（2）由水上陆，在脊椎动物的进化史上是一次巨大的飞跃。两栖类动物就是这种由水上陆的过渡类型动物。两栖类的起源可以追索到距今3.5亿年至4亿年前的泥盆纪，陆上的气候变得干燥，河流与湖泊周期性的变成污浊的池塘和广阔的泥滩。同时海平面下降，使得一些鱼类只能生活在沿岸边留存的水塘或潮湿的岸边：在如此恶劣的条件下，只有能行气呼吸、具"肺"并有较强的偶鳍能在陆上爬行的种类才能更好地适应这种恶劣的环境条件。在泥盆纪的鱼类中只有肺鱼和总鳍鱼能行"肺"呼吸，但肺鱼的偶鳍细弱，为双列式的，不能适应在陆上爬行。只有总鳍鱼类，除具"肺"能行气呼吸外，尚具有类似陆生脊椎动物附肢的偶鳍，具有强壮的肌肉和类似陆生脊椎动物四肢的骨骼结构。总鳍鱼的鳍作为陆上活动的运动器官不是很有效，但能使其从一个干涸的池塘爬行到另外有水的池塘。气呼吸可使其在少氧的混浊的池塘和短时间越过陆地而存活。缺乏这些适应能力的鱼类就可能被自然选择所淘汰。因此，由逐渐适应和相对快速的一系列进化改变，具气呼吸与肉鳍的鱼越来越适应陆地生活。最后，某些总鳍鱼类进化成第一个类群的两栖动物，它们的鳍进化为陆生五指型附肢。

# 第十八章　爬行纲（Reptile）

知 识 速 览

　　爬行类起源于古两栖类，在两栖类的基础上进一步适应陆地生活而成为真正的陆生脊椎动物。爬行类是一类体表被角质鳞片，能够在陆地繁殖的变温羊膜动物。其不仅成体形态结构适应陆地生活，且胚胎发育完全摆脱了对水的依赖。本章重点掌握爬行纲的主要特征；掌握爬行类适应陆生生活的结构特点；熟悉爬行类相比于两栖类的进步性特征。

## 知 识 要 点

### 一、外部形态特征

（1）爬行动物具有了四足动物典型的基本特征，身体分为头、颈、躯干、尾和四肢。其中，颈部较两栖类发达，能够灵活转动。体表被有角质鳞片，能防止水分过度散失。五趾型附肢，趾端具爪，这是外形上与两栖类的根本区别。由于生活环境的复杂性，营地栖、树栖、水栖、穴居等，外形上反映出不同的特化性，一般可分为蜥蜴型、蛇型、龟鳖型三类。

（2）皮肤：干燥，缺乏皮肤腺，体表皮角质化程度高，外被角质鳞片，具有保护身体，防止水分蒸发的作用。

### 二、内部特征

#### （一）骨骼系统

整体分为中轴骨骼（头骨、脊柱、胸廓）和附肢骨骼（带骨、前后肢骨）。发育良好，脊柱分区明显，颈椎有寰椎和枢椎的分化，提高了头部和躯干的运动能力。躯干椎上具有发达的肋骨和胸骨，加强了对内脏的保护和协调呼吸动作的完成。很多种类出现颞窝和眶间隔，具单一枕髁。

头骨：骨化完全，头骨顶壁较两栖类高而隆起，属于高颅型，脑腔扩大；单一枕髁；具颞窝，即眼眶后面的颞部膜骨穿孔而成的一个或两个孔洞，为颞肌附着部位，形成发达的咬肌；具次生腭，由前颌骨、上颌骨、腭骨的腭突和翼骨愈合而成。次生腭的形成使内鼻孔后移，将口腔和鼻腔分开，解决了吞咽和呼吸的矛盾。同时，眼窝之间出现了眶间隔。

脊柱：分化为颈椎、胸椎、腰椎、荐椎和尾椎五部分；颈椎增多，前两个分化为前两枚特化成寰椎和枢椎，寰椎与枕髁相关节；具有发达的肋骨和胸骨，出现胸廓，为羊膜动物所特有，由胸椎、肋骨及胸骨借关节韧带连接而成，主要通过肋间肌的收缩与舒张引起胸廓的变化，加强肺的呼吸运动；荐椎两枚，有宽阔的横突与腰带相连；具双头式肋骨。

带骨和肢骨：肩带与两栖类基本相似，特点是出现间锁骨。腰带中，坐、耻骨分开，形成一个孔，为坐耻骨孔，这样可以减少骨块的重量。肢骨为五趾型附肢，趾端具爪。但蛇无附肢，为退化现象。

**（二）肌肉系统**

爬行类完全适应陆地生活，其躯干肌及四肢肌均较两栖类复杂化。肋间肌和皮肤肌的发达尤为重要，为陆生动物所具有。肋间肌位于两肋之间，可牵动肋肌升降，协调腹壁肌肉完成呼吸动作。蛇类的皮肤肌可节制鳞片的起伏而改变与地表的接触，从而完成其特殊的蛇式运动。

**（三）消化系统**

口腔腺发达，能湿润食物，有助于吞咽。肌肉质的舌比较发达，除能完成吞咽动作外，还能特化成捕食器和感觉器，避役的舌具有特殊的装置，当充血后能迅速射出，粘捕昆虫，舌长几乎与体长相等。

牙齿分3种类型：即端生齿（低等种类，如飞蜥、沙蜥）、侧生齿（大多数蜥蜴类和蛇类）、槽生齿（鳄类，比较牢固），主要着生在上下颌，但也可出现在蛇类的犁骨颌翼骨上。消化管各部比两栖类分化更明显，食物入胃有明显的食道，大小肠交界处有盲肠，这与消化植物性的纤维有关。

**（四）呼吸系统**

爬行类的肺比两栖类发达，其囊壁有复杂的间隔，将内腔分隔成蜂窝状的小室，表面积增大，增强了呼吸机能。鳄的肺呈海绵状。呼吸道有明显的、有软骨支撑的气管和支气管的分化。呼吸借助于肋骨和腹壁肌肉运动，使胸廓扩张或缩小来完成，为羊膜动物所特有。

胸廓不完善的爬行类用仍采用口咽式呼吸，完善的采用胸腹式呼吸。

**（五）循环系统**

心脏具两心房一心室，为不完全的双循环。心室出现了不完全的分隔。高级的种类如鳄，心室间隔比较完全，仅左右体动脉基部留有一个沟通2个心室的潘氏孔。静脉窦开始退化，成为右心房的一部分。

**（六）排泄系统**

爬行类与所有羊膜动物的肾在系统发生上均为后肾，由肾小球、肾小囊和肾小管组成，但在胚胎期经过前肾和中肾阶段。具尿囊膀胱或无膀胱。排泄废物主要为尿酸或尿酸盐。有些爬行类有泌盐腺，进行肾外盐排泄，能将含盐量高的体液浓缩到鼻腔的前端排出。海龟的泪腺也能将大量的盐分排泄到结膜腔中。

**（七）神经系统和感觉器官**

爬行类较两栖类脑部发达，出现新脑皮。侧线器官消失，形成特殊感受器官：视觉器官（上下眼睑、瞬膜、泪腺、哈氏腺）、听觉器官（瓶状囊增长鼓膜凹陷、外耳雏形）、嗅觉感受器（化学感受器）、特殊感受器（红外线感受器、特殊的热能感受器等）

**（八）生殖系统**

雌雄异体，体内受精，大多数种类为卵生，少数种类为卵胎生（眼镜蛇、蟒蛇）。

雄性：睾丸、输精管及阴茎组成。

雌性：卵巢、输卵管组成。

**三、羊膜卵的结构特点及在动物演化史上的意义**

首次出现的羊膜卵：在爬行动物胚胎发育中首次出现具羊膜、绒毛膜、尿囊膜的卵，外包一层石灰质、革质或不透水的纤维质膜的卵壳，防止水分蒸发、避免机械损伤、减少细菌侵袭。

卵壳具有通透性，保证胚胎发育时气体正常供应，卵内含有大量卵黄，保证营养。受精卵在发育过程中，产生3种重要的胚膜，即羊膜、绒毛膜、尿囊膜，产生羊膜腔、胚外腔、尿囊腔。羊膜腔内充满羊水，胚胎就悬浮在这个液体环境中，使其免于干燥和机械损伤。尿囊是胚胎的排泄器官，又是胚胎的呼吸器官。羊膜动物的受精卵在发育过程中由于羊膜的出现，模拟了体外的水环境，脱离了对水的依赖，无论幼体还是成体都能在陆地上生活，为动物通过辐射适应向干旱地区分布及开拓新的生活环境创造了条件。

### 四、爬行类分类

爬行纲分为四目：喙头目、龟鳖目、有鳞目、鳄目。

## 试题集锦

### 一、名词解释

羊膜卵；颞窝；胸廓；次生腭；卵胎生；潘氏孔；胸腹式呼吸；新脑皮；
蜕皮；封闭式骨盆；爬行动物；尿囊；自残断尾现象；毒牙；尿囊膀胱；
巩膜骨；犁鼻器；高颅型；端生齿；侧生齿；槽生齿。

### 二、填空题

（1）爬行动物身体从外形上可分为_____、_____、_____、_____、
_____五部分。

（2）爬行类适应陆生能够产大型_____，受精方式为_____受精。

（3）为适应不同的生活环境，爬行动物的体形向多样化发展，可分成三种类型：
_____、_____、_____。

（4）爬行动物皮肤干燥，缺乏_____，具有来源于_____的角质鳞片或
兼有来源于_____的骨板，是爬行类皮肤的主要特点。

（5）爬行类的脊柱明显分为5个区，分别为：_____、_____、_____、
_____和_____。

（6）爬行动物具有多枚颈椎，其中第一枚为_____，第二枚为_____；
具_____枚荐椎。

（7）爬行动物脊柱的寰椎与头骨_____相连，可一起在_____的齿突上
转动，加强了头部的活动能力。

（8）爬行类头骨的枕骨髁有_____枚。

（9）胸廓最早出现在_____类动物中，由_____、_____、_____
三部分组成。

（10）爬行动物的颞窝可分为_____、_____、_____、_____四种
类型。

（11）爬行类低等种类的椎体为_____型，高等种类为_____型或_____型。

（12）爬行类牙齿按照着生方式可分为_____、_____、_____；其中
鳄鱼的牙齿为_____。

（13）爬行类的呼吸方式除具有吞咽式呼吸外，又发展了_____。

（14）爬行类与所有羊膜动物的肾在系统发生上均属于_____。

（15）从爬行类开始，肌肉系统开始出现陆生脊椎动物特有的_____和_____。

（16）羊膜腔的壁称为_____，胚外体腔的壁称为_____。

（17）爬行动物的代谢废物主要以_____形式排出。

（18）某些爬行类具有_____，是一种肾外排泄器官，对于调节体内水盐平衡和酸碱平衡均有重要意义。

（19）爬行动物的卵膜包括_____、_____、_____。

（20）爬行类是从古代两栖类的_____演化而来的，最古老的爬行动物化石是_____。

（21）国家一级重点保护野生动物扬子鳄属于_____动物门_____动物亚门_____纲_____目。

（22）爬行动物盛行时代是_____。

（23）爬行动物的角质鳞由_____角质化形成，鳞片之间相连构成一个完整的_____。

（24）龟甲是由表皮形成的_____与真皮来源的_____共同愈合所成。

（25）毒蛇的毒牙可分为_____和_____两种。

（26）毒蛇和无毒蛇的主要区别是_____，_____和_____。

（27）爬行动物心脏由_____、_____和_____组成，其中_____趋于退化，_____具有不完全的分隔，循环方式为_____循环。

（28）鳄和龟鳖共有脑神经_____对，而蛇和蜥蜴有脑神经_____对。

（29）爬行动物的膀胱是_____膀胱，来源于_____胚层。

（30）泄殖孔的形态在不同的爬行动物中裂口形式不一样，如鳄类常为_____，蜥蜴、蛇类为_____，而龟、鳖类常为_____。

（31）蝮蛇的颊窝是一种红外线感受器，它位于_____和_____之间。

（32）爬行动物的内耳司听觉感受的_____显著加长。蜥蜴的听觉器官发达，出现了雏形的_____。

（33）蛇类因穴居生活，声波沿地面通过头骨的_____传递给_____，从而使内耳产生听觉。

（34）胸骨从_____动物开始出现；盲肠从_____动物开始出现，这与_____有关。

（35）羊膜卵由_____、_____、_____等组成。

（36）爬行动物口腔腺发达，有_____、_____、_____和_____等口腔腺，其分泌物有助于_____的完成。

## 三、选择题

（1）爬行动物的主要特征不包括（　　　）。

A. 四肢短小或无四肢，爬行　　　　　　B. 体表都被有鳞片或甲

C. 用肺呼吸　　　　　　　　　　　　　D. 体温恒定、适应陆地生活

（2）蜥蜴的皮肤干燥，覆盖有角质鳞片，这样的皮肤有利于（　　　）。

A. 保护身体和减少体内水分的蒸发　　　B. 吸收营养

C. 辅助呼吸　　　　　　　　　　　　　D. 爬行

（3）爬行类的前后肢均具（　　　）指/趾，指端具爪。

A. 3　　　　　　　B. 4　　　　　　　C. 5　　　　　　　D. 6

（4）蜥蜴的生殖方式为（　　　）。

A. 雌雄同体；体内受精　　　　　　　　B. 雌雄异体；体内受精

C. 雌雄同体；体外受精　　　　　　　　D. 雌雄异体；体外受精

（5）生活在淡水中，属于我国特产又是国家一级重点保护的爬行动物是（　　　）。

A. 龟　　　　　　B. 扬子鳄　　　　　C. 中华鲟　　　　D. 大鲵

（6）大多数蛇类的牙齿是（　　　）。

A. 端生齿；同型齿　　　　　　　　　　B. 侧生齿；同型齿

C. 槽生齿；同型齿　　　　　　　　　　D. 槽生齿；异型齿

（7）爬行动物的"盐腺"是一种（　　　）。

A. 内分泌器官　　B. 肾外排泄器官　　C. 盐类合成器管　　D. 压力感受器

（8）脊椎动物的颞窝始见于（　　　）。

A. 两栖类　　　　B. 硬骨鱼类　　　　C. 爬行类　　　　D. 哺乳类

（9）（提高题）下列关于爬行纲动物蜥蜴适于陆地生活的特点描述正确的是（　　　）。

① 四肢短小，不能跳跃只能爬行　　② 皮肤干燥，覆盖角质鳞片或甲　　③ 有发达的肺　　④ 在陆地产卵，有坚硬卵壳　　⑤ 头部后面有颈，头可灵活转动

A. ①②④　　　　B. ①②③④　　　　C. ①②④⑤　　　　D. ②③④⑤

（10）爬行类从外形上显著区别于两栖类的特征（　　　）。

A. 皮肤干燥，具角质鳞或盾片　　　　　B. 有尾

C. 皮肤富含腺体　　　　　　　　　　　D. 具五趾型附肢

（11）最早出现枢椎的脊椎动物（　　　）。

A. 两栖类　　　　　　B. 爬行类　　　　　　C. 鸟类　　　　　　D. 哺乳类

（12）爬行类脊柱分化为（　　　）。

A. 颈椎、腰椎、荐椎、尾椎　　　　　　B. 颈椎、胸椎、荐椎、尾椎

C. 颈椎、胸椎、腰椎、尾椎　　　　　　D. 颈椎、胸椎、腰椎、荐椎、尾椎

（13）从爬行类开始大脑表面出现的神经细胞为（　　　）。

A. 古脑皮　　　　　　B. 新脑皮　　　　　　C. 原脑皮　　　　　　D. 纹状体

（14）爬行类及现代鸟类的颞窝类型属于（　　　）。

A. 无颞窝类　　　　　　B. 上颞窝类　　　　　　C. 双颞窝类　　　　　　D. 合颞窝类

（15）爬行类心脏由哪几部分构成（　　　）。

A. 静脉窦、心房、心室　　　　　　B. 静脉窦、心房、心室、动脉圆锥

C. 心房、心室、动脉圆锥　　　　　　D. 心房、心室

（16）爬行动物所产的卵属于（　　　）。

A. 端黄卵　　　　　　B. 少黄卵　　　　　　C. 均黄卵　　　　　　D. 中黄卵

（17）次生腭最完整的爬行动物是（　　　）。

A. 鳄类　　　　　　B. 龟类　　　　　　C. 蜥蜴　　　　　　D. 蛇类

（18）在蛇目中，种类最多的是（　　　）。

A. 蟒蛇科　　　　　　B. 眼镜蛇科　　　　　　C. 游蛇科　　　　　　D. 蝰科

（19）下列动物中不属于爬行动物的是（　　　）。

A. 扬子鳄　　　　　　B. 蜥蜴　　　　　　C. 鳖　　　　　　D. 嵘螈

（20）在动物的进化历程中，最早成为真正的陆生脊椎动物的是（　　　）。

A. 鱼类　　　　　　B. 两栖动物　　　　　　C. 爬行动物　　　　　　D. 哺乳动物

（21）爬行动物是指（　　　）。

A. 能在陆地上爬着行走的动物

B. 体表有鳞片，用肺呼吸，在陆地上产卵，卵外有坚韧卵壳的一类脊椎动物

C. 体表有鳞片或硬壳的动物

D. 四肢短小、行动缓慢的动物

（22）世界上发掘爬行动物化石最多的地方是（　　　）。

A. 中国　　　　　　B. 俄罗斯　　　　　　C. 日本　　　　　　D. 美国

（23）扬子鳄国家级自然保护区位于哪个省（　　　）。

A. 安徽　　　　　　B. 浙江　　　　　　C. 江苏　　　　　　D. 福建

（24）爬行纲中结构最高等的是（　　　）。

A. 鳄类　　　　　　　B. 蜥蜴类　　　　　　C. 龟鳖类　　　　　D. 蛇类

（25）既属于变温动物又属于羊膜动物的是（　　　）。

A. 大黄鱼　　　　　　B. 娃娃鱼　　　　　　C. 鳄鱼　　　　　　D. 鲸鱼

（26）下列各项不是爬行动物特征的是（　　　）。

A. 皮肤湿润，水中产卵　　　　　　　　B. 体温不恒定

C. 体表覆盖着角质鳞片或甲　　　　　　D. 卵外有卵壳保护

（27）下列有关蜥蜴的说法错误的是（　　　）。

A. 头的后面有颈，所以头部能灵活地转动

B. 四肢短小。不能跳跃，但能贴地面迅速爬行

C. 皮肤干燥，表面覆盖着角质的鳞片

D. 皮肤湿润，能分泌黏液

（28）蜥蜴是属于在陆地生活的动物，下列说法正确的是（　　　）。

A. 肺的结构简单，气体交换能力弱

B. 蜥蜴的生殖和发育没有摆脱水的限制

C. 受精卵较大，卵内养料较多，含有一定的水分，且卵外还有坚韧的卵壳

D. 蜥蜴的幼体才出壳时还不能完全适应陆地的生活

（29）下列描述中属于爬行动物的主要特征的是（　　　）。

A. 幼体生活在水中，用鳃呼吸

B. 用鳃呼吸，用鳍游泳

C. 体表有外骨骼

D. 在陆地上产卵

（30）蛇的体表覆盖着角质的鳞片，这有利于（　　　）。

A. 自由运动　　　　　　　　　　　　　B. 皮肤呼吸

C. 适应水中生活　　　　　　　　　　　D. 减少水分的散失

（31）爬行类皮肤的最大特点是（　　　）。

A. 干燥，被骨质鳞　　　　　　　　　　B. 缺乏皮脂腺，被骨板

C. 干燥，被角质鳞　　　　　　　　　　D. 缺乏皮脂腺，被盾鳞

（32）次生腭的作用是（　　　）。

A. 使眼球不能下陷　　　　　　　　　　B. 使头骨更加坚固

C. 使内鼻孔前移　　　　　　　　　　　D. 使内鼻孔后移，口腔和鼻腔分开

（33）具有一个枕骨髁的动物是（　　　　）。

A. 两栖类和爬行类　　　　　　　　　　B. 鸟类和爬行类

C. 鸟类和哺乳类　　　　　　　　　　　D. 两栖类和哺乳类

（34）在下列动物中，具有颊窝的是（　　　　）。

A. 蝮蛇　　　　　　B. 眼镜蛇　　　　　　C. 蟒蛇　　　　　　D. 乌梢蛇

（35）下列哪组动物均为双颞窝类的后裔（　　　　）。

A. 龟鳖类和蛇类　　　　　　　　　　　B. 蛇类和鸟类

C. 鸟类和哺乳类　　　　　　　　　　　D. 龟鳖类和哺乳类

（36）关于扬子鳄血液循环系统的正确说法是（　　　　）。

A. 心室未出现分隔　　　　　　　　　　B. 心室具有不完全分隔

C. 完全的双循环　　　　　　　　　　　D. 不完全的双循环

（37）爬行类（蜥蜴类、蛇类、龟鳖类）的心脏组成是（　　　　）。

A. 静脉窦，1心房、1心室　　　　　　　B. 静脉窦，1心房、1心房，动脉圆锥

C. 静脉窦，2心房、1心室　　　　　　　D. 静脉窦，2心房1心室不完全分隔

（38）在爬行动物中，蜥蜴、扬子鳄等依靠什么器官进行呼吸（　　　　）。

A. 内鳃和外鳃　　　　　　　　　　　　B. 肺

C. 气管、鳃和皮肤　　　　　　　　　　D. 鳃和肺

（39）蛇类和蛇蜥的肺脏特点是（　　　　）。

A. 两侧肺脏对称　　　　　　　　　　　B. 左肺大多萎缩或退化

C. 右肺大多萎缩或退化　　　　　　　　D. 两侧都萎缩或退化

（40）爬行动物的呼吸运动方式（　　　　）。

A. 仅口咽式呼吸　　　　　　　　　　　B. 仅胸腹式呼吸

C. 口咽式呼吸和胸腹式呼吸　　　　　　D. 皮肤呼吸

（41）犁鼻器是（　　　　）。

A. 嗅觉器官　　　　B. 听觉器官　　　　C. 红外线感受器　　D. 压力感受器

（42）盐腺多数位于什么部位（　　　　）。

A. 头部　　　　　　B. 体腔内　　　　　C. 颈部　　　　　　D. 腹部

（43）下列有关两栖动物和爬行动物的叙述中，正确的是（　　　　）。

A. 两栖动物都是有益的

B. 爬行动物都是有害的

C. 我们应该把毒蛇全部消灭，以免伤害人类

D. 我们要充分利用对人类有益的动物，控制有害的动物

（44）以下说法正确的是（　　　）。

A. 因为蛇都是有毒的，所以它是有害的，不应当受到保护

B. 毒蛇见人就会咬，所以，在野外看到它时要坚决消灭

C. 毒蛇和无毒蛇的区别在于有无毒牙和毒舌

D. 蛇冬天一般要冬眠，因为它是变温动物

（45）有一种动物，它身上没有羽毛或毛，有四肢，不是胎生，可以在陆地上生活产卵。下列动物中具备这些特征的是（　　　）。

A. 羊　　　　　　　　B. 青蛙　　　　　　　C. 海龟　　　　　　　D. 鲨鱼

（46）两栖类与爬行类最主要的区别在于（　　　）。

A. 是否有脊柱　　　　　　　　　　B. 是否用肺呼吸

C. 是否为陆生动物　　　　　　　　D. 是否能用皮肤呼吸

（47）若被毒蛇咬破皮肤，包扎伤口应扎在（　　　）。

A. 近心脏一端　　　B. 远心脏一端　　　C. 在伤口正中　　　D. 以上均可

（48）爬行动物、鸟类、哺乳动物的共同特征是（　　　）。

A. 生活在陆地上，以卵繁殖后代

B. 恒温，终生用肺呼吸

C. 既能生活在水中，又能生活在陆地上，对环境的适应能力强

D. 体内受精，幼体发育摆脱了水环境

## 四、判断题

（1）胸廓是羊膜动物所特有的。　　　　　　　　　　　　　　　　（　　　）

（2）爬行类齿有多种方式，其中龟鳖类齿为侧生齿。　　　　　　（　　　）

（3）爬行类心脏由静脉窦、动脉圆锥、心房、心室构成，静脉窦趋于退化。（　　　）

（4）绝大多数爬行类心室不完全分隔，为不完全双循环，但鳄类心室是完全分隔的。　　　　　　　　　　　　　　　　　　　　　　　　　　（　　　）

（5）两栖类代谢废物以尿素为主，而爬行类以尿酸为主。　　　　（　　　）

（6）所有爬行类都为卵胎生。　　　　　　　　　　　　　　　　　（　　　）

（7）爬行类已开始具有12对脑神经。　　　　　　　　　　　　　（　　　）

（8）所有的爬行类呼吸方式都采用胸廓式呼吸。　　　　　　　　（　　　）

（9）爬行类分为喙头目、龟鳖目、有鳞目和鳄目，其中鳄目是最古老的类群。

（　　　）

（10）爬行动物的排泄废物为尿酸或尿酸盐，微溶于水，这对减少爬行动物体液的丧失，适应陆地生活具有十分重要的意义。　　　　　　　　　（　　）

（11）羊膜动物冬天都没有冬眠习性。　　　　　　　　　　　　　（　　）

（12）变温动物的脑神经都为10对。　　　　　　　　　　　　　　（　　）

（13）爬行动物口腔内着生有圆锥形的同型齿，具有咬捕和咀嚼食物的功能。（　　）

（14）两栖类和爬行类的肾脏都属于中肾。　　　　　　　　　　　（　　）

（15）蝰科、蝮亚科毒蛇位于眼与鼻孔之间的颊窝以及蟒科蛇类上颌前缘的唇窝，是一种极灵敏的热能感觉器官，属于红外线感觉器。　　　　　　（　　）

（16）变温动物因白天吸取太阳能，因而白天的体温比晚上体温高。　（　　）

（17）枢椎是从爬行类开始出现的。　　　　　　　　　　　　　　（　　）

（18）大多数爬行动物所排尿液中的含氮废物为溶于水的尿素。　　（　　）

（19）爬行类的鳞片和鱼类的鳞片都由皮肤的真皮层演化而来。　　（　　）

（20）避役类的表皮里含有许多色素细胞，其体色可快速变化，有"变色龙"之称。　　　　　　　　　　　　　　　　　　　　　　　　　　（　　）

（21）两栖动物和爬行动物的指（趾）端具有爪，是对陆生的适应。（　　）

（22）爬行动物四肢同两栖动物一样，前肢四指，后肢五趾。　　　（　　）

（23）爬行动物表皮高度角质化，皮肤干燥，皮肤腺很不发达。　　（　　）

（24）爬行动物的胸椎和腰椎两侧附生发达的肋骨，颈椎两侧无附生的肋骨。（　　）

（25）爬行动物的肋骨都由软骨合成。　　　　　　　　　　　　　（　　）

（26）爬行动物中皮肤最发达的类群是蜥蜴类。　　　　　　　　　（　　）

（27）毒蛇的毒腺由上唇腺转化而来，一般位于眼后部、口角上方或上颌外侧。　　　　　　　　　　　　　　　　　　　　　　　　　　　　（　　）

（28）从爬行动物开始，呼吸道开始出现支气管。　　　　　　　　（　　）

（29）蝮蛇和避役类的肺脏结构比较特殊，前部为呼吸部，后部为一膨大的气囊。　　　　　　　　　　　　　　　　　　　　　　　　　　　　（　　）

（30）爬行动物小脑比两栖动物发达，而不及鱼类发达。　　　　　（　　）

（31）蜥蜴和蛇类的犁鼻器与口腔相通，需要舌的活动共同完成嗅觉；鳄类无犁鼻器，鼻骨发达，龟鳖类的犁鼻器与鼻腔相通而不与口腔相通。　　（　　）

（32）爬行动物眼都有活动性的上、下眼睑和瞬膜。　　　　　　　（　　）

（33）蛇的上、下眼睑扩展、愈合特化成一层透明的薄膜，起着保护眼球的作用，蜕皮可一起蜕掉。　　　　　　　　　　　　　　　　　　　（　　）

（34）顶眼既有视觉功能又有感觉功能。 （ ）

（35）爬行动物和七鳃鳗的顶眼来源相同，即来源于松果体。 （ ）

（36）蛇类适应穴居生活，中耳、鼓膜和耳咽管已退化，因此它不能感受空气传来的声波，只有感知从地面传来的声波。 （ ）

（37）爬行动物营体内受精，雄性均有交配器。 （ ）

## 五、简答题

（1）简述羊膜卵的主要特征以及在动物演化史上的意义。

（2）爬行类的卵为什么能在陆地上完成发育？

（3）爬行动物分为哪几个目？各目有何特点？

（4）列举爬行类新出现的结构及适应意义。

（5）简述爬行动物循环系统的特点。

（6）简述爬行动物的神经系统的特点。

（7）为何说鳄目是爬行动物中结构最高等的一个类群？

## 六、论述题

（1）论述爬行动物适应陆生生活的主要特征。

（2）爬行动物相比于两栖类有哪些进步性特征？

### 参考答案

### 一、名词解释

**羊膜卵**：在胚胎发育中出现的具羊膜、绒毛膜、尿囊膜，外包硬壳或不透水的纤维质膜的卵，能防止水分蒸发，避免机械损伤，减少细菌侵袭。

**颞窝**：爬行动物头骨最重要的特点之一，是头骨两侧眼眶后的颞部硬骨的孔洞，借相邻的膜性硬骨的缩小或丢失形成，是咬肌附着的部位，有利于加强动物摄食和消化功能。

**胸廓**：由胸椎、肋骨及胸骨借关节韧带连接而成，除保护内脏外，主要用于肋间肌的收缩所引起胸廓体积扩张和收缩，加强肺的呼吸运动。

**次生腭**：由前颌骨、上颌骨和腭骨向内延伸并在中部愈合为一个完整的骨板。

**卵胎生**：受精卵留于母体的输卵管内发育，直至胚胎完全发育为幼体时产出。

**潘氏孔**：鳄类心脏心室几乎完全分隔，仅在左右体动脉基留有一个沟通两心室的小孔为潘氏孔。

**胸腹式呼吸**：借肋间肌与腹壁肌肉运动升降肋骨而改变胸腔大小，从而使空气进入肺部，完成呼吸。

新脑皮：从爬行动物开始出现，是大脑表层的椎体细胞聚集成的神经细胞层。

蜕皮：爬行动物的鳞及昆虫的表皮被有定期更换规律，称为蜕皮。

封闭式骨盆：髂骨和荐椎连接，左、右耻骨和坐骨联合，共同构成封闭式骨盆。

爬行动物：是指体被角质鳞或硬甲，在陆地繁殖的变温羊膜动物。

尿囊：胚胎发育过程中，自消化道后部发生的一个充当呼吸和排泄的器官。

自残断尾现象：一些蜥蜴尾在遭受拉、压、挤等机械刺激时，附生在自残部位前后的尾肌分别向不同方向作强烈地不协调收缩，于是就会在尾椎骨的某个自残部位连同肌肉、皮肤一起断裂，这种现象就称自残断尾现象。

毒牙：是毒蛇前颌骨和上颌骨上的少数几枚特化的大牙，牙基部有排毒导管与毒腺相联。牙的表面有沟就称为沟牙，牙中央有管的称为管牙。

尿囊膀胱：羊膜动物的膀胱是由胚胎期的尿囊基部扩大而成的，因而称为尿囊膀胱。

巩膜骨：爬行动物眼球的巩膜中有一圈呈覆瓦状排列的环形小骨片称巩膜骨。在鸟类中也有，具有保护眼球的作用。

犁鼻器：位于鼻腔前下方，开口于口腔顶壁的一对盲囊状结构，内壁有嗅黏膜，是一种化学感受器。

高颅型：颅骨形状较高而隆起。

端生齿：牙齿着生在颌骨的顶端。

侧生齿：牙齿着生在颌骨边缘侧。

槽生齿：牙齿着生在颌骨的齿槽。

## 二、填空题

（1）头；颈；躯干；尾；四肢。

（2）羊膜卵；体内。

（3）蜥蜴型；蛇型；龟鳖型。

（4）腺体；表皮；真皮。

（5）颈椎；胸椎；腰椎；荐椎；尾椎。

（6）寰椎；枢椎；二。

（7）枕髁；枢椎。

（8）1。

（9）爬行；胸椎；肋骨；胸骨。

（10）无颞窝；上颞窝；合颞窝；双颞窝。

（11）双凹型；前凹；后凹型。

（12）侧生齿；端生齿；槽生齿；槽生齿。

（13）胸腹式呼吸。

（14）后肾。

（15）皮肤肌；肋间肌。

（16）羊膜；绒毛膜。

（17）尿酸。

（18）盐腺。

（19）蛋白膜；壳膜；卵壳。

（20）古坚头类；西蒙龙。

（21）脊索；脊椎；爬行；鳄。

（22）中生代。

（23）表皮；鳞被。

（24）角质盾；骨板。

（25）沟牙；管牙。

（26）毒蛇有毒腺和毒牙；头大多呈三角形；有颊窝。

（27）静脉窦；心房；心室；静脉窦；心室；不完全的双。

（28）12；11。

（29）尿囊；中。

（30）纵裂；横裂；圆形。

（31）眼；鼻。

（32）瓶状囊；外耳道。

（33）方骨；耳柱骨。

（34）两栖；爬行；食性。

（35）绒毛膜；羊膜；尿囊膜。

（36）唇腺；腭腺；舌腺；舌下腺；湿润食物与吞咽动作。

### 三、选择题

（1）—（5）：DACBB；（6）—（10）：BBCDA；（11）—（15）：BDBCA；

（16）—（20）：AACDC；（21）—（25）：BAAAC；（26）—（30）：ADCDD；

（31）—（35）：CDBAB；（36）—（40）：DDBBC；（41）—（45）：AADDC；

（46）—（48）：DAD。

## 四、判断题

（1）—（5）：√×××√；（6）—（10）：×√××√；

（11）—（15）：××××√；（16）—（20）：√√×××；

（21）—（25）：××√××；（26）—（30）：×√√×√；

（31）—（35）：√×√××；（36）—（37）：√×。

## 五、简答题

（1）① 羊膜卵特点：具卵壳，可防止卵内水分蒸发，避免机械损伤和细菌侵袭。卵壳具有大量的小孔，可透过空气，保证胚胎与外界的气体交换；具卵黄囊，可保证胚胎发育所需的全部营养，还产生了尿素，尿素腔收集胚胎代谢所产生的尿酸等，尿囊膜上的毛细血管还承担着胚胎的呼吸；在胚胎发育期间，卵出现羊膜、绒毛膜和尿囊膜等结构为胚胎制造了局部的水环境，使得胚胎浸在羊水中，保证胚胎发育在陆地上能够顺利进行。② 意义：羊膜卵的出现，完全解除了脊椎动物在个体发育中对外界水环境的依赖，确立了脊椎动物完全陆生的可能性；羊膜卵的出现为登陆动物征服陆地，向各种不同的栖息地纵深分布提供了机会；胚胎悬浮在羊水中，使胚胎在自身水域中发育，环境更稳定，既避免了陆地干燥的威胁，又减少震动，以防止机械损伤。

（2）① 卵外有石灰质或卵壳，坚硬，透气而不透水，可防止水分蒸发、细菌侵入及机械损伤；② 卵内含有丰富的卵黄，保证胚胎在发育过程中有足够的营养；③ 胚胎在发育过程中产生胚膜，形成羊膜腔及胚外体腔，羊膜腔内充满羊水，可避免干燥和机械损伤；④ 胚胎发育过程中产生的尿囊，解决了废物排出和呼吸的问题。

（3）① 爬行纲分为喙头目、龟鳖目、有鳞目和鳄目；

② 喙头目：为最古老的类群，呈蜥蜴型。具角质鳞片；

龟鳖目：爬行纲中特化的一支，龟鳖型，体型偏宽，具滑板；

有鳞目：爬行类中种类数量较多一类群，蜥蜴型，体被角质鳞，主要为各种蜥蜴和蛇；

鳄目：爬行类中最高等类群，体被大型坚甲，四肢强健，心脏为两心房两心室，仅留一孔相通，血液循环接近完全双循环。

（4）羊膜卵，颞窝，胸廓，次生腭，新脑皮，肋间肌，皮肤肌，盲肠。

（5）动脉圆锥消失。静脉窦退化缩小，成为右心房的一部分。心脏具2心房和1心室，但心室已具有不完全的分隔，仍属不完全的双循环。由于动脉圆锥消失，1对肺动脉和1对体动脉直接由心室发出（不再经过动脉圆锥），而颈（总）动脉则由右体动脉（1条）离心后分出。仍保留1对侧腹静脉，但不像鱼类那样直接通入总主静脉，而是类似两栖类的腹静脉一样通入肝脏并散成毛细血管网。肾门静脉已开始退化。

（6）出现了新脑皮，但尚处于萌芽状态，新增了新纹状体，包含许多来自视叶和其他区域的神经纤维。羊膜动物具12对脑神经，前10对与无羊膜类相同，后2对为副神经和舌下神经。

（7）鳄目的心脏有两个完全隔开的心室，头骨有发达的次生腭，两颌有槽生齿，颅骨双颞窝型。

## 六、论述题

（1）① 体内受精，陆地上产羊膜卵，彻底摆脱生殖对水的依赖。② 皮肤干燥，缺乏腺体，覆盖角质鳞片或骨板，构成完整的鳞被，可有效防止体内水分蒸发。③ 四肢较两栖动物更加强健，指（趾）端具爪；善于攀爬、疾驰和挖掘活动。④ 脊柱进一步分化为陆栖脊椎动物共有的颈椎、胸椎、腰椎、荐椎、尾椎5个区域。颈椎数目增加，头部灵活性增强。出现两枚荐椎，与腰带牢固连接，加强后肢承受体重的能力。⑤ 躯干肌肉进一步复杂化，发展了肋间肌和皮肤肌。⑥ 消化道进一步复杂化，口腔与呼吸道明显分开。⑦ 肺呼吸进一步完善。肺内壁具有较两栖类复杂的分隔，与空气交换面积更加扩大，气管和支气管分化明显。由于胸廓的出现，增强了肺呼吸的动力。⑧ 血液循环仍为不完善的双循环（故为变温休眠动物）。但心脏分隔进一步复杂，多氧血和少氧血的混合程度较两栖类降低。⑨ 具有羊膜动物式的肾脏排泄器官，其完全失去与体腔的联系，而以血管联系收集废物，提高了排泄效率。⑩ 大多数爬行动物尿中含氮废物主要是尿酸，通过泄殖腔随粪便排出，而水分又被输尿管、大肠和膀胱重吸收进入血液，减少爬行动物体液丧失。⑪ 脑较两栖类进一步发展，大脑半球显著，出现新脑皮。感觉器官也更趋发达；羊膜卵的结构不但能保护胚体和有效防止卵内失水，而且还能以较小的体积容纳尿囊所排出的尿酸盐等代谢废物。能够在陆地繁殖。

（2）① 皮肤角质化程度加深；② 五趾型附肢进一步发达和完善，指（趾）端具爪，适于陆地爬行；③ 首次出现次生腭，将口腔和鼻腔分离；④ 颞窝形成，供咬肌附着；⑤ 颈椎分化为寰椎和枢椎，加强了头部活动；⑥ 出现了肋间肌和皮肤肌；⑦ 口腔腺发达，适应陆地取食；⑧ 首次出现盲肠，有助于消化；⑨ 产羊膜卵，生殖彻底摆脱对水的束缚；⑩ 大脑出现新脑皮，听觉器官出现外耳雏形；⑪ 肺结构进一步复杂完善，肺呼吸采用胸腹式呼吸。

# 第十九章　鸟纲（Aves）

## 知识速览

　　鸟类是体表被覆羽毛、有翼、恒温和卵生的高等脊椎动物。鸟类突出的特征是能够空中飞翔。鸟类起源于爬行动物，在许多结构与功能方面比爬行动物高等，如具有高而恒定的体温、完全双循环、发达的神经系统和感觉器官、较完善的繁殖方式和行为等。鸟类由于适应飞翔生活，在躯体结构、功能以及生活方式等方面与其他脊椎动物不同，如皮肤薄而韧、骨骼为气质骨多有愈合、前肢特化为翼、有发达的龙骨突和胸肌、双重呼吸等。本章重点掌握鸟类适应于飞翔的特征及其较完善的繁殖方式和行为；熟悉鸟类的分类与生态类群；了解鸟类迁徙的概念、迁徙的类型以及原因。

## 知识要点

### 一、鸟纲的主要特征

**（一）与爬行动物相比，鸟类进步性特征**

（1）高而恒定的体温（37.0～44.6℃），减少了对环境的依赖；

（2）迅速飞翔的能力，能借主动迁徙来适应多变的环境条件；

（3）发达的神经系统和感官以及与此相适应的各种复杂行为，能更好地协调体内外环境达到统一；

（4）较完善的繁殖方式和行为，保证了后代有较高的成活率。

**（二）恒温及其在动物演化史上的意义**

（1）大大提高新陈代谢水平；

（2）显著提高了快速运动的能力，有利于捕食及避敌；

（3）减少了动物对环境的依赖，扩大了生活和分布范围，特别是获得了在夜间积极活动和在寒冷地区生活的能力。

**（三）鸟纲动物的躯体结构与机能**

1. 外形

鸟类身体呈纺锤形，外覆羽毛，流线型外廓；喙有多种形状，与食性密切相关；颈长而灵活；躯干紧密结实、尾退化；前肢变为翼，后肢具4趾，拇指朝后，适于抓握树枝；尾端着生尾羽，在飞翔中起舵的作用。

2. 皮肤及其衍生物

（1）鸟类皮肤的特点：薄、松、软、干（缺乏腺体）。

（2）鸟类皮肤及其衍生物：由表皮和真皮构成。

羽毛的类型可分为：正羽、绒羽和纤羽。正羽可分为：飞羽、尾羽和覆羽。

其他衍生物：爪、喙、尾脂腺、鳞片。

3. 骨骼系统

（1）鸟类骨骼适应飞翔的特点。

骨骼中有蜂窝状的空腔，并充气；

骨骼发生愈合和变形。

（2）附肢骨。

肩带：由肩胛骨、乌喙骨和锁骨构成。鸟类的左右锁骨以及退化的间锁骨在腹中线处愈合形成叉骨，是鸟类特有的结构。

前肢骨变形，特化为翼。

腰带：由髂骨、坐骨和耻骨组成，愈合形成薄而完整的开放式骨盆。

开放式骨盆：为鸟类特有的结构，指腰带（髂骨、坐骨和耻骨）的左右坐骨和耻骨不在腹中线处相愈合，而是左右分开，并向侧后方伸展，这样的骨盆称为开放式骨盆。

4. 肌肉系统

（1）与飞翔有关的肌肉发达：胸大肌和胸小肌发达；

（2）躯干背部的肌肉退化；

（3）腿部肌肉发达，具有适合于树栖握枝的肌肉装置；

（4）皮肤肌发达；

（5）具有特殊的鸣管肌肉。

5. 消化系统

（1）消化道：喙、口腔、咽、食道、嗉囊、胃（腺胃、肌胃）、小肠、盲肠、直肠、泄殖腔。口腔内无牙齿，可以减轻体重，有助于飞翔。

（2）消化腺：肝脏、胰脏。

（3）特点：① 消化能力强，消化快；② 食量大，进食频繁、不耐饥。

6. 呼吸系统

（1）呼吸结构：由鼻孔、口腔、咽腔、喉、气管、支气管、肺及气囊组成。具有9个气囊。

气囊的生物学功能有：参与双重呼吸；减少飞行时器官之间的碰撞与摩擦；调节比重，有利于飞翔；调节体温。

（2）呼吸方式：栖息时呼吸方式为胸腹式呼吸，飞行时呼吸方式为双重呼吸。

双重呼吸：鸟类在呼吸的时候，吸入的空气先通过肺内，其中部分还没有来得及和血液进行气体交换而直接进入后气囊，这里并无呼吸作用发生。在呼气时，后气囊中的空气会被压出体外，但必须先通过肺，于是又顺便在肺中补行一次气体交换。这样，鸟类每做一次呼吸活动，肺内就会发生两次气体交换，这种现象称为双重呼吸。双重呼吸在鸟类飞行中是非常重要的，其意义是能满足鸟类飞行需要大量氧气的目的。

7. 循环系统

（1）完善的双循环，包括体循环和肺循环；

（2）心脏：有完全分隔的四个腔；静脉窦和动脉圆锥消失；

（3）动脉：左体动脉弓消失，右体动脉弓将左心室发出的血液输送到全身；

（4）肾门静脉趋于退化；

（5）具有尾肠系膜静脉；

（6）红细胞具细胞核。

8. 排泄系统

（1）鸟类的排泄系统由肾脏和输尿管组成，输尿管通入泄殖腔；

（2）肾是后肾，由三个肾叶组成，左右成对；肾小管和泄殖腔均有重新吸收水分的功能；排泄物主要由不易溶于水的尿酸组成；

（3）鸟类无膀胱，直肠短，是一种减轻体重的适应；一些海鸟还通过盐腺调节渗透压。

9. 生殖系统

（1）雄性生殖系统：

与爬行类动物相似，雄性生殖系统有成对的精巢和输精管；输精管开口于泄殖腔；鸵鸟和雁鸭类的泄殖腔腹壁隆起，构成交配器。大多数鸟类不具有交配器。

（2）雌性生殖系统：

雌性生殖系统由卵巢和输卵管组成，绝大多数鸟类仅左侧卵巢具有功能，右侧卵巢退化；某些鹰类的雌鸟有成对的卵巢。受精作用发生在输卵管的上端。受精卵于输卵管内下行过程中依次包裹上输卵管壁分泌的蛋白、壳膜和卵壳。

10. 神经系统和感官

（1）大脑发达：

鸟类的大脑主要由大脑皮层和纹状体组成；大脑皮层包括上皮层、中皮层和皮套层；无沟回。纹状体是鸟类本能活动和学习中枢。

（2）感觉器官：

视觉：眼一对；具有活动的眼睑和瞬膜；具有巩膜骨，在飞行中可以保护眼睛。

双重调节：鸟类的眼睛不仅能调节晶状体的凸度，还能调节角膜的凸度和改变晶状体到视网膜之间的距离，这种眼球的调节方式称为双重调节。

听觉平衡觉发达；嗅觉退化。

## 二、鸟类的繁殖与迁徙

### （一）鸟类的繁殖

鸟类繁殖具有明显的季节性，并有复杂的行为：如：占区、求偶炫耀、筑巢、孵卵和育雏等。

1. 占区和领域

定义：鸟类在繁殖期常各自占有一定的领地，不许其他鸟类（尤其是同种鸟类）侵入，称为占区。所占有的领地称为领域。

生物学意义：① 保证巢区有充足的食物；② 调节巢区内的种群密度；③ 减少其他鸟类对繁殖行为的干扰。

2. 求偶炫耀

求偶炫耀方式：① 鸣叫；② 体色显示；③ 身体接触、舞蹈和婚飞；④ 装饰求偶场；⑤ 求偶喂食和象征性营巢行为。

生物学意义：① 吸引异性、形成配偶；② 促进性器官活动的同步化；③ 有助于同种识别。

3.筑巢

筑巢的功能：① 容纳卵或雏鸟；② 保温；③ 保护；④ 促进繁殖。

鸟类营巢可分为独巢、群巢。大多数鸟类为独巢或成松散的群巢。群巢在岛屿及人迹罕至的地区较常见，群巢的鸟类有企鹅、信天翁、鹈鹕、鹭类、雨燕等。

巢的类型：① 地面巢；② 水面浮巢；③ 洞巢（树洞、岩洞、地洞等）；④ 编织巢；⑤ 其他特殊巢，如泥巢、唾液巢、叶巢、织布鸟巢。

4.产卵与孵卵

（1）产卵：

窝卵数：在繁殖季节内，雌鸟所产的满窝卵的数目，称窝卵数。窝卵数具有种的特异性，可分为定数产卵与不定数产卵。定数产卵的鸟有鸽；不定数产卵的鸟有鸡。

（2）育雏：

早成雏：孵出时已充分发育，被密绒羽，眼已张开，腿脚有力，待绒羽干后即可随亲鸟觅食。大多数地栖鸟、游禽为早成雏。

晚成雏：孵出时尚未充分发育，体表光裸或具稀疏绒羽，眼不能睁开，不能独立取食，需留居巢内由亲鸟喂养，继续完成后期发育。雀形目、攀禽、猛禽等为晚成雏。

育雏行为由双亲共同承担，内容包括喂食、给水、保温、清洁等。

### 三、鸟类的迁徙

#### （一）迁徙的概念

鸟类每年在繁殖区与越冬区之间的周期性迁居行为，称迁徙。迁徙具有定期、定向、集群的特点。迁徙是鸟类对改变着的环境条件的一种积极适应本能。多发生在南、北半球。

#### （二）迁徙的类型

（1）留鸟：终年留居在出生地（繁殖区），不发生迁徙，如麻雀、喜鹊等。

（2）漂鸟：有些鸟类繁殖后离开生殖区，在其种的分布区域内迁移，无定居性、无方向性，主要是追随食物而转移，直到繁殖才回到生殖区，如煤山雀。

（3）候鸟：每年随季节的不同，在繁殖区与越冬区之间进行迁徙的鸟类。

夏候鸟：夏季飞来繁殖，秋季南去越冬的鸟类，如家燕、黄鹂等；

冬候鸟：秋冬季飞来越冬，春季北去繁殖的鸟类，如大雁、野鸭等。

（4）旅鸟：又称过路鸟，迁徙时途经本地，暂时栖息的鸟类，如黄胸鹀。

#### （三）迁徙的原因

（1）生态因素：季节性的气候变化、食物的变化等。

（2）生理因素：肾上腺分泌的皮质激素和脑垂体分泌的催乳素与诱发迁徙直接相关。

（3）历史因素：有学者提出鸟类的迁徙起源于新生代第四纪的冰川期，以后随着冰川周期性的向南侵袭和向北退去而形成南迁北徙。

**（四）迁徙的定向**

（1）视觉定向：依据对地形的记忆；白天飞行的鸟利用太阳定向；夜晚飞行的鸟利用星辰导航。

（2）利用地球磁场定向。

**四、鸟纲的分类**

现存的鸟类约有9700余种，分3个总目，33目、约190个科。3个总目为平胸总目、企鹅总目和突胸总目。

**（一）平胸总目**

翼退化，无龙骨突，无尾综骨及尾脂腺，羽毛均匀分布，无羽小钩，雄鸟具发达的交配器官，足2～3趾。

**（二）企鹅总目（适应水生生活）**

前肢鳍状，具鳞片状羽毛，尾短，腿短而移至身体后方，趾间具蹼，骨骼沉重。

**（三）突胸总目**

翼发达，善于飞翔，胸骨具龙骨突起，最后4～6枚尾椎骨愈合成一块尾综骨，具充气性骨骼，正羽发达，体表有羽区、裸区之分，雄鸟绝大多数无交配器官。我国26目81科，六个生态类群：游禽、涉禽、猛禽、攀禽、陆禽和鸣禽。

## 试题集锦

**一、名词解释**

愈合荐骨；双重呼吸；气囊；鸣管；腔上囊；迁徙；留鸟；夏候鸟；冬候鸟；早成雏；晚成雏；开放式骨盆；尾综骨；跗间关节；正羽；初级飞羽与次级飞羽；叉骨与龙骨突；绒羽与纤羽；视力双重调节。

**二、填空题**

（1）鸟类薄而松软的皮肤有利于飞翔时_____的活动和_____的剧烈运动。

（2）鸟类的皮肤薄而韧，缺少腺体，仅具_____，而作为鸟类典型特征的羽毛是由表皮角质化形成的，它可分为_____、_____和_____。

（3）鸵鸟和企鹅的羽毛均匀分布，无_____和_____之分。

（4）鸟类的胸大肌和_____肌均起于胸骨及龙骨突上，分别止于_____骨的_____和_____。

（5）鸟类具有适于树栖的肌肉，如_____和_____，二者均以长的肌腱贯行至趾端，前者的肌腱止于_____趾，后者的肌腱止于_____趾。

（6）鸟类的胃可分为_____和_____，后者有很厚的肌肉壁；另外其_____短而直，不贮粪便，开口于泄殖腔。

（7）鸟类的气囊与肺相连，是_____和_____伸出肺外末端膨大而成的膜质囊。

（8）鸟类的特殊发声器官_____，位于_____。

（9）鸟类由于具有_____个气囊，从而起到_____、_____、_____和_____的作用。

（10）鸟类迁徙的定向假说有好多种，大致可分为_____假说和_____两大类，前者有太阳定向假说、星辰定向假说等，后者则有嗅定向、地磁场定向假说。

（11）鸟类有一条发自左心室的_____，特具_____静脉。

（12）鸟类的受精卵在产出前，已在体内进行卵裂进入囊胚早期，由于_____，_____，所以不管把蛋放在哪个位置，其前者都是向上的，这有利于卵的孵化。

（13）现代最大的鸟是_____，其后肢仅具_____趾。世界上最小的鸟是_____，属于_____目。

（14）丹顶鹤和白鹳都具"三长"即_____长的特点，但前者的后趾与其他三趾不_____，它们分属于_____目和_____目。

（15）俗称的"老鹰"和"猫头鹰"分别属_____目和_____目，均为_____，都有吐_____的习性。

（16）绿孔雀和家燕分属_____目和_____目，从孵出的幼鸟发育程度来看，前者为_____鸟，而后者为_____鸟。

（17）鸟类起源于爬行类，但鸟类的祖先是如何从地栖生活转变为飞翔生活的，现有_____和_____两种假说。

## 三、判断题

（1）鸟羽与爬行类的角质鳞片是不同源的。　　　　　　　　（　　）

（2）鸟类丰富多彩的羽色来源于色素色和结构色。　　　　　（　　）

（3）会飞翔的鸟类胸骨发达，有高耸的龙突骨，鸵鸟和企鹅都不会飞翔，故它

们无龙骨突。 （    ）

（4）在鸟类食道的下端，都具有膨大的嗉囊，有临时贮存食物的功能。（    ）

（5）鸟类的肺由三级支气管和毛细支气管构成。 （    ）

（6）鸟类的心脏为完全的四腔，其相对大小在脊椎动物中排第二位。（    ）

（7）鸟类的肾为后肾，作用是排尿酸，有膀胱。 （    ）

（8）鸟类无交配器官，借雌雄鸟泄殖腔的吻合而受精。 （    ）

（9）鸟类与减轻体重相适应，所有雌性个体仅具左侧的卵巢和输卵管。（    ）

（10）鸟类卵的形状、颜色和窝卵数在同种鸟类是基本一致和稳定的，是种属的特征之一，因此可作为分类学上的依据。 （    ）

（11）鸟的孵卵期极为恒定，孵卵期的长短与鸟类的体型成正比，即小型鸟类孵卵期短，大型鸟类孵卵期长。 （    ）

（12）在我国境内，有些鸟类在北方是夏候鸟，而在南方又是冬候鸟，如丹顶鹤等。 （    ）

## 四、选择题

（1）鸟类的大脑发达是由于（    ）。

A. 嗅叶发达　　　　B. 纹状体发达　　　C. 新脑皮发达　　　D. 古脑皮发达

（2）鸟类一般有9个气囊，除单个（    ）外，均为左右成对。

A. 前胸气囊　　　　B. 后胸气囊　　　　C. 锁间气囊　　　　D. 腹气囊

（3）具有开放式骨盆的动物是（    ）。

A. 哺乳类　　　　　B. 爬行类　　　　　C. 鸟类　　　　　　D. 两栖类

（4）鸵鸟为鸟类今鸟亚纲（    ）的代表动物。

A. 平胸总目　　　　B. 突胸总目　　　　C. 企鹅总目　　　　D. 鸵鸟总目

（5）鸟类的发声器官位于（    ）。

A. 喉门　　　　　　　　　　　　　　　　B. 气管

C. 支气管　　　　　　　　　　　　　　　D. 气管与支气管交界处

（6）鸟类具有唾液腺，能分泌黏液，内含消化酶的鸟类是（    ）。

A. 所有鸟类　　　　　　　　　　　　　　B. 食鱼鸟类

C. 食谷物的燕雀类　　　　　　　　　　　D. 都没有

（7）羽毛呈鳞片状的鸟类是（    ）。

A. 鸵鸟　　　　　　　　　　　　　　　　B. 企鹅

C. 夜鹰　　　　　　　　　　　　　　　　D. 猫头鹰

（8）下列鸟类，（　　　）不具尾脂腺。

A. 游禽　　　　　　　B. 猛禽　　　　　　　C. 走禽　　　　　　　D. 鸣禽

（9）脊椎动物中，肋骨具钩状突的动物类群是（　　　）。

A. 两栖类　　　　　　B. 爬行类　　　　　　C. 鸟类　　　　　　　D. 哺乳类

（10）对一个吸入气团来说，鸟类从将其吸入到将其呼出，要经历（　　　）个呼吸周期。

A. 一　　　　　　　　B. 二　　　　　　　　C. 三　　　　　　　　D. 四

（11）著名滋补品"燕窝"是下列鸟类中（　　　）的巢。

A. 家燕　　　　　　　B. 金腰燕　　　　　　C. 金丝燕　　　　　　D. 雨燕

（12）作为森林益鸟，有"森林医生"美誉的鸟类是（　　　）。

A. 啄木鸟　　　　　　B. 杜鹃　　　　　　　C. 猫头鹰　　　　　　D. 灰喜鹊

（13）（　　　）为国家一级保护动物、足仅三趾且为突胸总目中最重的鸟类。

A. 白鹳　　　　　　　B. 大鸨　　　　　　　C. 丹顶鹤　　　　　　D. 褐马鸡

（14）猛禽中主食动物尸体的鸟类是（　　　）。

A. 鸢　　　　　　　　B. 红隼　　　　　　　C. 短耳　　　　　　　D. 秃鹫

## 五、简答题

（1）简述鸟类骨骼系统的特点。

（2）简述鸟类呼吸系统的特点。

（3）简述鸟类的皮肤和肌肉对飞翔生活所表现出来的适应。

（4）简述鸟类消化系统各部的结构和功能。

（5）简述鸟类神经系统及感觉器官的特点。

（6）简述鸟类与爬行类的相似性。

（7）简述鸟类在系统演化上的进步性。

（8）简述鸟类占区的生物学意义。

（9）动物体温恒定有什么生物学意义。

## 六、论述题

（1）试述鸟类在外形和内部构造上是如何适应飞翔生活的。

## 参考答案

## 一、名词解释

愈合荐骨：是由最后一枚胸椎、腰椎、荐椎、前面的几枚尾椎愈合而成的。如家鸽的愈合荐骨，成为腰荐部的坚强支柱。

双重呼吸：鸟类吸气时，大部分新鲜空气沿中支气管入后气囊，一小部分经次级支气管到副支气管，在此行气体交换；同时，前气囊扩张接受原来肺内含二氧化碳多的气体。呼气时，后气囊的富氧空气入肺经次支气管到副支气管进行气体交换，交换后入前气囊；同时前气囊二氧化碳多的气体经中支气管排出体外。这种呼气和吸气时肺内均有新鲜空气通过，且都能进行气体交换的现象，叫双重呼吸。

气囊：是鸟类气管分支的一部分，是中支气管和次级支气管伸出肺外末端膨大的膜质囊，主要有9个气囊；具有减轻身体比重、减少内脏间摩擦、体温调节及辅助双重呼吸的功能。

鸣管：是位于鸟类气管与支气管交界处的由气管特化成的发声器官。此处的内外侧管壁均变薄为鸣膜，鸣膜因气流震动而发声。

腔上囊：鸟类泄殖腔背方的特殊腺体，幼鸟发达，成体失去囊腔成为一个具有淋巴上皮的腺体结构。

迁徙：是鸟类对改变着的环境条件的一种积极适应本能，是每年在繁殖区与越冬区之间的周期性迁居，具有定期、定向、集群的特点。

留鸟：通常把终年留居在繁殖地，不迁徙的鸟类称留鸟。

夏候鸟：夏季在我国境内繁殖，秋季离开我国到温暖的南方国家越冬，翌春又返回到我国的鸟类称夏候鸟，如家燕等。

冬候鸟：冬季在我国境内越冬，春夏离开我国到北部地区进行繁殖，秋季又回到我国境内的鸟类，称为冬候鸟，如某些雁鸭类等。

早成雏：凡是刚孵出的幼鸟，已充分发育，密被绒羽，眼已张开，羽毛干后就能站立并能自己觅食的，称早成雏（鸟），如鸡形目、雁形目等鸟类。

晚成雏：凡是刚孵出的幼鸟，尚未充分发育，体表光裸或微具稀疏小绒，眼未张开，必须留在巢内由亲鸟饲养一段时间，完成后期发育，才能逐渐独立生活的称晚成雏（鸟），如雀形目、猛禽等鸟类。

开放式骨盆：鸟类的耻骨退化，且左右坐骨和耻骨不在腹中线处相汇合联结，而是一起向侧后方伸展构成的骨盆，与产生大型硬壳卵有关。

尾综骨：鸟类的最后几枚尾椎愈合在一起而形成的结构，有支撑扇形尾羽的功能。

跗间关节：鸟类的跗骨分为两部分，上部与胫骨愈合为胫跗骨，下部则与跖骨愈合为跗跖骨，二者构成了跗间关节，即关节在跗骨之间，这利于鸟类的起飞和降落。

正羽：为覆盖在鸟类体表的大型羽片，是鸟类的基本羽毛。由中空的羽轴和羽片所构成，羽轴又分为具羽毛的羽干和插入皮肤的羽根。羽干的两侧斜生平行的羽支，羽支两侧又生出许多羽小支，相邻的羽小支相互钩连，结成有弹性的羽片。

初级飞羽与次级飞羽：着生在鸟类腕、掌、指骨上的一列飞羽，称之为初级飞羽；着生在鸟类尺骨上的飞羽，称次级飞羽。

叉骨与龙骨突：鸟类左右锁骨下端联合即成"V"形的叉骨，避免了飞翔时左右肩带的相撞。龙骨突为鸟类胸骨腹中线处的隆起，以扩大飞翔肌肉的附着面。

绒羽与纤羽：绒羽无羽干，羽根短，羽支细长丛生于羽根顶端，羽小支不具钩，蓬松成绒状，着生于正羽之下，有保温作用。纤羽似毛发，仅毛干顶端着生少数短的羽支，杂生于其他羽毛之间及口鼻部，有触觉作用。

视力双重调节：鸟类不仅有调节眼球晶状体凸度和晶状体与角膜之间距离的睫状肌，还具有改变角膜凸度的角膜调节肌，能迅速改变视力，被称为视力双重调节。

## 二、填空题

（1）羽毛；肌肉。

（2）尾脂腺；正羽；绒羽；纤羽。

（3）羽区；裸区。

（4）胸小；肱；腹面；背面。

（5）贯趾屈肌；腓骨中肌；拇；二、三、四。

（6）腺胃；肌胃；直肠。

（7）中支气管；次级支气管。

（8）鸣膜或鸣管；气管与支气管交界处。

（9）九；参与双重呼吸；减少飞行时器官之间的碰撞与摩擦；调节比重，有利于飞翔；调节体温。

（10）视觉定向；非视觉定向。

（11）右体动脉弓；尾肠系膜。

（12）胚盘较轻；卵黄较重。

（13）非洲鸵鸟；二；蜂鸟；雨燕。

（14）嘴、颈、腿；在一平面上；鹤形；鹳形。

（15）隼形；鸮形；猛禽；食丸。

（16）鸡形；雀形；早成；晚成。

（17）树栖起源；奔跑起源。

## 三、判断题

（1）—（5）：×√××√；（6）—（10）：××××√；

（11）—（12）：√√。

## 四、选择题

（1）—（5）：BCCAD；（6）—（10）：CBCCB；（11）—（14）：CABD。

## 五、简答题

（1）① 骨薄、愈合、内有腔隙；② 头骨薄有腔隙、愈合、无齿，颌骨极度前伸；③ 寰枢椎，异凹型椎体，具胸廓，肋骨有钩状突，愈合荐骨，尾综骨，龙骨突；④ "V" 形叉骨，前肢特化为翼，愈合成腕掌骨，四指；⑤ 开放式骨盆，髂骨与愈合荐骨愈合，腓骨退化为刺状，跗趾骨与胫跗骨成跗间关节。

（2）① 肺为三级支气管及毛细支气管构成的彼此连通的复杂支气管网络系统，有中支气管、背腹支气管和副支气管；② 气囊9个，其中锁间气囊一个，其他两个，即颈气囊、前胸气囊和腹气囊；③ 双重呼吸，即呼气、吸气时肺内均有新鲜空气通过，均可进行气体交换；④ 气管和支气管有软骨环支持，有鸣管。

（3）① 皮肤具有薄、松、韧、干特点，有利于羽毛的活动、肌肉的运动；② 具有正羽，特别是尾羽，起平衡作用。飞羽则对飞翔起决定作用；③ 羽毛有羽区和裸区之分，利于飞翔时肌肉收缩；④ 胸大肌、胸小肌特别发达；⑤ 皮下肌发达。

（4）① 具有角质喙、无牙齿，有唾液腺，喙、舌形状因食性不同而变化；② 食道长，口咽腔短，食鱼、谷的鸟具嗉囊；③ 胃分腺胃和肌胃，前者分泌消化液，后者具后肌肉壁，加强了消化能力；④ 小肠分十二指肠、空肠和回肠，大肠始部有一对盲肠，具吸水和消化纤维素之用，直肠短而直，不贮存粪便，随时排出，直肠开口于泄殖腔。

（5）① 嗅叶退化，很小；② 大脑很发达，但大脑皮层不发达，纹状体发达；③ 中脑形成的视叶发达；④ 小脑很发达，与飞翔时平衡有关；⑤ 眼大，具眼睑、瞬膜、环状巩膜骨、栉膜、巩膜角膜肌，视力为双重调节；⑥ 雏形外耳道，仅耳柱骨。

（6）① 皮肤干燥，缺腺体，羽毛、鳞片均为表皮角质化产物；② 一枕髁，具跗间关节；③ 后肾、排尿酸；④ 卵生的羊膜动物，多黄卵，盘状卵裂，胚胎发育时具尿囊和羊膜。

（7）① 具高而恒定的体温，减少对环境的依赖性；② 心脏四腔完全，完全双循环，循环效率高，提高消化水平；③ 发达神经系统、感官，更好协调内外环境；

④ 具营巢、孵卵、育雏等完善的繁殖行为，保证了后代的高成活率。

（8）① 保证营巢鸟类能在距巢址最近的范围内，获得充分的食物供应；② 调节营巢地区内鸟类种群的密度和分布，以有效地利用自然资源；③ 减少对其他鸟类配对、筑巢、交配及孵卵、育雏等活动的干扰；④ 对附近参加繁殖的同种鸟类心理活动产生影响，起着社会性的兴奋作用。

（9）鸟类和哺乳类都是恒温动物，即体温不随外界环境的变化而变化，保持相对恒定。

① 高而恒定的体温，促进了体内各种酶的活动，大大提高了新陈代谢水平；② 在高温下，机体细胞对刺激的反应迅速而持久，肌肉的黏滞性下降，因而肌肉收缩快速有力，显著提高快速运动的能力，有利于捕食和避敌；③ 恒温减少了对环境的依赖性，扩大了生活和分布的范围，特别是可获得在夜间积极活动的能力，得以在寒冷地区生活，从而保证恒温动物在竞争中占据有利地位，更有利于其进化发展。

## 六、论述题

（1）① 体成纺锤形，减少阻力；具眼睑、瞬膜、巩膜骨板；具尾羽、飞羽；② 皮肤薄而松韧，有利于飞翔时羽毛活动及肌肉收缩，羽裸区之分利于飞翔时肌肉收缩；③ 骨坚、薄、轻、愈合，无齿，寰枢椎、异凹形椎体利于头活动，"V"字形叉骨、肋骨有钩状突、龙骨突、愈合荐骨、尾综骨，腕掌骨愈合；前肢特化为翼，髋骨与愈合荐骨愈合，腓骨退化为刺状，胫跗骨与跗趾骨构成跗间关节；④ 胸大肌、胸小肌发达；⑤ 消化系统发达，有腺肌胃之分，直肠短不贮存粪便；⑥ 具气囊、复杂支气管网络系统、肺，双重呼吸；⑦ 完全双循环；⑧ 神经和感官发达，纹状体发达、视叶发达，眼大且为视力的双重调节；⑨ 后肾，排尿酸，无膀胱，与粪便一同排出；⑩ 雌性绝大多数仅有左输卵管和卵巢。

# 第二十章　哺乳纲（Mammalia）

知 识 速 览

　　哺乳纲是动物界结构最复杂、机能最完善、进化水平最高的一个纲，通称兽类。多数哺乳动物全身被毛、运动快速、恒温胎生、体内有膈，因能通过乳腺分泌乳汁哺乳幼体而得名。哺乳动物可分为原兽亚纲、真兽亚纲和后兽亚纲。哺乳动物适应辐射现象明显，广泛分布于世界各种栖息地。本章重点掌握哺乳动物的先进性和主要特征；掌握哺乳动物骨骼系统的鉴别性特征、皮肤衍生物、子宫的类型、肾脏的结构、功能及泌尿过程等；了解哺乳动物的分亚纲和分目概况；了解哺乳动物与人类的关系，增强动物保护意识。

知 识 要 点

## 一、哺乳纲的先进性

（1）高度发达的神经系统和感官，能协调复杂的机能活动和适应多变的环境条件。

（2）出现口腔咀嚼和消化，大大提高了对能量的摄取。

（3）高而恒定的体温（25～37℃），减少了对环境的依赖性。

（4）快速运动的能力。

（5）胎生（原兽亚纲除外），哺乳，保证了后代有较高的成活率。

## 二、胎生、哺乳及其在脊椎动物演化史上的意义

### （一）胎生（Viviparous）

胎生是哺乳动物特有的生殖方式，即胎儿借胎盘与母体联系并且从母体获得营养和排出代谢废物，在母体里完成胚胎发育过程（妊娠），直到形成幼仔后才从母

体产出的生殖方式。

1. 胎盘（Placenta）

胎盘是指由胎儿的尿囊膜、绒毛膜和母体的子宫壁内膜共同构成的连接体。胎盘为胚胎提供营养、排出废物、制造激素及具有免疫功能。

（1）胎盘的类型：无蜕膜胎盘（散布状胎盘和叶状胎盘）和蜕膜胎盘（环状胎盘和盘状胎盘），人的胎盘为蜕膜胎盘中的盘状胎盘。

（2）妊娠期：从受精卵发育至胎儿成熟产出的时间段，在母体子宫内完成。

（3）分娩：胎儿发育完成后产出。

2. 卵黄囊胎盘（Yolk sac placenta）

后兽亚纲（如大袋鼠）胚胎的绒毛膜和卵黄囊与母体的子宫内膜结合形成卵黄囊胎盘；它不是真正的胎盘，幼仔发育不完全即产出，需在母体腹部育儿袋中继续发育至成熟。

3. 卵生（Oviparous）

卵生是低等哺乳动物的生殖方式，如原兽亚纲的鸭嘴兽。

**（二）哺乳（Breast feeding）**

母兽具有乳腺和乳头，乳腺能分泌含有多种养料和维生素的乳汁，母兽以乳汁哺育幼仔，哺乳动物以此得名。一般来说，母兽乳头的对数与产仔个数有关。卵生的原兽亚纲动物具乳腺但无乳头，母兽孵化出的幼兽舔食母兽腹部乳腺区分泌的乳汁。

**（三）胎生和哺乳的生物学意义**

胎生的生物学意义：胎生为发育的胚胎提供保护、营养以及稳定的恒温发育条件，是保证酶活动和代谢活动正常进行的有利因素，使外界环境条件对胚胎发育的不利影响减小到最小程度。

哺乳的生物学意义：哺乳使后代在优越的营养条件下迅速地发育成长。加之哺乳类对幼仔有各种完善的保护行为，因而成活率高，与之相关，所产幼仔数目减少。

**三、哺乳纲的躯体结构概述**

**（一）外形**

体外被毛，身体分头、颈、躯干、四肢和尾。适应辐射明显：陆生、水栖、飞翔、穴居等。

**（二）皮肤系统及其衍生物**

（1）组成：表皮、真皮及其衍生物。

（2）功能：抗透水、感觉、调节体温、抵抗张力、阻止细菌入侵、排泄和分泌等。

（3）特点：表皮和真皮均加厚，表皮角质层发达；真皮具有极强的韧性；皮肤衍生物复杂多样，包括毛、皮肤腺（皮脂腺、汗腺、乳腺、味腺）、爪、指甲、蹄、鳞、角（角质纤维角，如犀牛角；洞角，如牛角；实角，如鹿角）等。

鹿茸：刚生出的鹿角外包富有血管的皮肤，称为鹿茸。

### （三）支持和运动系统

1. 骨骼系统

（1）骨骼的鉴别性特征：由肘、膝关节形成，颈椎7枚，下颌由单一齿骨构成，头骨具两个枕骨髁和牙齿异型。

（2）演化趋向：骨化完全，愈合简单，长骨生长限于早期。

（3）组成：中轴骨骼（头骨、脊柱、胸骨和肋骨）和附肢骨骼。

① 双平型椎体：椎体之间有软骨构成的椎间盘，内有一髓核，是退化的脊索。

② 椎间盘：坚韧且富有弹力，可吸收和缓冲运动对脊柱的震动，增加了脊柱的灵活性。

2. 肌肉系统

（1）四肢肌肉强大。

（2）有特殊的行呼吸作用的膈肌，为哺乳动物所特有。肌纤维起自胸廓后端肋骨缘，止于中央腱，构成分隔胸腔和腹腔的膈。

（3）皮肤肌发达，灵长类面部的皮肤肌发展为表情肌。

（4）咀嚼肌强大，完成捕食、撕咬并咀嚼，提高了口腔的消化功能。

（5）腹部的腹直肌仍保留原始分节状态。

### （四）消化系统

消化管高度分化，消化腺发达，出现了口腔消化。

（1）具唾液腺：耳下腺、颌下腺和舌下腺，分泌物含唾液淀粉酶，可以在口腔内进行初步化学消化。

（2）异型齿：牙齿分化为门齿（切割食物）、犬齿（刺穿、撕裂食物）、前臼齿、臼齿（研磨食物），还有威慑、打斗的作用。

（3）反刍兽的胃为复胃：由瘤胃、网胃（蜂巢胃）、瓣胃和皱胃（胃本体）组成，瘤胃与盲肠作用一样，皱胃能分泌胃液。

### （五）呼吸系统

鼻腔和口腔完全分开，肺海绵状，由复杂的支气管树和最盲端的肺泡组成，具肌肉质的横膈。

### （六）循环系统

（1）完全的双循环：心脏由两心房两心室构成，多氧血和缺氧血完全分开。

（2）动静脉系统：仅具左体动脉弓，静脉系统主干趋于退化，前大静脉（上腔静脉）和后大静脉（下腔静脉）取代了低等四足动物成对的前主静脉和后主静脉，而后主静脉前段演变成了哺乳动物特有的奇静脉和半奇静脉；肾门静脉和腹静脉消失。

（3）红细胞：人成熟的红血细胞无核，呈双凹透镜形（骆驼卵球形），血红蛋白占红细胞重量的2/3。

（4）淋巴循环：极发达，为静脉系统的辅助部分，帮助收集和输送淋巴液返回心脏，具淋巴结、扁桃体、脾脏和胸腺等淋巴器官。

### （七）排泄系统

（1）排泄途径：泌尿系统、皮肤、呼吸道和消化道。

（2）组成：肾脏（1对，泌尿）、输尿管（1对，导尿）、膀胱（1个，贮尿）和尿道（排尿）。

（3）肾脏：肾单位［肾小体（血管球和肾小囊）和肾小管］执行泌尿功能，代谢废物主要为尿素。

（4）原尿的产生：血液由较粗的入球小动脉进入血管球，再由较细的出球小动脉流出，在血管球内产生了血压差。肾小囊像一个血液过滤器，由于血压差，血液中除血细胞和大分子的蛋白质外，其他物质如水、葡萄糖、钠盐、尿素、尿酸等均过滤到球囊腔中，在此形成原尿。

原尿流向：原尿在由肾小管向外排出的过程中，其中的水分、钠盐和葡萄糖等有用物质被肾小管重吸收后形成终尿。原尿中的水分仅1%从终尿中排出。

尿的产生和排出过程：肾小体的肾小囊—肾小管（近曲小管—髓祥—远曲小管）重吸收—集合管重吸收（成为终尿）—肾盏—肾盂—输尿管—膀胱—尿道—体外。

### （八）生殖系统

1. 雄性生殖系统

雄性生殖系统包括精巢、附睾、输精管和附属腺体等。

（1）精巢一对，常位于阴囊内，由许多曲细精管组成，产生精子，分泌雄性激素。曲细精管经输出小管连通附睾，附睾管壁细胞分泌酸性物质利于精子存活并发育成熟。附睾末端与输精管相连，输精管末端与尿道相通，尿道开口于阴茎前端。

（2）附属腺体：

① 精囊腺：位于膀胱基部和输精管膨大部的背面。分泌物可稀释精液。

② 前列腺：位于精囊腺后方，分泌物呈碱性，可中和阴道中的酸性物质，有利于精子成活。

③ 尿道球腺：位于尿道背壁，前列腺后方，表面被海绵体肌覆盖。分泌物起冲洗尿道、阴道、中和阴道内酸性物质的作用。

2. 雌性生殖系统

雌性生殖系统包括卵巢、输卵管、子宫、阴道等。

（1）卵巢：一对，产生卵子和雌性激素；雌性激素可以促进生殖管道和乳房的发育以及第二性征的成熟。

（2）输卵管：输卵管位于卵巢上方，借喇叭口开口于体腔，喇叭口边缘呈不规则伞状，叫输卵管伞部。

（3）子宫：为输卵管后部膨大处，是胎儿发育的场所。子宫经阴道开口于体外。

子宫的类型：双子宫（兔、啮齿类）；分隔子宫（猪）；双角子宫（有蹄类、食肉类）；单子宫（翼手类、灵长类）。

3. 动情

哺乳动物性成熟以后，在一年中的某些季节，规律性地进入发情期，这种行为称为动情。卵在动情期内排出，非动情期卵巢处于休止状态。

大多数哺乳类一年中仅出现1～2次动情期，如某些单孔类、有袋类、偶蹄类、食肉类；少数为多动情期，在一年的某些时期不断地出现几天为一周期的动情，如啮齿类及灵长类。

4. 影响繁殖的因子

繁殖受神经系统控制，通过脑下垂体和性腺分泌的激素调节性器官的活动，并受营养条件、光照变化、异性刺激等方面的影响。

**（九）神经系统和感官**

1. 神经系统

（1）中枢神经系统：脑和脊髓。

① 大脑：尤为发达，表现为体积增大，新脑皮层加厚，表面出现沟和回，神经

元数量大大增加；两大脑半球之间出现了互相联系的横向神经纤维，即胼胝体。脑的机能皮层化，大脑为高级神经活动中枢。

②间脑：感觉传导的中继站、调节植物性神经中枢；脑下垂体也位于间脑。

③中脑：背面是四叠体，上叠体司视觉，下叠体司听觉，腹面是大脑脚，由传出神经构成。

④小脑：发达，首次出现小脑半球，是运动协调和维持躯体平衡的中枢。

⑤延脑：重要的内脏活动中枢，调节呼吸、消化、循环、汗腺分泌及各种防御反射（如咳嗽、呕吐、眨眼等），被称为"活命中枢"。

（2）外周神经系统：

①按发出部位划分：脑神经12对，头部和内脏器官，脊神经支配躯干部肌肉、皮肤，司机体的运动和感觉。

②按功能划分：躯体神经分布于体表和骨骼肌，内脏神经（植物性神经）分布于内脏、血管和腺体。

内脏神经：感觉和运动神经，内脏运动神经又称植物性神经，分为交感神经和副交感神经。

2.感官

（1）嗅觉：发达，是脊椎动物之冠，鼻腔长，鼻甲骨复杂化，嗅黏膜表面积增大。

（2）听觉：有外耳廓，可动；听小骨3块，分别为：镫骨、砧骨和锤骨。耳蜗发达。

（3）视觉：晶体曲率适中，不近视和远视。睫状肌为平滑肌，虹彩发达，调节灵活，瞬膜退化，有眼睑，泪腺发达。夜出性动物不发达。

**（十）内分泌系统**

1.组成

包括分散在体内的各种无管腺体（即内分泌腺）与分散在机体各处的内分泌细胞。

（1）内分泌腺：脑垂体、甲状腺、甲状旁腺、胰岛、肾上腺、性腺、胸腺等。

（2）内分泌细胞：如消化道黏膜、心、肾、肺、皮肤、胎盘等部位。

2.功能

信息传递系统，与神经系统相互作用，紧密联系，调节机体各种机能，维持内环境的稳定。信息传递物为内分泌细胞产生的激素。

激素：内分泌腺或内分泌细胞所分泌的生物活性物质。激素经血液传送至靶细胞或靶器官后发挥刺激或抑制作用。

### 四、哺乳纲的分类

**（一）原兽亚纲（Prototheria）**

主要特征和常见种类

**（二）后兽亚纲（Metatheria）**

主要特征和常见种类

**（三）真兽亚纲（Eutheria）**

各目的主要特征和常见种类

### 五、哺乳动物的经济意义

**（一）有益方面**

略。

**（二）有害方面**

略。

## 试题集锦

### 一、名词解释

胎盘；胎生；哺乳；卵黄囊胎盘；复胃；双平型椎体；胼胝体；实角；洞角；异型齿；裂齿；齿式；颧弓；反刍；肾单位；脑桥；双分子宫与双角子宫；双子宫与单子宫；蜕膜胎盘；无蜕膜胎盘。

### 二、填空题

（1）哺乳动物分为_____、_____和_____三个亚纲，袋鼠属于_____亚纲。

（2）_____、_____和_____动物统称为羊膜动物，_____和_____动物统称为恒温动物。

（3）哺乳动物的胎盘分为_____胎盘和_____胎盘，前者包括_____胎盘和_____胎盘，后者包括_____胎盘和_____胎盘。

（4）反刍兽的胃由_____、_____、_____和_____组成，_____是胃的本体部分。

（5）哺乳动物的唾液腺包括_____、_____和_____。

（6）哺乳动物的大脑脑皮为_____，连接两个大脑半球的神经纤维为_____，小脑具有_____半球，_____脑为活命中枢。

（7）哺乳动物的子宫分为_____、_____、_____和_____四种类型。

（8）哺乳类的皮肤衍生物有毛、爪、甲、蹄、角及皮肤腺等，其中爪、甲、蹄为指（趾）端表皮角质化的产物，它们都由_____和_____构成；而角则为头部表皮和真皮的特化产物，常见的有_____角和_____角。

（9）猪、牛等有很厚的_____，能用其制革，是由_____组织构成的。

（10）哺乳类的皮下组织，是由_____组织构成的，其中含有大量脂肪细胞，构成了皮下脂肪层，具有_____作用，也是_____的储备库，有_____习性的刺猬及水栖的鲸等脂肪层发达。

（11）毛由_____和_____两部分组成，依其形态和性质可分为针毛、_____和_____三种类型。

（12）鹿茸是指外包带有_____和_____的皮肤时的鹿角。

（13）哺乳类的皮肤腺可分为_____、_____、_____和_____四类。

（14）哺乳类的皮肤腺来源于表皮的_____，为多细胞腺体，其中_____为哺乳动物所特有，由_____演变而来，为_____复合腺。

（15）_____为哺乳动物所特有，构成了_____的外壁和外耳道的一部分。

（16）哺乳动物的椎体为_____椎体，颈椎除_____、_____外，恒为_____枚。

（17）哺乳动物椎体间有软骨质的_____，能缓冲运动时对脑及内脏的震动；肋骨与胸椎数目一致，从前往后依次可分为_____肋、_____肋和_____肋。

（18）反刍动物如牛、羊的胃是_____，一般分为_____、网胃、瓣胃和_____，前三室为_____的变形，后者则为胃的本体。

（19）哺乳类的体动脉弓仅_____保留，其左房室之间的瓣膜为_____，右房室之间的瓣膜为_____，在体动脉和肺动脉发出处各有三个_____。

（20）哺乳类的静脉系统表现为_____门静脉完全消失。

（21）哺乳类的肾脏从纵剖面上看，可区分为_____、髓质和_____三部分；肾脏的实质是由许多肾单位和排尿的集合小管构成的，肾单位由肾小体和_____组成，而肾小体又是由_____和肾小囊组成的。

（22）经肾小囊内壁过滤到其内的液体称_____，这些液体在分别经过

_____、_____和_____时，大部分水、无机盐离子和几乎全部葡萄糖被重吸收而成为终尿。

（23）哺乳类中_____目上颌具两对门齿，_____目为唯一会飞翔的哺乳动物，而纯水栖的哺乳动物则分属_____目和_____目。

（24）刺猬、金丝猴、褐家鼠和大熊猫依次属于_____目、_____目、_____目和_____目。

（25）斑海豹、亚洲象、梅花鹿和野驴依次属于_____目、_____目、_____目和_____目。

（26）亚洲象与非洲象比较，前者具有以下特点：① 体型_____；② 鼻端有_____个指状物；③ 仅雄性有_____；④ 后足_____。

## 三、选择题

（1）哺乳动物的皮肤腺包括（　　　）。

A.毒腺、黏液腺、股腺、鼠蹊腺和耳后腺

B.汗腺、皮脂腺、乳腺和臭腺

C.口腔腺

D.唾液腺、胃腺、肠腺、内分泌腺和外分泌腺

（2）（　　　）动物是头部长角的哺乳动物。

A.偶蹄目鹿科　　　B.奇蹄目马科　　　C.灵长目猴科　　　D.啮齿目河狸科

（3）哺乳动物的下颌骨由（　　　）组成。

A.前颌骨、齿骨和隅骨　　　　　　B.齿骨、关节骨和夹板骨组成

C.齿骨组成　　　　　　　　　　　D.下颌骨、齿骨、方骨和关节骨组成

（4）关于兽类附肢骨的位置和肘、膝关节的方向的描述，正确的是（　　　）。

A.在躯干部的两侧，肘关节向前，膝关节向后

B.在躯干部的背侧，肘关节、膝关节向外侧

C.在躯干部的腹面，肘关节向后，膝关节向前

D.在躯干部的两侧，肘关节向后，膝关节向前

（5）兽类特有的肌肉是（　　　）。

A.臀大肌　　　　　　B.胸肌　　　　　　C.肱二头肌　　　　　D.膈肌

（6）兽类的牙齿已高度分化为（　　　）。

A.端生齿、侧生齿和槽生齿　　　　B.同形齿和异形齿

C.皮齿、伪齿、犁齿和咽喉齿　　　D.门齿、犬齿、前臼齿和臼齿

（7）兽类的肾单位——肾小体是由（　　　）。

A. 肾小球和肾小囊构成

B. 肾盂和肾小管构成

C. 下行毛细血管网和上行毛细血管网构成

D. 肾小球和肾小管构成

（8）原兽亚纲的原始性特征包括（　　　）。

A. 体表被毛，嘴呈鸭嘴形或针形　　　　B. 卵生，具泄殖腔孔，体温不很恒定

C. 有乳腺，无乳头，体温恒定　　　　　D. 卵胎生，具泄殖腔孔，体温不很恒定

（9）对后兽亚纲的描述，正确的是（　　　）。

A. 卵黄囊型胎盘，胎儿发育极不完全，在母兽腹部的育儿袋中哺育成长

B. 无胎盘、卵生

C. 有胎盘、胎生

D. 乳腺发达、有乳头

（10）兽类中，种类最多的目为（　　　）。

A. 啮齿目　　　　　B. 食肉目　　　　　C. 鲸目　　　　　D. 贫齿目

（11）头骨的枕骨部分，具有两枚枕骨髁的动物有（　　　）。

A. 鱼类、两栖类和哺乳类　　　　　B. 爬行类和鸟类

C. 哺乳类和两栖类　　　　　　　　D. 爬行类和两栖类

（12）哺乳动物的呼吸器官是（　　　）。

A. 肺泡　　　　　B. 肺囊　　　　　C. 气囊　　　　　D. 囊鳃

（13）成体用后肾作为泌尿器官的动物类群包括（　　　）。

A. 圆口类、鱼类和两栖类　　　　　B. 爬行类、鸟类和哺乳类

C. 鸟类、两栖类和文昌鱼类　　　　D. 哺乳类和两栖类

（14）具有泄殖腔的动物有（　　　）。

A. 鸭嘴兽和针鼹　　　B. 袋鼠　　　　　C. 犰狳　　　　　D. 海獭

（15）针鼹属于（　　　）。

A. 原兽亚纲　　　　　　　　　　　B. 后兽亚纲

C. 真兽亚纲　　　　　　　　　　　D. 食虫目

（16）关于原兽亚纲的描述，不正确的是（　　　）。

A. 卵生　　　　　　　　　　　　　B. 有乳腺，但无乳头

C. 单孔类　　　　　　　　　　　　D. 大脑皮层具胼胝体

（17）关于后兽亚纲的描述，不正确的是（　　　）。

A. 雌体腹部具育儿袋　　　　　　　　B. 胎生，具卵黄囊型胎盘

C. 大脑体积小，无胼胝体，无沟回　　D. 泄殖腔发达

（18）哺乳动物中能飞翔的种类为（　　　）。

A. 啮齿目　　　　　B. 食虫目　　　　　C. 偶蹄目　　　　　D. 翼手目

（19）大熊猫、东北虎和亚洲象的濒危等级分别为（　　　）。

A. 濒危、濒危、濒危　　　　　　　　B. 濒危、易危、濒危

C. 易危、濒危、濒危　　　　　　　　D. 濒危、濒危、易危

（20）白鳍豚属于（　　　）。

A. 鳍脚目　　　　　B. 鲸目　　　　　C. 贫齿目　　　　　D. 食肉目

（21）家兔是由（　　　）经过人类长期饲养驯化而来的。

A. 草兔　　　　　B. 华南兔　　　　　C. 欧洲野兔　　　　　D. 鼠兔

（22）哺乳类的淋巴系统，包括淋巴液、淋巴管、淋巴结和其他淋巴器官，它不仅有辅助静脉将组织液运回心脏、制造淋巴细胞参与免疫的功能，还是（　　　）运输的主要途径。

A. 氨基酸　　　　　B. 单糖　　　　　C. 红细胞　　　　　D. 脂肪

（23）"活命"中枢指的是（　　　）。

A. 大脑　　　　　B. 延脑　　　　　C. 中脑　　　　　D. 小脑

（24）在下列哺乳类中与食虫类亲缘关系较近的是（　　　）。

A. 灵长类　　　　　B. 啮齿类　　　　　C. 翼手类　　　　　D. 偶蹄类

（25）（　　　）为我国一级保护动物，是我国特产的珍稀水兽。

A. 抹香鲸　　　　　B. 小须鲸　　　　　C. 海牛　　　　　D. 白鳍豚

（26）如果一头骨的下颌骨仅有齿骨组成，且直接与颅骨关节，那这便被确定为是（　　　）的头骨。

A. 两栖类　　　　　B. 鸟类　　　　　C. 爬行类　　　　　D. 哺乳类

## 四、判断题

（1）猪的胃是反刍胃，它由瘤胃、蜂巢胃、瓣胃和皱胃组成。　　　　　（　　　）

（2）兽类为恒温动物，均不存在冬眠现象。　　　　　　　　　　　　（　　　）

（3）多数兽类的牙齿为再生齿、异型齿和侧生齿。　　　　　　　　　（　　　）

（4）鹿角和犀牛角都是表皮的衍生物。　　　　　　　　　　　　　　（　　　）

（5）哺乳类都具有胎生和哺乳的特点。　　　　　　　　　　　　　　（　　　）

（6）家兔的膀胱属于泄殖腔膀胱。 （  ）

（7）兽类循环系统中，动脉中流动的为动脉血，静脉中流动的为静脉血。

（  ）

（8）袋鼠是原兽亚纲的代表动物之一。 （  ）

（9）鸭嘴兽卵生，但能分泌乳汁哺育幼仔。 （  ）

（10）内分泌腺或内分泌细胞所分泌的生物活性物质被称为激素。 （  ）

（11）脑下垂体位于间脑。 （  ）

（12）脾脏是哺乳动物体内最大的淋巴器官。 （  ）

（13）与沙漠干旱环境相适应，骆驼的红血细胞呈卵圆形。 （  ）

（14）听小骨之一的镫骨的演化路线是：舌颌软骨—舌颌骨—耳柱骨—镫骨。

（  ）

（15）循环系统的进化路线是：单循环—不完全双循环—完全双循环。 （  ）

（16）哺乳类的下颌骨由一对齿骨构成。 （  ）

（17）人的胎盘为蜕膜胎盘中的盘状胎盘。 （  ）

（18）乳腺是一种由管状腺和泡状腺组成的复合腺体。 （  ）

（19）刚生出的鹿角外包富有血管和神经的皮肤，称为鹿茸。 （  ）

（20）新小脑、胼胝体和脑桥等结构只存在于哺乳动物中。 （  ）

## 五、简答题

（1）简述哺乳动物的先进性。

（2）概述哺乳动物骨骼系统的鉴别性特征。

（3）举例说明哺乳纲分亚纲概况。

（4）比较古脑皮、原脑皮和新脑皮。

（5）比较硬骨鱼类、两栖纲和哺乳纲呼吸器官的组成情况。

（6）简述哺乳动物五部脑内的特有结构（不少于4个）。

## 六、论述题

（1）为什么说哺乳动物是动物界中结构最复杂、机能最完善、进化水平最高的动物类群？

（2）（提高题）结合鼠类生殖系统的特点，试论述如何在全球气候变化的背景下有效控制鼠害发生。

（3）（提高题）大熊猫（*Ailuropoda melanoleuca*）已在地球上生存了至少800万年，被誉为"活化石"和"中国国宝"，WWF的形象大使，是世界生物多样性保护的旗舰物种。调查结果显示，截至2013年年底，全国野生大熊猫种群数量达1864只，圈养大熊猫种群数量达到375只，野生大熊猫栖息地面积为258万公顷，潜在栖息地91万公顷，分布在四川、陕西、甘肃三省的17个市（州）、49个县（市、区）、196个乡镇。鉴于大熊猫保护取得的卓越成效，2016年IUCN建议大熊猫由濒危物种调整为易危物种。

问题1：请写出WWF和IUCN的中文名称。

问题2：请大家结合文献资料，总结最近十年我国在大熊猫保护方面取得的主要成就。

（4）（提高题）2021年，随着亚洲象"组团儿"从"老家"西双版纳一路北上，迁移近500千米，几乎跨越了半个云南省，这一现象引起了国内外媒体的广泛关注。请结合你所学习到的动物学知识，谈谈亚洲象非正常迁徙的主要原因是什么？如何加强亚洲象的就地保护工作，做到"盯紧象、管好人、理好赔"，提高公众的生态文明意识。

## 参考答案

### 一、名词解释

胎盘：胎盘是指由子体的尿囊膜、绒毛膜和母体的子宫壁共同构成的连接体。为胚胎提供营养、排除废物、制造激素及具有免疫功能。

胎生：是哺乳动物特有的生殖方式，即胎儿借胎盘与母体联系并且从母体获得营养和排出代谢废物，在母体里完成胚胎发育过程（妊娠），直到形成幼仔后才从母体产出的生殖方式。

哺乳：母兽具有乳腺和乳头，乳腺能分泌含有多种养料和维生素的乳汁，母兽以乳汁哺育幼仔，哺乳动物以此得名。一般来说，母兽乳头的对数与产仔个数有关。

卵黄囊胎盘：后兽亚纲胚胎的绒毛膜和卵黄囊与母体的子宫内膜结合形成卵黄囊胎盘；它不是真正的胎盘，幼仔发育不完全即产出，需在母体腹部育儿袋中继续发育至成熟。

复胃：反刍兽的胃为复胃，由瘤胃、网胃（蜂巢胃）、瓣胃和皱胃（胃本体）组成，瘤胃与盲肠作用一样，皱胃是胃本体，能分泌胃液。

双平型椎体：椎体之间有软骨构成的椎间盘，坚韧且富有弹力，可吸收和缓冲运动时对脊柱的震动，增加了脊柱的灵活，内有一髓核，是退化的脊索。

胼胝体：两大脑半球之间相互联系的横向神经纤维，即胼胝体。

实角：是由真皮骨化后形成的，末端分叉的实心骨质角，如鹿角。一般雄性具有，每年脱换一次。

洞角：洞角是由表皮产生的角质鞘和额骨上的骨质突起紧密结合而形成的，中空不分叉终生不脱换，如牛的角。

异型齿：哺乳类一般具有生于上下颌的异型齿：即牙齿分化为门齿、犬齿、前臼齿和臼齿，分别具有切割、撕裂、咬压、研磨等功能。

裂齿：如食肉类的牙齿，上颌最后一个前臼齿和下颌的第一个臼齿常特别增大，齿尖锋利，如剪刀相交，用以撕裂肉，称为裂齿。

齿式：在哺乳类，同一种类的齿型和齿数是稳定的，可以用齿式来表示某一侧牙齿数目和总齿数。即：[门、犬、前臼、臼（上颌）/门、犬、前臼、臼（下颌）]×2＝总数。

颧弓：颧弓是由颞部鳞骨的颧突、颧骨和上颌骨的颧突相连形成，供强大咀嚼肌附着，完成口腔咀嚼，为哺乳类头骨特征之一。

反刍：牛羊等复胃动物，食草时，未经充分咀嚼就将混有唾液的纤维食物吞入瘤胃，有的移入网胃，在微生物和纤毛虫作用下发酵分解，分解不彻底的粗糙食物相对密度小，浮在上面，刺激瘤胃前庭与食道沟，引起逆呕反射，使食团逆行入口腔再行咀嚼，此过程即为反刍。

肾单位：肾单位为哺乳类泌尿的基本单位，由肾小体和肾小管组成；肾小体散于皮质内，由肾小球和肾小囊组成；肾小管位于髓质，又分近曲小管、髓袢和远曲小管；血液流经肾小球时过滤形成的原尿入肾小囊，原尿经肾小管时水、盐、糖等被重吸收形成终尿。

脑桥：脑桥为哺乳类所特有，指在小脑的前腹面的突起，内有神经纤维束，联络大脑和小脑。

双分子宫与双角子宫：双分子宫如牛、猪的子宫：指两子宫在靠近阴道处已愈合，并以共同的孔开口于阴道。双角子宫如有蹄类的子宫：两子宫合并的程度更大，仅在子宫腔上端有两个分离的角。

双子宫与单子宫：双子宫如兔类的子宫：指具有两个子宫，分别开口于单一的阴道。单子宫如人的子宫：指两子宫完全愈合为单一的子宫。

蜕膜胎盘：蜕膜胎盘如环状胎盘和盘状胎盘，它们的尿囊和绒毛膜与子宫内膜结合紧密，分娩时，子宫内膜撕裂脱落，伴有大量流血现象。

无蜕膜胎盘：无蜕膜胎盘如散布胎盘和叶状胎盘，它们的尿囊和绒毛膜与子宫内膜结合不紧密，分娩时子宫内膜不脱落，所以不出血。

## 二、填空题

（1）原兽亚纲；后兽亚纲；真兽亚纲；后兽亚纲。

（2）爬行纲；鸟纲；哺乳纲；鸟纲；哺乳纲。

（3）无蜕膜；蜕膜；散布状；叶状；环状；盘状。

（4）瘤胃；网胃；瓣胃；皱胃；皱胃。

（5）耳下腺；颌下腺；舌下腺。

（6）新脑皮；胼胝体；小脑；延。

（7）双子宫；单子宫；分隔子宫；双角子宫。

（8）爪体；爪下体；洞；实。

（9）真皮层；致密结缔。

（10）疏松结缔；保温和隔热；能量；冬眠。

（11）毛干；毛根；绒毛；触毛。

（12）绒毛；丰富血管。

（13）汗腺；皮脂腺；乳腺；臭腺。

（14）生发层；乳腺；汗腺；泡管。

（15）鼓骨；中耳腔。

（16）双平型；海牛；树懒；7。

（17）椎间盘；真；假；浮。

（18）复胃；瘤胃；皱胃；食道。

（19）左体动脉弓；二尖瓣（僧帽瓣）；三尖瓣；半月瓣。

（20）肾；右前大静脉；奇静脉；半奇静脉。

（21）皮质；肾盂；肾小管；肾小球。

（22）原尿；近曲小管；髓袢；远曲小管。

（23）兔形；翼手；鲸；海牛。

（24）食虫；灵长；啮齿；食肉。

（25）鳍脚；长鼻；偶蹄；奇蹄。

（26）小；一；象牙；四趾。

## 三、选择题

（1）—（5）：BACCD；（6）—（10）：DABAA；（11）—（15）：CABAA；

（16）—（20）：DDDCB；（21）—（25）：CDBAD；（26）：D。

## 四、判断题

（1）—（5）：×××××；（6）—（10）：×××√√；

（11）—（15）：√√√√√；（16）—（20）：×√√√√。

## 五、简答题

（1）① 高度发达的神经系统和感官，能协调复杂的机能活动和适应多变的环境条件；② 出现口腔咀嚼和消化，大大提高了对能量的摄取；③ 高而恒定的体温（25～37℃），减少了对环境的依赖性；④ 快速运动的能力；⑤ 胎生（原兽亚纲除外），哺乳，保证了后代有较高的成活率。

（2）由肘、膝关节形成，颈椎7枚，下颌由单一齿骨构成，头骨具两个枕骨髁和牙齿异型。

（3）① 原兽亚纲，如鸭嘴兽；② 后兽亚纲，如袋鼠；③ 真兽亚纲，如黑线仓鼠。

（4）① 古脑皮，见于硬骨鱼类的大脑半球，但只见上皮细胞，无神经细胞；② 原脑皮，见于两栖动物的大脑半球，大脑顶部和侧面出现零星的神经细胞；③ 新脑皮，见于爬行纲、鸟纲和哺乳纲的大脑半球，神经细胞聚集成层分布。

（5）① 硬骨鱼类，鳃呼吸为主，鳔起辅助呼吸作用；② 两栖纲，幼体鳃呼吸，成体肺呼吸，冬眠时皮肤呼吸，口咽腔黏膜辅助呼吸；③ 哺乳纲，肺呼吸，肺泡数量多，具膈肌。

（6）① 大脑：表面出现沟和回，具胼胝体；② 中脑：腹面具大脑脚；③ 小脑：具小脑半球。

## 六、论述题

（1）① 体表被毛，皮肤腺发达；② 运动器官发达，具陆上快速运动的能力；③ 颅骨枕骨髁2个，下颌由单一齿骨构成，双平型椎体；④ 出现了口腔咀嚼和消化；⑤ 肺由大量反复分支的支气管和肺泡组成，有横膈；⑥ 心脏4腔，左体动脉弓存在；⑦ 具高度发达的神经系统和感官；⑧ 具高而恒定的体温；⑨ 胎生、哺乳。

（2）① 鼠类雌雄性生殖系统的组成和动情周期；② 全球气候变暖对繁殖启动和种群数量的影响；③ 从繁殖生物学角度阐述鼠类种群密度控制策略。

（3）问题1：WWF中文名称为世界自然基金会，IUCN的中文名称为世界自然保护联盟。

问题2：重点从大熊猫食性、肠道菌群的独特性、进化潜力和保护成效的投入产出比，以及野外放归等方面组织材料来回答问题。

（4）① 亚洲象是我国一级重点保护野生动物，主要分布在云南普洱、西双版纳、临沧3个州市；② 亚洲象的生物学习性：集群生活，食量大，迁徙路线长；③ 非正常迁徙的可能原因：栖息地减少、种群衰退；数量增加，人象冲突严重等；④ 保护建议：大幅度增加亚洲象栖息地面积；有效管控亚洲象种群数量，控制其数量处于合理阈值范围之内；加强宣传教育，提高公众保护动物、爱护动物的生态文明意识。

# 第二十一章　脊椎动物的生命活动与演化

知识速览

　　脊椎动物各自所处的环境不同，与之相适应生活方式就显出千差万别，形态结构也彼此悬殊。同时也具有相同的特征，它们都属于脊索动物的共性，即在胚胎发育的早期都要出现脊索、背神经管和咽鳃裂。有些种类的幼体用鳃呼吸；有些种类即使是成体也终生用鳃呼吸。除无颌类的圆口纲外并都用成对的附肢作为运动器官。本章节从皮肤、呼吸、循环、骨骼、排泄、神经、生殖等方面，对脊椎动物的器官系统进行比较，熟悉脊椎动物机体结构对环境的适应，并有助于加深理解脊椎动物进化的基本规律。

## 知识要点

### 一、胚层的分化

#### （一）外胚层

体壁外胚层：口和肛门外端，表皮及其衍生物，感觉器官的感觉部分，眼的晶体，垂体前叶，牙的釉质，圆口类以外脊椎动物的鳃。

神经外胚层：包括神经管和神经嵴。

① 神经管：脑和脊髓，运动神经，视网膜和视神经，垂体后叶。

② 神经嵴：感觉神经，植物性神经系统，肾上腺髓质，鳃部骨骼及衍生物，色素细胞，头部真皮。

#### （二）中胚层

脊索中胚层：① 脊索上节：如生骨节、生皮节、生肌节，分化为脊椎骨、真皮和骨骼肌；② 脊索中节：排泄系统、一部分生殖系统；③ 脊索下节：体壁中胚层：腹膜、一部分骨骼肌脏壁中胚层（如浆膜、肠系膜、循环系统、血液、生殖腺和平滑肌）、一部分骨骼肌、体腔。间充质：形成成体全部的结缔组织、全部平滑肌、心肌和附肢肌。

**（三）内胚层**

原肠、消化道内层上皮、消化腺（肝脏、胆囊和胆管、胰脏）、气管和肺脏内层、膀胱和尿道内层、大部分内分泌腺、扁桃体和圆口类的鳃。

**二、皮肤衍生物及皮肤腺**

**（一）皮肤衍生物**

（1）表皮衍生物：腺体和表皮外骨骼（角质鳞、喙、羽、毛、爪、蹄、指甲和犀牛角）。

（2）真皮衍生物：骨质鳞（硬鳞、圆鳞和栉鳞）、鳍条、爬行类和哺乳类的骨板和鹿角。

（3）表皮和真皮共同衍生物：盾鳞、牙齿、洞角和龟甲。

**（二）皮肤腺**

（1）单细胞黏液腺：圆口类和鱼类具有。可减小与水的摩擦阻力，防御病毒、病菌、寄生物。

（2）多细胞腺：少数鱼类和四足类具有。

鱼类：深海鱼类多细胞腺特化为照明器。

两栖类：分为黏液腺和浆液腺（颗粒腺、毒腺）。黏液腺分泌黏液，浆液腺分泌有毒物质（如蟾蜍的耳后腺）。

爬行类：皮肤腺极为缺乏。少量皮肤腺均为颗粒腺，分泌有害物质或外激素。

鸟类：几乎无皮肤腺，仅有尾脂腺。

哺乳类：皮脂腺、汗腺、乳腺、气味腺（臭腺）。

**（三）皮肤主要特点**

尾索动物外具外套膜，能分泌背囊素（成分：纤维素）。

头索动物的皮肤薄而半透明，单层表皮（外覆角质层），冻胶状结缔组织真皮。

圆口纲动物表皮多层，光滑无鳞，富含单细胞黏液腺。

鱼纲动物体被鳞片，分表皮和真皮，表皮内富含单细胞黏液腺。

两栖纲动物皮肤裸露，富含腺体，表皮轻度角质化（蜕皮现象）。

爬行纲动物皮肤高度角质化，被鳞（定期蜕皮）或甲，皮肤干燥，皮肤腺很不发达（有些种类具皮肤腺）。

鸟纲动物皮肤薄松且缺乏腺体（唯一尾脂腺），外覆羽毛。

哺乳纲动物皮肤结构致密，抗透水性，表皮、真皮均加厚，皮脂腺特别发达。

## 三、肌肉系统

文昌鱼、圆口类、鱼类为水生生活，运动简单，肌肉保持着原始的肌节形态。

两栖类不再是原始的肌节形态，肌肉分化程度加大。出现了眼球缩肌和皮肤肌。

爬行类出现了肋间肌、皮肤肌协助完成呼吸、运动。

鸟类胸肌与飞行有关，很发达。胸大肌起于龙骨突止于肱骨近端腹面，胸小肌起于龙骨突止于肱骨近端背面，背部肌肉不发达，具栖肌、鸣肌。

哺乳类分化出腰肌。腹直肌分节，为痕迹器官。膈肌和颊肌为哺乳类特有。

## 四、骨骼系统

### （一）骨骼的基本结构和功能

脊椎动物的骨骼可分为软骨和硬骨两种。骨骼系统包括中轴骨和附肢骨两部分，前者包括头骨、脊柱、肋骨和胸骨，后者包括肩带、腰带及前后肢骨。

骨骼的功能主要是支持身体，保持一定的体形以及保护体内柔软器官，供肌肉附着和作为运动的杠杆，骨骼还可使血中钙和磷的含量稳定在一定的水平，骨髓有造血功能。

### （二）骨骼系统特点

1. 头骨

头骨包括脑颅和咽颅两部分。软骨鱼类的脑颅由包围脑的软骨与嗅软骨囊和耳软骨囊愈合而成。

硬骨鱼类以后的各类脊椎动物在胚胎期都经过软骨脑颅阶段，后骨化为软骨性硬骨。脊椎动物硬骨脑颅的演化趋向是：骨片数由多到少，脑颅由小到大，骨与骨之间从一般连接到紧密嵌合，头骨与脊柱间由不可动关节到可动关节。咽颅在软骨鱼类由一对颌弓、一对舌弓和五对鳃弓组成；硬骨鱼类也由上述七对咽弓组成，但已骨化；自两栖类登陆后，咽颅在进化过程中发生了很大的变化。

在颌弓与脑颅的连接方式上，表现为动物愈高等，它们的连接就愈紧密牢固。其中颌弓由它本身并通过舌颌软骨与脑颅连接起来，称为双接式，见于原始的软骨鱼；如颌弓借舌颌软骨与脑颅连接，称为舌接式，见于多数软骨鱼和硬骨鱼；又如腭方软骨直接与脑颅连接，称为自接式，见于肺鱼和所有陆栖脊椎动物；而哺乳类的上下颌更紧密地与脑颅连接，由齿骨后端直接与脑颅的鳞骨相关节，称为颅接式。

还应指出的是，两栖类和哺乳类的头骨具有2个枕骨髁、爬行类和鸟类的头骨具有1个枕骨髁是头骨外形上的特征之一（说明哺乳类起源于具有古两栖类特征的古爬行类，而鸟类则起源于具有现代爬行类特征的古爬行类）；此外，从爬行类开始，口腔顶壁的数块骨片形成次生腭，并出现颞窝、眶间隔；下颌由单一的齿骨构成则为哺乳类的特征。

2. 脊柱

鱼类的脊柱分为躯干椎和尾椎，椎体双凹型。软骨鱼肋骨细短，硬骨鱼肋骨较发达。

两栖类的脊柱由颈椎（一块寰椎）、躯干椎、荐椎（一块）、尾椎（或尾杆骨）组成，椎体有双凹型、前凹型、后凹型。少数具肋骨（不与胸骨连接），具胸骨与肩带连接。

爬行类脊柱由颈椎（多块，第一块为寰椎，第二块为枢椎）、胸椎、腰椎、荐椎、尾椎组成，椎体多为前凹型。胸椎通过肋骨与胸骨相连构成胸廓。

鸟类的颈椎骨关节面呈马鞍形，椎体属于异凹型，胸椎大部愈合，部分胸椎与腰椎、荐椎和前几个尾椎愈合成愈合荐骨，后几枚尾椎愈合成尾综骨，肋骨有钩状突，胸骨与肋骨连接成胸廓。

哺乳类由颈椎（一般七块）、胸椎、腰椎、荐椎、尾椎组成，椎体双平型，相邻椎体间有软骨质的椎间盘，胸廓发达。

3. 附肢骨

鱼类中软骨鱼的胸鳍、腹鳍均由双列支鳍软骨支持，肩带为"U"形软骨弓，腰带为一软骨棒。硬骨鱼的胸鳍、腹鳍均由单列支鳍骨支持，肩带骨片多，并与头骨相连，腰带为单块骨片。

两栖类出现五趾型附肢，肩带有肩胛骨、乌喙骨和锁骨；腰带由髂骨、坐骨、耻骨组成。

爬行类一般具五趾型附肢，趾端有爪，肩带有肩胛骨、乌喙骨（锁骨仅见蜥蜴类），腰带同上。

鸟类前肢成翼，指有愈合或消失。腰带与后肢骨的组成比较特化。另外，鸟类是开放式骨盆，与爬行类和哺乳类左右耻骨和坐骨在腹中线愈合形成封闭式骨盆不同。

哺乳类四肢由躯干两侧移至腹侧。肘关节转向后方，膝关节转向前方。四肢骨发达，具封闭式骨盆，肩带中肩胛骨发达，乌喙骨退化，锁骨也多退化。足型可分为：趾行性（猫、狐）、跖行性（人、狒狒）、蹄行性（有蹄类）。

### 五、消化系统

消化系统包括消化道和消化腺，由原肠及其突出分化形成。原肠管分化为口腔、咽、食道、胃、肠和泄殖腔、肛门。

#### （一）舌

文昌鱼无舌。

圆口类有肌肉质舌，上有角质齿，可挫破鱼的皮肤。

鱼类有舌但无活动能力。

两栖类、爬行类、鸟类有舌。

哺乳类出现了发达的肌肉质的舌。

#### （二）牙齿

圆口类：角质齿，非真正牙齿。

鱼类：同型多出的端生齿。

两栖类：同型多出的端生齿。

爬行类：端生齿（蛇），侧生齿和槽生齿（鳄类），出现异型齿（鳄类）。

鸟类：无齿。

哺乳类：再生齿（只换一次）。槽生齿。异型齿，分化为门齿、犬齿、前臼齿、臼齿。可以列成齿式。

#### （三）口腔腺

圆口类：唾液腺分泌抗凝血剂。

鱼类：无。

两栖类：颌间腺。

爬行类：唇、腭、舌下、舌腺（毒腺为上唇腺特化，沿管牙、沟牙分泌）。

鸟类：食谷的燕雀类（雀形目）唾液腺中含消化酶；雨燕目金丝燕唾液为燕窝的组成成分。

哺乳类：耳下腺、舌下腺、颌下腺（含消化酶，具化学性消化作用）。

#### （四）消化腺

圆口类：圆口类出现独立的肝脏。

鱼类：胃腺、肝脏、胰脏；鲤科鱼类肝脏呈弥散状分散在肠管之间的肠系膜上，因混杂有胰细胞而成为肝胰脏。

两栖类：主要是肝脏和胰脏。

爬行类：主要是肝脏和胰脏。

鸟类：主要是肝脏和胰脏。

哺乳类：唾液腺、肝脏、胰脏、小肠腺、胃腺。

**（五）胃的分化**

圆口类：无食道、胃、肠的分化。

鱼类：（连接食管）贲门–胃–幽门（连接小肠）。

两栖类：（连接食管）贲门–胃–幽门（连接小肠）。

爬行类：（连接食管）贲门–胃–幽门（连接小肠）。

鸟类：为腺胃（分泌黏液和消化酶）和肌胃（肌胃又称砂囊，含砂粒磨碎，即鸡内金；肉食性鸟类肌胃不发达）。

哺乳类：单胃和复胃，反刍动物（偶蹄目，牛、羊、鹿、骆驼等）具复杂复胃（瘤、网、瓣、皱，前三为食管变形；皱胃为本体胃，能分泌消化液）。

**（六）肠及肛门**

圆口类：具黏膜褶和螺旋瓣（盲道），无泄殖腔，肛门开口于尾基部，其后有一泄殖窦（生殖、排泄）。

鱼类：草食性鱼类肠长，肉食性鱼类肠短；软骨鱼具螺旋瓣，硬骨鱼具幽门盲囊。软骨鱼有泄殖腔，内含肛门、生殖导管、输尿管开口；硬骨鱼无泄殖腔，身体后端依次有肛门、泄殖窦（或称泄殖乳突）。

两栖类：小肠前段称为十二指肠，后段称为回肠；大肠短而直称直肠。肛门开口于泄殖腔。

爬行类：大小肠交界处开始出现盲肠（含细菌，消化纤维素）；多数脊椎动物小肠突起形成皱褶和绒毛来增大表面积。肛门开口于泄殖腔。

鸟类：直肠极短，不储存粪便；大小肠交界处有盲肠（以植物纤维为食物的鸟类特别发达）；肛门开口于泄殖腔。

哺乳类：小肠高度分化，具乳糜管（吸收脂肪）；草食性动物盲肠发达，肛门开口于体外，无泄殖腔（鸭嘴兽、针鼹含泄殖腔）。

**六、呼吸系统**

圆口类：鳃囊。

鱼类：鳃；肺鱼、古总鳍鱼干涸休眠时鳔为呼吸器官；其他辅助呼吸器官：皮肤（鳗鲡、鲇鱼）、肠管（泥鳅）、鳃上器官（斗鱼、乌鳢）、鳔（肺鱼）、口咽腔黏膜（黄鳝）。

两栖类：幼体鳃，成体肺。其他辅助呼吸器官：皮肤、口腔黏膜。呼吸方式为口咽式呼吸。

爬行类：肺，羊膜动物胚胎期呼吸器官为尿囊。其他辅助呼吸器官：咽壁、副膀胱（均为龟鳖类特有）。呼吸方式为口咽式呼吸和胸腹式呼吸。

鸟类：肺，羊膜动物胚胎期呼吸器官为尿囊，气体交换场所在微支气管。其他辅助呼吸器官：气囊（无气体交换功能）。飞行时利用翼扇动双重呼吸（吸气、呼气时均有气流从尾部单向流向头部）；栖息时胸腹式呼吸。

气囊共9个，分别为前气囊（颈2、锁间1、前胸2）、后气囊（腹2、后胸2）。

哺乳类：肺，肺泡。羊膜动物胚胎期呼吸器官为尿囊。呼吸方式为胸腹式呼吸（肋间肌、特有膈肌）。

### 七、循环系统

圆口类：单循环。心脏包括一心室、一心房，静脉窦。有肝门静脉，无肾门静脉。

鱼类：单循环。软骨鱼：一心室、一心房，静脉窦，动脉圆锥。H型主静脉系统，一对前主静脉、一对后主静脉、一对总主静脉，最后汇入静脉窦。5对动脉弓。

硬骨鱼：一心室、一心房，静脉窦，动脉球（非心脏结构）4对动脉弓。

两栖类：不完善的双循环。两栖类：二心房一心室，静脉窦，动脉圆锥。Y型大静脉系统和肺静脉出现，一对前大静脉，一条后大静脉，开始出现陆生脊椎动物共有的肺静脉。3对动脉弓。

爬行类：不完善的双循环。爬行类：二心房一心室（有隔膜），静脉窦退化。Y型大静脉系统和肺静脉出现，一对前大静脉，一条后大静脉，肾门静脉趋于退化，提高回心血流的速度和血压。3对动脉弓。

鸟类：完善的双循环。二心房二心室。肾门静脉更趋退化，特有尾肠系膜静脉。具右动脉弓。

哺乳类：完善的双循环。二心房二心室，肾门静脉完全退化，仅保留右前大静脉。具左动脉弓。

### 八、排泄系统

全肾（原肾）：理论上最原始的肾脏，肾单位沿身体全长按体节排列，肾口开口于体腔。现存动物仅盲鳗幼体和蚓螈幼体有全肾。

前肾、中肾、后肾：脊椎动物胚胎期或成体出现的排泄系统，是胚胎发育中排泄系统发生的三个阶段。由中胚层生肾节产生。

前肾：无羊膜类和羊膜类胚胎期都经历此阶段，无羊膜类胚胎期的排泄器官。位于体腔前部。体腔联系。前肾管称吴氏管，输尿。

中肾：中肾为羊膜类胚胎期排泄器官，位于体腔中部。后位肾为无羊膜类成体肾脏，位于体腔中后部。两者结构基本相似，保留体腔联系又出现了血管联系。吴氏管成为中肾管。

后肾：羊膜类成体排泄器官。位于体腔后部。新出现后肾管作为输尿管。

（1）圆口类：胚胎期前肾、成体中肾，盲鳗终生前肾。排泄产物尿酸。

（2）鱼类：胚胎期前肾、成体中肾，软骨鱼无膀胱，硬骨鱼输尿管膀胱。排泄产物：软骨鱼为尿素，硬骨鱼为氨。

（3）两栖类：胚胎期前肾、成体中肾，具泄殖腔膀胱，膀胱和输尿管并不直接相通，尿液进入泄殖腔再进入膀胱。排泄产物尿素。

（4）爬行类：胚胎期中肾、成体后肾，海产种类具盐腺执行肾外排泄机能，尿囊膀胱（鳄类、蛇类无膀胱），排泄产物为尿酸。

（5）鸟类：胚胎期中肾、成体后肾，海鸟具盐腺。排泄产物为尿酸。

（6）哺乳类：胚胎期中肾、成体后肾，皮肤是哺乳类特有排泄器官。

## 九、神经系统

脊椎动物的神经系统分中枢神经系统和周围神经系统。神经系统形态和机能的单位是神经元。

### （一）脑

圆口类：大脑、间脑、中脑、小脑和延脑，各脑在一平面上，无脑曲。脑神经10对。

鱼类：具二叠体，高级中枢为中脑，脑神经10对。

两栖类：高级中枢为中脑，脑神经10对。

爬行类：高级中枢为中脑和纹状体。脑神经12对。

鸟类：纹状体发达，为本能和学习的中枢。脑神经12对。

哺乳类：高级中枢为大脑皮层，具胼胝体，脑神经12对。

### （二）感官

圆口类：眼（盲鳗无）、松果眼、顶体，内耳主要作为平衡感受器，1（盲鳗）或2（七鳃鳗）半规管，单鼻孔，具侧线。

鱼类：视觉通过调整晶体位置调整视距。一对内耳，鲤形目鱼类具韦伯氏器，3个半规管（以下的动物均为3个半规管），2鼻孔，具侧线；软骨鱼具罗伦氏壶腹，可感知水流、水压、水温，为压力感受器。

两栖类：开始具泪腺和哈氏腺；近视，与鱼类相似。出现中耳、鼓膜，含一与舌颌骨同源的耳柱骨，鼻腔开始具嗅觉和呼吸双重功能，开始出现内鼻孔，幼体具侧线。

爬行类：通过改变晶状体与视网膜距离以及改变晶状体形状来调节视觉，适合远视，眼肌为横纹肌，变形迅速。具顶眼，调节生物节律，首次出现外耳道雏形，中耳内含耳柱骨。蜥蜴和蛇特具犁鼻器。颊窝（蛇）、唇窝（蟒类），均为红外线感受器。

鸟类：视觉最发达、听觉次之、嗅觉退化；视觉双重调节，改变角膜屈度，改变晶体屈度及与视网膜的距离。

哺乳类：通过改变晶状体与视网膜距离以及改变晶状体形状来调节视觉，适合远视。发达耳蜗、三听小骨（锤砧镫）、耳廓（特有）、外耳道发达。嗅觉高度发达。

### 十、生殖系统

圆口类：雌雄同体（盲鳗）、异体（七鳃鳗），体外受精，卵生，生殖腺单个，产中黄卵，完全不等卵裂。

鱼类：其他脊椎动物均为雌雄异体，软骨鱼体内受精，游离卵巢，硬骨鱼体外受精，封闭卵巢，卵巢外被延伸为输卵管。

两栖类：体外受精，卵生，一对卵巢，具脂肪体、比德器。

爬行类：体内受精，雌性泄殖腔内受精，卵生；卵胎生，输卵管不与卵巢相连，开口于泄殖腔。

鸟类：体内受精，借泄殖腔孔相对在输卵管上段受精，卵生，单一左侧卵巢，右侧卵巢退化，输卵管不与卵巢相连。

哺乳类：体内受精，在输卵管上段受精后植入子宫，胎生、哺乳。单孔类（鸭嘴兽、针鼹）卵生，有袋类（袋鼠）胎生但无胎盘，输卵管不与卵巢相连。

### 试题集锦

### 一、名词解释

双凹型椎体；前凹型椎体；后凹型椎体；马鞍型（异凹型）椎体；双平型椎体；初生颌；次生颌；泄殖腔；泄殖窦；自接式；舌接式；双接式；颅接式；裂齿；全肾（原肾）；前肾；中肾；后肾；导管膀胱；泄殖腔膀胱；尿囊膀胱。

### 二、填空题

（1）食草型犬齿不发达或缺少，形成_____。臼齿齿尖延成半月形，称为

_____。杂食性种类臼齿有丘形隆起，称为_____。

（2）圆口动物开始出现心脏，心脏由_____、_____和_____组成，而两栖动物的心脏由_____、_____、_____、_____组成。

（3）脊椎动物椎体的类型有_____、_____、_____、_____和_____。

（4）两栖纲动物颈椎有_____枚、爬行纲动物颈椎有_____枚、大多哺乳动物颈椎有_____枚。

（5）两栖纲和哺乳动物枕髁有_____枚、爬行纲动物与鸟纲枕髁有_____枚。

（6）从消化道的分化角度来看，爬行类出现了_____和_____的分化，而鸟类则出现了_____分化，哺乳类出现了_____的分化。

（7）鱼类为_____型主静脉系统，四足类则是_____型大静脉系统。

（8）鸟类成体仅保留_____动脉弓，哺乳类仅保留_____动脉弓。

（9）硬骨鱼具有_____膀胱，两栖类、肺鱼及哺乳类的单孔类具有_____膀胱，少数爬行类、鸵鸟、哺乳类（单孔类除外）具有_____膀胱。

（10）鱼纲动物脑神经有_____对、爬行纲动物脑神经有_____对、鸟类脑神经有_____对。

## 三、选择题

（1）脊椎动物中种类最多的类群是（　　　）。

A. 鱼纲　　　　　　B. 爬行纲　　　　　C. 鸟纲　　　　　D. 哺乳纲

（2）恒温动物比变温动物更具有生存优势的原因是（　　　）。

A. 恒温动物耗氧少　　　　　　　　B. 恒温动物需要的食物少

C. 恒温动物更适应环境变化　　　　D. 恒温动物需要的能量少

（3）下列动物都用肺呼吸的一组是（　　　）。

A. 大山雀和蜜蜂　　B. 鲨鱼和蜥蜴　　C. 草鱼和丹顶鹤　　D. 金丝燕和龟

（4）陆地生活的动物体表一般都有防止水分散失的结构，以适应陆地干燥气候，下列哪项结构不具有这种功能（　　　）。

A. 蚯蚓的刚毛　　B. 蛇的鳞片　　C. 蝗虫的外骨骼　　D. 蜥蜴的细鳞

（5）下列关于动物形态结构特点与功能的叙述，错误的是（　　　）。

A. 兔的牙齿分化为门齿、臼齿，盲肠发达，与其吃植物的习性相适应

B. 爬行动物体表的鳞片，可防止体内水分蒸发

C. 鱼鳃内含有丰富的血管，有利于在水中呼吸

D. 家鸽具有喙，是其适于飞行的主要原因

（6）下列各组动物中，都用鳃呼吸的是（　　　）。

A. 鳗鲡、鲨鱼、海马 　　　　　　　　B. 鲸、蛇、乌鱼

C. 青蛙、青鱼、蝌蚪 　　　　　　　　D. 金枪鱼、鲫鱼、鳖

（7）下列各组水生动物中，共同特征最多的是（　　　）。

A. 带鱼和海豚 　　　B. 海马和罗非鱼 　　　C. 乌贼和鲸鱼 　　　D. 鲨鱼和海豹

（8）以下动物的生殖方式不属于卵生的是（　　　）。

A. 青蛙 　　　　　　B. 恐龙 　　　　　　C. 猫头鹰 　　　　　　D. 蝙蝠

（9）在下列生物中，全属于脊椎动物的一组是（　　　）。

A. 家鸽、壁虎、青蛙 　　　　　　　　B. 蝗虫、蚯蚓、蜈蚣

C. 鲫鱼、家兔、螳螂 　　　　　　　　D. 蚂蚁、蜜蜂、鲨鱼

（10）软骨鱼依靠（　　　）调节体内渗透压，鸟类行使泌尿功能的器官在成体为（　　　）。

A. 皮肤和肾脏 　　　　　　　　　　　B. 肾脏和前肾

C. 尿素和后肾 　　　　　　　　　　　D. 泌盐细胞和中肾

（11）心脏由发达的静脉窦、2心房、1心室、动脉圆锥构成的动物是（　　　）。

A. 青蛙 　　　　　　B. 蜥蜴 　　　　　　C. 鸵鸟 　　　　　　D. 原鸡

（12）发声器官分别为声带和鸣膜的选项是？（　　　）

A. 狗和蜥蜴 　　　　　　　　　　　　B. 大鲵和鹦鹉

C. 蝾螈和绿毛龟 　　　　　　　　　　D. 鲸鱼和巴西龟

（13）哺乳类和鳄鱼牙齿的共同特征是（　　　）。

A. 侧生齿 　　　　　B. 槽生齿 　　　　　C. 端生齿 　　　　　D. 异型齿

（14）哺乳类与鸟类相似的特征是（　　　）。

A. 皮肤干燥 　　　　B. 恒温 　　　　　C. 皮肤富有腺体 　　　D. 头骨1个枕骨髁

（15）哺乳类与两栖类相似的特征是（　　　）。

A. 恒温 　　　　　　　　　　　　　　B. 头骨有1个枕骨髁

C. 排泄尿酸 　　　　　　　　　　　　D. 皮肤富有腺体

（16）肾门静脉趋于退化，特有尾肠系膜静脉的种类是（　　　）。

A. 鱼类 　　　　　　B. 两栖类 　　　　　C. 爬行类 　　　　　D. 鸟类

（17）两栖类、爬行类的大脑皮层分别为（　　　）。

A. 原脑皮　新脑皮 　　　　　　　　　B. 新脑皮、新脑皮

C. 大脑皮层、原脑皮　　　　　　　　　　D. 新脑皮　旧脑皮

（18）心室具有完全分隔的爬行动物是（　　　）。

A. 大鲵　　　　　　B. 鸟　　　　　　C. 蛇类　　　　　　D. 龟鳖类

（19）胸廓为哪些动物特有（　　　）。

A. 爬行类　　　　　　B. 鸟类　　　　　　C. 哺乳类　　　　　　D. 羊膜动物

（20）具有3对动脉弓的动物是（　　　）。

A. 鱼类　　　　　　B. 两栖类　　　　　　C. 爬行类　　　　　　D. 鸟类

## 四、判断题

（1）鱼类和两栖类的皮肤都富有腺体。　　　　　　　　　　　　　　（　　）

（2）绝大多数的鱼类鼻孔与口腔相通，两栖动物鼻孔则不与口腔相通。　（　　）

（3）动脉球是硬骨鱼类所特有的，是心脏的组成部分，软骨鱼、两栖动物具有动脉圆锥，不是心脏的组成部分。　　　　　　　　　　　　　　（　　）

（4）大多数鱼类体表被有鳞片，两栖动物体表裸露。　　　　　　　　（　　）

（5）爬行类的鳞片和鱼类的鳞片都是由皮肤的真皮层演化而来。　　　（　　）

（6）爬行动物四肢同两栖动物一样，前肢四指，后肢五趾。　　　　　（　　）

（7）鱼类的眼无活动性眼睑，而大多数陆栖两栖动物的眼大而突出，具有活动性眼睑。　　　　　　　　　　　　　　　　　　　　　　　　　　（　　）

（8）鱼类、两栖类和爬行类的肾脏都属于中肾。　　　　　　　　　　（　　）

（9）两栖动物的皮肤裸露并富含腺体，爬行动物表皮高度角质化，皮肤干燥，皮肤腺很不发达。　　　　　　　　　　　　　　　　　　　　　　　（　　）

（10）两栖动物营体内受精，不具交配器；爬行动物营体内受精，雄性均有交配器。　　　　　　　　　　　　　　　　　　　　　　　　　　　　　　（　　）

（11）两栖动物出现了胸骨，但与躯干椎的横突或肋骨互不连接，爬行动物颈椎、胸椎、腰椎两侧都附生发达的肋骨。　　　　　　　　　　　　　（　　）

（12）在脊椎动物的演化过程中，哺乳类出现的时间比鸟类早。　　　（　　）

（13）鸟类的肾门静脉趋于退化，特有尾肠系膜静脉；哺乳类的大静脉趋于简化，但肾门静脉仍然存在。　　　　　　　　　　　　　　　　　　　　（　　）

（14）胸腔为鸟类和哺乳类特有。　　　　　　　　　　　　　　　　（　　）

（15）羽毛最初源于由表皮所构成的羽乳头；哺乳类的爪与爬行类的爪同源。

　　　　　　　　　　　　　　　　　　　　　　　　　　　　　　　　（　　）

## 五、简答题

（1）简答脊椎动物各纲皮肤系统的异同。

（2）简答颌弓与脑颅的连接方式。

（3）简答脊椎动物皮肤腺有哪些。

（4）简答陆生动物呼吸系统的演变趋势。

（5）简答脊椎动物各纲牙齿的演化。

（6）简答脊椎动物消化道的分化。

（7）简答脊椎动物排泄系统的演变。

## 六、论述题

（1）论述脊椎动物的神经系统的演化历程。

（2）论述脊椎动物的循环系统演化历程。

**参 考 答 案** ............................................................

## 一、名词解释

双凹型椎体：椎体前后端有凹陷，椎体间保存着退化的脊索，并呈细线状穿过椎体。鱼类、有尾两栖动物和少数古老的爬行动物（如楔齿蜥）的椎体属于这一类型。

前凹型椎体：椎体前端凹入，后端凸出，两椎体间的关节比较灵活，脊索虽然仍残留一部分，但不成为连续的索状。多数无尾两栖动物、多数爬行动物属于这一类型。

后凹型椎体：椎体前端凸出而后端凹入，椎体相接形成活动关节。两栖动物（多数蝾螈及无尾类的一部分）及少数爬行动物属于此类型。

马鞍型（异凹型）椎体：椎体两端成横放的马鞍形，椎间关节活动范围很大，脊索已不存在。鸟类颈椎属于此型。

双平型椎体：椎体前后两端扁平，椎体之间垫以纤维软骨的椎间盘以减少活动时的摩擦。椎间盘内保留残余的脊索，称为髓核。哺乳动物的椎体属此类型。

初生颌：颌弓由背段的腭方软骨和腹段的麦氏软骨构成上、下颌，这种由腭方软骨和麦氏软骨构成的颌叫初生颌。

次生颌：执行上、下颌功能的是膜骨，即上颌的前颌骨和上颌骨，下颌的齿骨和隅骨，这种由膜骨构成的颌叫次生颌。

泄殖腔：为肠的末端略为膨大处。输尿管和生殖管窦开口于此腔，成为尿、粪与生殖细胞共同排出的地方，以单一的泄殖腔孔开口于体外。软骨鱼、两栖纲、爬行类、鸟类和哺乳类中的单孔类都有泄殖腔。

泄殖窦：硬骨鱼类肠管单独以肛门开口于外，排泄与生殖管道汇入泄殖窦，以泄殖孔开口体外。

自接式：颚方软骨直接与脑颅相连，其上的方骨与下颌的关节骨成关节。见于肺鱼和陆生脊椎动物。

舌接式：颌弓借舌颌骨与脑颅连接。多数软骨鱼和硬骨鱼属于这种类型。

双接式：颌弓由它本身并通过舌颌软骨与脑颅连接起来，称为双接式，见于原始的软骨鱼。

颅接式：哺乳类的上下颌更紧密地与脑颅连接，由齿骨后端直接与脑颅的鳞骨相关节，称为颅接式。

裂齿：食肉型上颌最后一个前臼齿和下颌第一臼齿特别增大，齿尖锐利，称为裂齿，可撕裂捕获物。

全肾（原肾）：理论上最原始的肾脏，肾单位沿身体全长按体节排列，肾口开口于体腔。现存动物仅盲鳗幼体和蚓螈幼体有全肾。

前肾：无羊膜类和羊膜类胚胎期都经历此阶段，无羊膜类胚胎期的排泄器官。位于体腔前部。

中肾：中肾为羊膜类胚胎期排泄器官，位于体腔中部。后位肾为无羊膜类成体肾脏，位于体腔中后部。两者结构基本相似，保留体腔联系又出现了血管联系。吴氏管成为中肾管。

后肾：羊膜类成体排泄器官。位于体腔后部。新出现后肾管作为输尿管。

导管膀胱：由中肾管后端膨大形成。为硬骨鱼所具有。

泄殖腔膀胱：泄殖腔腹壁突出形成。两栖类、肺鱼及哺乳类的单孔类具有。

尿囊膀胱：胚胎时期尿囊柄基部膨大形成。少数爬行类、鸵鸟、哺乳类（单孔类除外）具有。

## 二、填空题

（1）齿虚位；月形齿；丘行齿。

（2）一心房；一心室；静脉窦；二心房；一心室；静脉窦；动脉圆锥。

（3）双凹型；前凹型；后凹型；马鞍型；双平型。

（4）1；多；7。

（5）2；1。

（6）盲肠；直肠；空肠；结肠。

（7）H；Y。

（8）右体；左体。

（9）导管；泄殖腔；尿囊。

（10）10；12；12。

## 三、选择题

（1）—（5）：ACDAD；（6）—（10）：ABDAC；（11）—（15）：ABBBD；

（16）—（20）：DABDC。

## 四、判断题

（1）—（5）：√××√×；（6）—（10）：×√×√×；

（11）—（15）：√√×××。

## 五、简答题

（1）① 圆口类无鳞，表皮和真皮多层，单细胞黏液腺；② 鱼类皮肤和肌肉连接紧密，未角质化；具单细胞黏液腺；多细胞腺很少，并特化为毒腺或发光器官；③ 两栖类出现轻微角质化和定期蜕皮；④ 爬行类表皮高度角质化，蜕皮明显；⑤ 鸟类仅有尾脂腺；有羽，换羽；⑥ 哺乳类表皮高度角质化，真皮极为发达，皮肤腺异常发达；有毛，换毛。

（2）双接式：颌弓通过它本身和舌颌软骨与脑颅连接起来，见于原始的软骨鱼、总鳍鱼。

舌接式：颌弓借舌颌骨与脑颅连接。多数软骨鱼和硬骨鱼属于这种类型。

自接式：腭方软骨直接与脑颅相连，其上的方骨与下颌的关节骨成关节。见于肺鱼和陆生脊椎动物。

颅接式：上颌腭方软骨直接与脑颅愈合，方骨和关节骨变为中耳的听小骨，下颌的齿骨直接连接脑颅。见于哺乳类。

（3）① 单细胞黏液腺：圆口类和鱼类具有。可减小与水的摩擦阻力，防御病毒、病菌、寄生物。② 多细胞腺：少数鱼类和四足类具有。

鱼类：深海鱼类多细胞腺特化为照明器。两栖类：分为黏液腺和浆液腺（颗粒腺、毒腺）。黏液腺分泌黏液，浆液腺分泌有毒物质（如蟾蜍的耳后腺）。爬行类：皮肤腺极为缺乏。少量皮肤腺均为颗粒腺，分泌有害物质或外激素。鸟类：几乎无皮肤腺，仅有尾脂腺。哺乳类：皮脂腺、汗腺、乳腺、气味腺。

（4）① 呼吸表面积逐渐扩大。

有尾两栖类的肺构造极为简单，只是一对薄壁的囊状物，主要通过皮肤和外鳃进行气体交换。无尾两栖类的肺呈蜂窝状，皮肤呼吸仍占有重要地位。爬行类的肺虽然和两栖类一样为囊状，但有复杂的间隔把内腔分隔成蜂窝状的小室，没有皮肤呼吸。鸟肺为一对海绵状体，肺的内部由各级支气管形成一个彼此吻合相通的网状管道系统，和气体接触的面积极大，是鸟类特有的高效能气体交换装置；具有许多气囊辅助呼吸。哺乳类的肺内部是一个复杂的支气管树，支气管入肺后，一再分支，在微支气管的末端膨大成肺泡囊，囊内又分成一个个的肺泡，因而大大增加了肺和气体接触的总面积。

② 呼吸的机械装置更加完善。两栖类的呼吸运动是借助口腔底部的上下运动来完成的。爬行类开始形成了胸廓，通过肋间肌的收缩完成呼吸。鸟类在静止时胸腹式呼吸，飞行时利用翼的扇动，使前后气囊收缩与扩张，完成呼吸。哺乳类依靠膈肌的升降和肋间肌收缩的协同作用完成胸腹式呼吸。

③ 呼吸道和消化道逐渐趋于分开。两栖类的呼吸通道和食物通道在口咽腔处形成交叉。爬行类的鳄到哺乳类，形成了次生腭，内鼻孔后移，呼吸道和消化道完全分开。

④ 呼吸道进一步分化，发声器逐渐完善。

两栖类口咽腔交叉。爬行类的鳄和哺乳类，具有完整的次生腭，内鼻孔后移，使呼吸道和消化道完全分开。两栖类短的喉头气管室，喉头和气管的分化不明显。两栖类开始有声带。爬行类的气管长，呼吸道有了气管和支气管的明显分化，除少数种类外，爬行类一般不发声。鸟类的气管为一圆柱形长管，以完整的骨环支持，发生器（鸣管）位于支气管分叉的地方而不在喉部，鸣管外有特殊的鸣肌，哺乳类的喉头构造复杂化，支持喉头的软骨除勺状软骨和环状软骨外，新增加了甲状软骨及会厌软骨。声带位于喉部。

（5）① 圆口类：角质齿，非真正牙齿。② 鱼类：同型多出的端生齿。③ 两栖类：同型多出的端生齿。④ 爬行类：端生齿（蛇），侧生齿和槽生齿（鳄类）。出现异型齿（鳄类）。⑤ 鸟类：无齿。⑥ 哺乳类：再生齿（只换一次），槽生齿，异型齿。

（6）① 圆口类：无食道、胃、肠的分化，具黏膜褶和螺旋瓣。肛门开口于尾基部，其后有一泄殖窦。② 鱼类：软骨鱼的肠出现十二指肠、螺旋瓣肠和直肠的分化，并分化出胃。硬骨鱼的肠无分化，具幽门盲囊。草食性鱼类肠长，肉食性鱼类肠短。软骨鱼有泄殖腔，内含肛门、生殖导管、输尿管开口；硬骨鱼无泄殖腔，身体后端依次有肛门、泄殖窦。③两栖类：两栖类有小肠和大肠的分化，小肠又分化为十二指肠和回肠，大肠无分化。肛门开口于泄殖腔。④爬行类：爬行类出现了盲肠和直肠的分化。肛门开口于泄殖腔。⑤鸟类：鸟类出现了空肠的分化。鸟类的嗉囊有储存食物的作用。鸽的嗉囊可以分泌鸽乳。胃分为腺胃（分泌黏液和消化酶）和肌胃（肌胃又称砂囊，含砂粒磨碎，即鸡内金，肉食性鸟类肌胃不发达）。直肠极短，不储存粪便；大小肠交界处有盲肠（以植物纤维为食物的鸟类特别发达）。肛门开口于泄殖腔。⑥哺乳类：哺乳类出现了结肠的分化。分化完全（十二指肠－空肠－回肠－盲肠－结肠－直肠）。小肠高度分化，具乳糜管（吸收脂肪）；草食性动物盲肠发达，特别是不含反刍胃的草食性动物。反刍动物（偶蹄目，牛、羊、鹿、骆驼）具复杂复胃（瘤、网、瓣、皱，前三为食管变形，皱胃为本体胃，能分泌消化液）（瘤胃、网胃含微生物分解食物，逆呕反射进入口腔）。肛门开口于体外，无泄殖腔（鸭嘴兽、针鼹含泄殖腔）。

（7）①圆口类：胚胎期前肾，成体中肾；盲鳗终身前肾。②鱼类：软骨鱼：中肾，无膀胱，排尿素。多余盐分由软骨鱼特有直肠腺排出。硬骨鱼：中肾，具输尿管、膀胱，排尿素。淡水硬骨鱼：肾小球多（排水）、吸盐细胞（吸盐）、肾小管也能重吸收盐分；海水硬骨鱼：肾小球少、消化道将水分吸收、盐分从鳃或肾排出。③两栖类：中肾，具泄殖腔膀胱，排尿素。皮肤和肺辅助排泄。④爬行类：后肾，具尿囊膀胱，排尿酸，海产种类具盐腺执行肾外排泄机能。⑤鸟类：后肾，无膀胱，排尿酸，海鸟具盐腺，执行肾外排泄机能。⑥哺乳类：后肾，具尿囊膀胱，排尿素，皮肤也是哺乳类特有排泄器官。

## 六、论述题

（1）脊椎动物的神经系统分中枢神经系统和周围神经系统。神经系统形态和机能的单位是神经元。

①脑及脑神经：

圆口类：大间中（无二叠体）小延，各脑在一平面上，无脑曲。脑神经10对。

鱼类：具二叠体，高级中枢为中脑，脑神经10对。两栖类：高级中枢为中脑，脑神经10对。爬行类：高级中枢为中脑和纹状体。脑神经12对。鸟类：纹状体发达，为本能和学习的中枢。脑神经12对。哺乳类：高级中枢为大脑皮层，具胼胝体，脑神经12对。

②周围神经系统：

在四肢着生的部位，脊神经的腹支形成颈臂神经丛和腰荐神经丛，文昌鱼、七鳃鳗无脊神经丛，鱼与有尾两栖类有极简单的丛，蛙的四肢发达，臂丛与腰荐丛明显。蛙以上的动物四肢强大，神经丛也相应发达；蛇的四肢退化，丛也消失，到了哺乳类，非常复杂。

脊神经的数目大致与脊椎骨总数相当。

各类脊椎动物的植物性神经比较，圆口类已出现了交感神经、副交感神经，自无尾两栖类有清楚的交感神经干并开始出现发自脊髓荐部的副交感神经。哺乳类的交感神经与副交感神经分为两个清楚的系统。

③感官：

圆口类：眼（盲鳗无）、松果眼、顶体，内耳主要作为平衡感受器，1（盲鳗）或2（七鳃鳗）半规管，单鼻孔，具侧线感觉。鱼类：视觉通过调整晶体位置调整视距。一对内耳，鲤形目鱼类具韦伯氏器，3个半规管（以下的动物均为3个半规管），2鼻孔，具侧线感觉；软骨鱼具罗伦氏壶腹，可感知水流、水压、水温，为电感受器。两栖类：开始具泪腺和哈氏腺，近视，与鱼类相似。出现中耳、鼓膜，含1与舌颌骨同源的耳柱骨，鼻腔开始具嗅觉和呼吸双重功能，开始出现内鼻孔，幼体具侧线。爬行类：通过改变晶状体与视网膜距离以及改变晶状体形状来调节视觉，适合远视，眼肌为横纹肌，变形迅速。具顶眼，调节生物节律，首次出现外耳道雏形，中耳内含耳柱骨。蜥蜴和蛇特具犁鼻器。颊窝（蛇）、唇窝（蟒类），均为红外线感受器。鸟类：视觉最发达、听觉次之、嗅觉退化；视觉双重调节，改变角膜屈度，改变晶体屈度及与视网膜的距离。哺乳类：通过改变晶状体与视网膜距离以及改变晶状体形状来调节视觉，适合远视。发达耳蜗、三听小骨（锤砧镫）、耳郭（特有）、外耳道发达。嗅觉高度发达。

（2）为封闭的管道系统，分为心血管系统和淋巴系统。心血管系统包括心脏、动脉、毛细血管、静脉和血液；淋巴系统包括毛细淋巴管、淋巴管、淋巴导管、淋巴结和淋巴液

①心脏：圆口类：心脏有分化但静脉窦很不发达。

软骨鱼类：静脉窦1、心房1、心室1、动脉圆锥四腔组成。动脉圆锥常具瓣膜，肌肉质的壁主动收缩，是心室的延伸。

硬骨鱼类：动脉球代替了动脉圆锥。动脉球不能主动收缩，不具瓣膜。

两栖类：心房2，心室1，心房间隔为不完全（即具孔洞）（无足目和部分有尾目）或完全（部分有尾目和无尾目）。皮静脉的多氧血进入左心房。

爬行类：心室内出现不完全分隔，鳄类室间隔较完全，仅留潘氏孔，动脉圆锥

和静脉窦退化。

完全双循环：鸟类和哺乳类完全分隔为左右心房和左右心室。

② 动脉：鱼类：动脉弓断开为入鳃动脉、出鳃动脉中间为毛细血管。软骨鱼类二至六对，硬骨鱼类三至六对。两栖类以上：三、四、六对动脉弓：第三对颈动脉，分布于头部和脑；第四对体动脉，左右体动脉汇合成背大动脉；第六对为肺动脉。两栖类第六对动脉弓为肺皮动脉。鸟类成体仅留右体动脉弓；哺乳类则保留左体动脉弓。

③ 静脉：鱼类（包括软骨鱼和硬骨鱼类）具H型主静脉系统，一对前主静脉、一对后主静脉。一对总主静脉，最后汇入静脉窦。两栖类：四足类的基本模式：Y型大静脉（或腔静脉）系统和肺静脉出现。一对前大静脉，一条后大静脉和肺静脉出现：与肺的出现相应的是肺静脉直接进入左心房。爬行类：肾门静脉趋于退化。鸟类：肾门静脉更趋退化，对提高后肢血液回心脏的血流速度和血压有积极意义。哺乳类进一步简化：肾门静脉完全退化消失，多数哺乳类仅保留右前大静脉。

④ 淋巴器官：脾、胸腺、扁桃体、腔上囊等。各纲动物均具胸腺，圆口类和肺鱼不具有脾脏。

# 普通动物学模拟试题及参考答案

## 模拟试题（一）

**一、选择题**（从4个选项中选出唯一正确的答案，并将其代码填入括号内，每小题0.5分，共计10分）

（1）下列动物种名写法正确的是（　　　）。

A. Phalacrocorax carbo novaehollandiae
B. *Panthera Tigris altaica*

C. *Balaena mysticetus* Linnaeus
D. *Rheum Palmatum Linn*

（2）下列有关分类等级论述错误的是（　　　）。

A. 动物分类系统由大而小有界、门、纲、目、科、属、种等重要分类阶元

B. 在上述分类阶元中，所有的阶元同时具有客观性和主观性

C. 物种是一个繁殖的群体，具有共同的遗传组成，能生殖出与自身基本相似的后代

D. 物种是生物界发展的连续性与间断性统一的基本间断形式

（3）有关组织的基本概念论述错误的是（　　　）。

A. 组织是由一些形态相同或类似、机能相同的细胞群构成的

B. 结缔组织包括疏松结缔组织、致密结缔组织、脂肪组织、软骨组织、骨组织和血液

C. 肌肉组织可分为横纹肌、心肌、斜纹肌和平滑肌

D. 横纹肌和平滑肌都受神经系统调控，属于随意肌

（4）有关无脊椎动物幼虫论述正确的是（　　　）。

A. 某些环节动物及软体动物具有担轮幼虫

B. 浮浪幼虫为刺胞动物和扁形动物的幼虫

C. 担轮幼虫、面盘幼虫及钩介幼虫为海产软体动物特有的幼虫

D. 多孔动物及刺胞动物具有两囊幼虫

（5）具有三胚层、次生体腔的动物是（　　　）。

A. 海葵、沙蚕、蚯蚓
B. 沙蚕、蚯蚓、河蚌

C. 绦虫、蚯蚓、乌贼
D. 水螅、鹦鹉螺、沙蚕

（6）有关多孔动物论述错误的是（　　　）。

A. 多孔动物是最原始、最低等的多细胞动物

B. 中胶层中有骨针和海绵质纤维，起骨骼支持作用

C. 多孔动物的原细胞能分化成海绵体内任何其他类型的细胞

D. 多孔动物的生殖有无性生殖和有性生殖两种类型，在环境条件不利的情况下，所有的海绵都能形成芽球

（7）有关变形虫的论述中错误的是（　　　）。

A. 伪足是变形虫的临时运动器，也有摄食作用

B. 细胞质溶胶质和凝胶质的互变是细胞骨架肌动蛋白和肌球蛋白动态的互相作用、肌动蛋白组装和去组装的结果

C. 所有的变形虫都具有伸缩泡，其作用是调节水分平衡

D. 变形虫可进行二分裂生殖，有的种类具有性生殖，很多种类可形成包囊

（8）有关人体寄生虫论述错误的是（　　　）。

A. 钩虫丝状蚴为感染性幼虫，可从人手指或脚趾间嫩皮处钻入人皮肤，经血液或淋巴进入血循环而感染人体

B. 丝虫感染可导致象皮病

C. 蛔虫的幼虫需脱皮一次才能成为感染性虫卵，人误食后可能被感染

D. 蛲虫成虫寄生在人肝脏及肺等处

（9）有关秀丽线虫论述错误的是（　　　）。

A. 秀丽线虫是研究细胞凋亡的好材料

B. 秀丽线虫体细胞数目恒定

C. 秀丽线虫均为雌雄异体，雄性体由体细胞和生殖细胞组成

D. 秀丽线虫生活史中有蜕皮现象

（10）有关鹦鹉螺论述错误的是（　　　）。

A. 鹦鹉螺身体由头、足、内脏团和外套膜组成

B. 鹦鹉螺属四鳃亚纲

C. 鹦鹉螺为活化石，生活在南太平洋热带海区，在我国沿海没有分布

D. 鹦鹉螺为头足类中原始的种类，具发达的螺旋外壳

（11）有关节肢动物论述错误的是（　　　）。

A. 进化上节肢动物比环节动物高等

B. 节肢动物身体为异律分节，出现了分节的附肢

C. 节肢动物身体均明确分为头、胸、腹3部分

D. 节肢动物体壁具外骨骼，肌肉为横纹肌

（12）以下有关六足动物循环系统选项中错误的是（　　　）。

A. 循环系统为开管式

B. 除心脏和其前方的大动脉外，无另外的血管

C. 血压较低，附肢折断时不会流出大量的血，从而保护自己

D. 血液的功能是运送氧气、营养、代谢废物和激素

（13）有关鲨论述错误的是（　　　）。

A. 鲨生活于海洋中，中国的鲨均分布于南部海域

B. 鲨的身体分为头胸部和腹部

C. 鲨的腹面有8对附肢

D. 鲨发育过程中具三叶虫型幼体

（14）下列属于后口动物的是（　　　）。

A. 棘皮动物、毛颚动物、半索动物、脊索动物

B. 节肢动物、触手冠动物、毛颚动物、半索动物、脊索动物

C. 棘皮动物、毛颚动物、触手冠动物、半索动物、脊索动物

D. 触手冠动物、棘皮动物、半索动物、脊索动物

（15）有关棘皮动物论述错误的是（　　　）。

A. 棘皮动物属于后口动物，是无脊椎动物中最高等的类群

B. 棘皮动物具由外胚层形成的外骨骼，如棘或刺

C. 棘皮动物身体分口面和反口面

D. 棘皮动物多为次生性的五辐射对称

（16）有关半索动物论述错误的是（　　　）。

A. 半索动物是无脊椎动物中的一个高等门类，属于后口动物

B. 柱头虫具有鳃裂、脊索、前端有空腔的背神经索、真体腔等重要特征

C. 柱头虫血液循环属于开管式，由血管、血窦组成

D. 柱头虫神经系统由一条背神经索和一条腹神经索组成，背神经索和腹神经索在领部相连成环

（17）有关海鞘论述错误的是（　　　）。

A. 海鞘顶部具有两个相距不远的孔，顶端的是出水口，位置略低的是入水口

B. 海鞘具被囊，又被称为被囊动物

C.海鞘发育过程中具有逆行变态现象

D.海鞘具开管式血液循环，其血液循环方向可逆

（18）有关圆口类描述错误的是（　　　）。

A.圆口类无成对的偶鳍

B.不具上下颌，属于无颌类

C.七鳃鳗的脑已经分化为大脑、间脑、中脑、小脑和延脑5部分

D.圆口类和鱼类一样具正尾型尾

（19）有关爬行类循环系统论述错误的是（　　　）。

A.爬行类心脏由静脉窦、心房和心室组成。静脉窦发达，收集躯体和内脏静脉
  血液后注入右心房

B.爬行类心脏具有4腔，心室具有不完全的分隔，故是不完善的双循环

C.鳄类心室完全分隔，但在左、右体动脉基部具有一潘氏孔相通连

D.爬行类肾门静脉趋于退化

（20）有关鸟类骨骼系统论述错误的是（　　　）。

A.鸟类骨骼轻而坚固，具有充满气体的腔隙

B.鸟类头骨、脊柱、骨盆和肢骨的骨块有愈合现象

C.脊柱由颈椎、胸椎、腰椎和尾椎4部分组成，尾骨退化

D.鸟类胸椎、肋骨和胸骨一起构成胸廓

## 二、填空题（答案填在"____"内；每空0.25分，总计30分）

（1）《物种起源》的作者是_____；提出双名法的科学家是_____。

（2）鞭毛纲的无性生殖方式一般为_____，有性生殖为_____或_____。

（3）导致赤潮的是_____；引起黑热病的是_____；引起昏睡病的是_____；引起痢疾的是_____。

（4）草履虫的运动胞器为_____，与水分调节有关的结构是_____。

（5）间日疟原虫有两个寄主：_____和_____。生活史复杂，有世代交替现象。无性世代在_____体内，有性世代在_____体内。疟原虫在_____细胞和_____细胞内发育。对间日疟原虫生活史研究做出重大贡献的是动物学家_____，因研究治疗疟原虫药物_____而获诺贝尔医学和生理奖的科学家是_____。

（6）在第一次实验中，除了变形虫、眼虫、草履虫外，你还观察到了那些原生动物？列举4种：_____、_____、_____、_____。

（7）绦虫为体内寄生动物，其身体结构表现出对寄生生活方式的高度适应，请列举4项适应性特征：＿＿＿＿＿＿＿＿＿＿＿＿＿＿＿＿＿＿＿＿＿＿＿＿＿＿＿；
＿＿＿＿＿＿＿＿＿＿＿＿＿＿＿＿＿＿＿；＿＿＿＿＿＿＿＿＿＿＿＿＿＿＿＿＿＿；
＿＿＿＿＿＿＿＿＿＿＿＿＿＿＿＿＿＿＿＿＿＿＿＿＿＿＿＿＿＿＿＿＿＿＿＿＿。

（8）软体动物分为＿＿＿＿＿＿、＿＿＿＿＿＿、＿＿＿＿＿＿、＿＿＿＿＿＿、＿＿＿＿＿＿、
＿＿＿＿＿＿、＿＿＿＿＿＿等纲。

（9）刺胞动物为＿＿＿＿＿＿型神经系统，扁形动物为＿＿＿＿＿＿型神经系统，环节动为＿＿＿＿＿＿型神经系统。

（10）＿＿＿＿＿＿是最早出现的、最原始的、最简单的三胚层动物。

（11）蛔虫具＿＿＿＿＿＿胚层，体壁由＿＿＿＿＿＿、＿＿＿＿＿＿、＿＿＿＿＿＿构成。

（12）河蚌神经系统包括＿＿＿＿＿＿、＿＿＿＿＿＿、＿＿＿＿＿＿等神经节，分别位于
＿＿＿＿＿＿、＿＿＿＿＿＿、＿＿＿＿＿＿（回答顺序与前面内容相对应）。

（13）蚯蚓的雄性生殖系统包括＿＿＿＿＿＿、＿＿＿＿＿＿、＿＿＿＿＿＿、＿＿＿＿＿＿；
雌性生殖系统包括＿＿＿＿＿＿、＿＿＿＿＿＿、＿＿＿＿＿＿等。

（14）中胚层的出现在动物进化上的意义有＿＿＿＿＿＿＿＿＿＿＿＿＿＿＿＿、
＿＿＿＿＿＿＿＿＿＿＿＿＿＿＿＿、＿＿＿＿＿＿＿＿＿＿＿＿＿＿＿＿、
＿＿＿＿＿＿＿＿＿＿＿＿＿＿＿＿（列举4点）。

（15）克氏原螯虾头部的5对附肢的名称依次为＿＿＿＿＿＿、＿＿＿＿＿＿、＿＿＿＿＿＿、
＿＿＿＿＿＿和＿＿＿＿＿＿。

（16）蝎子属于＿＿＿＿＿＿纲，中华绒螯蟹属于＿＿＿＿＿＿纲。

（17）克氏原螯虾雄性生殖孔开口在＿＿＿＿＿＿，雌性生殖孔在＿＿＿＿＿＿。

（18）写出昆虫纲五个目的名称：＿＿＿＿＿＿目、＿＿＿＿＿＿目，＿＿＿＿＿＿目、
＿＿＿＿＿＿目、＿＿＿＿＿＿目。

（19）棘皮动物水管系统由＿＿＿＿＿＿、＿＿＿＿＿＿、＿＿＿＿＿＿、
＿＿＿＿＿＿、＿＿＿＿＿＿、＿＿＿＿＿＿等组成。

（20）半索动物身体分为＿＿＿＿＿＿、＿＿＿＿＿＿和＿＿＿＿＿＿三部分。

（21）两栖纲的心脏由＿＿＿＿＿＿、＿＿＿＿＿＿和＿＿＿＿＿＿组成。

（22）爬行类的红外感觉器官有＿＿＿＿＿＿、＿＿＿＿＿＿。

（23）鸟类的＿＿＿＿＿＿是复杂的本能活动及学习、认知和语言的中枢，主要由
＿＿＿＿＿＿和＿＿＿＿＿＿构成。

（24）中国的爬行类隶属于4个目＿＿＿＿＿＿、＿＿＿＿＿＿、＿＿＿＿＿＿、＿＿＿＿＿＿。

（25）哺乳类的反刍胃一般由_____、_____、_____、_____等组成。

（26）哺乳类可分为_____亚纲、_____亚纲和_____亚纲，其代表动物分别为_____、_____和_____。

（27）大脑新皮层最早出现于_____纲，胼胝体是_____纲动物特有的结构；从_____开始出现了12对脑神经。

**三、是非题**（正确的写"√"，错误的写"×"。每小题0.5分，共5分）

（1）海葵为雌雄异体，生殖腺长在隔膜上接近隔膜丝的部分，由外胚层形成。
（　　）

（2）中国圆田螺触角1对，位于吻基部两侧，雄性左触角粗短，为交配器官，雄性生殖孔位于顶端。
（　　）

（3）海绵动物是古老的多细胞动物，体型多不对称，没有真正组织，没有口和消化道等器官系统，细胞分化较多，许多机能主要由细胞完成。
（　　）

（4）环节动物的排泄系统比扁形动物发达，均为后肾，一般按体节排列。
（　　）

（5）蛭纲体腔退化缩小，大部分被结缔组织和葡萄状组织所占据，仅留下一些腔隙或管道。其中主要的管道有背管道、腹管道及侧管道或称为背、腹、侧血窦。原来的循环系统完全被缩小的体腔管道所取代。
（　　）

（6）节肢动物体腔的形成方式在发育早期和环节动物相同，后来两侧中胚层带形成成对的细胞团，其内部裂开，称为次生体腔。
（　　）

（7）蜘蛛头胸部除螯肢和须肢外，还有6对步足。
（　　）

（8）鲨鱼盾鳞的结构与牙齿相似，两者是同源器官。
（　　）

（9）大多数爬行动物排泄的含氮废物主要是尿素。
（　　）

（10）鸟类左侧动脉弓消失，右侧动脉弓发达，将血液输送到全身。
（　　）

**四、名词解释**（本大题共10小题，每题1.5分，共15分）

真体腔；水沟系；后口动物；接合生殖；原肾管型排泄系统；适应辐射；迁徙；胎盘；昆虫完全变态；羊膜动物。

**五、简答题**（每题2.5分，共10分）

（1）简述轮虫的生活史。

（2）有同学提出了一个问题：刺胞动物主要分成水螅纲、钵水母纲和珊瑚纲，但是水螅纲里面也有水螅型发达、水母型不发达/消失，或者水母型发达水螅型不发

达的种类，那为什么不把它们划到钵水母纲或者珊瑚纲里面呢？你怎么回答这个问题？

（3）触手冠动物的共同特征有哪些？

（4）试简述海洋鱼类的渗透压调节机制。

## 六、论述题（每题4分，共20分）

（1）论述多细胞动物胚胎发育的过程。

（2）软体动物呼吸器官有哪些？请论述其形态结构及功能。

（3）论述华支睾吸虫的生活史，并回答其防治原则。

（4）节肢动物种类多、分布广，其身体结构也表现出多样性的特征。请论述节肢动物呼吸系统、排泄系统的种类及结构。

（5）脊椎动物的进步性结构（特征）有哪些？论述其中两项的生物学意义。

## 七、开放题（本题10分）

（1）地球上的环境多种多样，生物有水生的，陆生的，还有的为从水生开始向陆生过渡的中间类群。请各举一个例子说明这些生物是如何适应其生活环境的。

## 模拟试题（二）

**一、填空题**（将答案写在答题纸相应位置处。每空0.5分，共10分）

（1）根据口的形成方式可将动物分为_____和_____。

（2）环节动物的体腔是以_____法形成的。

（3）脊索动物门包括_____、_____和_____三个亚门。

（4）鱼类的尾鳍有_____、_____和_____三个基本类型。

（5）海产软体动物的发育过程中常有_____幼虫和_____幼虫，淡水蚌类发育过程为特殊的_____幼虫。

（6）昆虫的头部是感觉和_____的中心，胸部主要为运动和支持的机能，腹部是_____的中心。

（7）鸟类颈椎的椎体类型为_____型，哺乳动物椎体的类型为_____型。

（8）节肢动物门昆虫纲的完全变态动物发育过程一般分为四个时期，分别为_____、_____、_____、_____。

**二、单项选择题**（从下列各题四个备选答案中选出一个正确答案，并将其代号写在答题纸相应位置处。答案错选或未选者，该题不得分。每小题1分，共10分）

（1）在动物的四大基本组织中，脂肪组织属于（    ）。

A. 上皮组织　　　　B. 结缔组织　　　　C. 肌肉组织　　　　D. 神经组织

（2）下列哪一项不属于华支睾吸虫的宿主（    ）。

A. 人　　　　　　　B. 钉螺　　　　　　C. 鱼　　　　　　　D. 沼螺

（3）水沟系这种特殊的结构存在于（    ）。

A. 棘皮动物　　　　B. 刺胞动物　　　　C. 软体动物　　　　D. 海绵动物

（4）软体动物贝壳的主要成分为碳酸钙，其结构分3层，最内层为（    ）。

A. 角质层　　　　　B. 珍珠质层　　　　C. 棱柱层腔　　　　D. 内胚层

（5）鱼纲的进步性特征不包括以下哪一项（    ）。

A. 具有上下颌　　　B. 具成对附肢　　　C. 具1对鼻孔　　　D. 以鳃呼吸

（6）心脏中只含缺氧血的动物是（    ）。

A. 软骨鱼类　　　　B. 两栖类　　　　　C. 爬行类　　　　　D. 鸟类

（7）从（    ）动物开始出现了典型的五趾型附肢的构造。

A. 鱼类　　　　　B. 鸟类　　　　　C. 爬行类　　　　D. 两栖类

（8）在脊椎动物的演化史中，（　　　）是首次出现于爬行动物的特征。

A. 上下颌　　　　B. 羊膜卵　　　　C. 恒温动物　　　D. 完全双循环

（9）鱼类的偶鳍是指（　　　）。

A. 背鳍和臀鳍　　　B. 胸鳍和腹鳍　　　C. 臀鳍和腹鳍　　　D. 背鳍和胸鳍

（10）鸟类的气囊不具有（　　　）功能。

A. 气体交换　　　　B. 辅助呼吸　　　　C. 散热　　　　D. 减少摩擦

**三、判断题**（判断以下论述的正误，认为正确的就在答题相应位置划"√"，错误的划"×"。每小题1分，共10分）

（1）两个草履虫经过一次接合生殖共形成8个新个体。　　　（　　　）

（2）软体动物的循环系统均为开管式循环。　　　　　　　　（　　　）

（3）鳔的主要功能是调节鱼在水中的升降，鲨鱼具发达的鳔。（　　　）

（4）从扁形动物开始，出现了完全的消化系统，即有口有肛门。（　　　）

（5）爬行动物的牙齿为同型齿，以三种不同方式着生在颌骨上，其中鳄鱼的齿比较坚固，为槽生齿。　　　　　　　　　　　　　　　　　　　（　　　）

（6）冬眠是变温动物为了适应低温环境下生存而独有的一种生活习性。（　　　）

（7）棘皮动物为后口动物，以肠体腔法形成中胚层和体壁。（　　　）

（8）从爬行动物开始，大脑开始出现新脑皮。　　　　　　（　　　）

（9）首次出现上下颌的动物是圆口类。　　　　　　　　　（　　　）

（10）鱼类的椎体为前凹或后凹型。　　　　　　　　　　（　　　）

**四、名词解释**（每小题2分，共20分）

世代交替；双名法；异律分节；洄游；双重呼吸；真体腔；马氏管；不完全双循环；侧线；羊膜动物。

**五、简答题**（回答要点，并简明扼要作解释。每题5分，共25分）

（1）如何理解海绵动物是动物演化的一个侧支？

（2）简述两侧对称体制出现的意义。

（3）简述软体动物外套膜的功能。

（4）简述真体腔出现的意义。

（5）脊索动物的主要特征有哪些？

**六、论述题**（对论点进行具体分析。8＋10分，共18分）

（1）试从节肢动物的主要特征说明节肢动物种类繁多的原因（8分）。

（2）鸟类适应飞翔生活的特征有哪些，试从减轻体重和加强飞翔的力量两方面进行概述（10分）。

**七、填图题**（图中为雄蛙的泄殖系统，请注明各部分所指结构，将答案与标号对应写在答题纸相应位置处。每空1分，共7分）

A _____

B _____

C _____

D _____

E _____

F _____

G _____

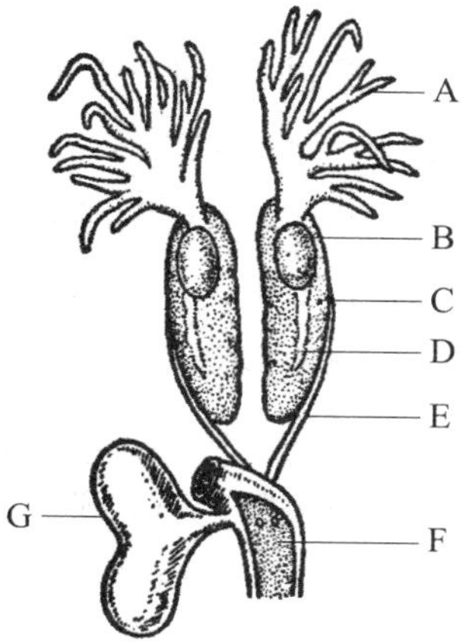

# 模拟试题（三）

**一、选择题**（从4个选项中选出唯一正确的答案，并将其代码填入括号内，每小题0.5分，共计10分）

（1）有关眼虫论述错误的是（　　　）。

A. 表膜覆盖整个体表、胞咽、储蓄泡、鞭毛等，使眼虫保持一定形状

B. 鞭毛是眼虫的运动器官

C. 眼点与眼虫的趋光性有关

D. 眼虫的生殖方式一般是纵二裂

（2）下列物种名正确的是（　　　）。

A. *Neosalanx tangkankeii taihuensis* Chen　　B. Apis mellifera

C. *Salanx acuticeps Regan*　　　　　　　　D. *Vulpes vulpes* schiliensis

（3）乌贼茎化腕的功能为（　　　）。

A. 滤食　　　　　　B. 游泳器官　　　　C. 感觉器官　　　D. 参与生殖

（4）有关无脊椎动物幼虫论述正确的是（　　　）。

A. 多孔动物及刺胞动物具有两囊幼虫

B. 浮浪幼虫为刺胞动物和扁形动物的幼虫

C. 担轮幼虫、面盘幼虫及钩介幼虫为海产软体动物特有的幼虫

D. 某些环节动物及软体动物具有担轮幼虫

（5）具有三胚层、次生体腔的动物是（　　　）。

A. 环节动物、软体动物　　　　　　　　B. 扁形动物、线虫动物门、环节动物

C. 扁形动物、环节动物、软体动物　　　D. 刺胞动物、扁形动物、环节动物

（6）环毛蚓体壁横切由外向里包括（　　　）。

A. 角质膜、上皮、环肌、纵肌、壁体腔膜

B. 角质膜、上皮、纵肌、环肌、壁体腔膜

C. 角质膜、上皮、纵肌、环肌

D. 角质膜、上皮、环肌、纵肌

（7）人蛔虫体壁的结构包括（　　　）。

A. 角质膜、上皮层、斜纹肌　　　　　　　　B. 角质膜、上皮层、环肌

C. 角质膜、上皮层、纵肌 D. 角质膜、上皮层、纵肌、环肌

（8）有关涡虫生殖与发育论述错误的是（ ）。

A. 涡虫的生殖具有无性生殖及有性生殖两种方式

B. 雄性生殖系统精巢很多，输精管在身体中部膨大形成储精囊

C. 雌性的交配囊具有在交配时接受和储存精子的功能

D. 涡虫为雌雄同体，既可以进行异体受精，也可以进行自体受精

（9）有关软体动物论述错误的是（ ）。

A. 软体动物的真体腔极度退化，仅残留围心腔及生殖腺和排泄器官的内腔

B. 水生软体动物的鳃为外套膜内表皮伸展而成

C. 软体动物的排泄器官皆为后肾管

D. 软体动物多为雌雄异体，体外受精

（10）有关日本血吸虫论述错误的是（ ）。

A. 日本血吸虫雌雄异体，雄虫粗短，具口吸盘和腹吸盘各一个

B. 血吸虫成虫寄生于人或哺乳动物的门静脉及肠系膜静脉内，在小静脉管内交配

C. 毛蚴可侵入钉螺螺体进行有性繁殖，形成母蚴，母蚴成熟破裂后释放出子胞蚴

D. 尾蚴是血吸虫的感染期，通过侵入动物皮肤进行感染

（11）有关节肢动物体腔与循环系统论述错误的是（ ）。

A. 节肢动物体腔的形成方式在发育早期和环节动物相同，后来两侧中胚层带形成成对的细胞团，内部裂开形成次生体腔

B. 节肢动物体腔囊的囊壁大部分解体而互相打通，和初生体腔混合为混合体腔

C. 残余的次生体腔只见于生殖腺和排泄器官的内腔

D. 节肢动物循环系统为开管式，血液流经心脏、动脉流入血腔或血窦，浸润各器官组织，传送氧气、营养和代谢物质

（12）以下有关蛛形纲动物论述选项中错误的是（ ）。

A. 蛛形纲头胸部愈合，腹部不分节

B. 蜱螨类的头胸腹完全愈合在一起

C. 头胸部除螯肢和须肢外，还有4对步足

D. 腹部五附肢，或变化为书肺等构造

（13）有关触手冠动物论述错误的是（ ）。

A. 触手冠动物头部不明显，神经感官不发达

B. 触手冠动物消化管完整，肛门位于体后方

C. 都有由一圈触手环绕口形成的触手冠，有摄食及呼吸功能

D. 触手冠动物都具有真体腔和后肾管

（14）有关棘皮动物血系统和围血系统论述错误的是（　　　）。

A. 棘皮动物的血系统多发达

B. 血系统的功能可能与物质的输送有关

C. 围血系统包围着主要的血管，包括环窦、辐窦、轴窦和生殖窦

D. 围血系统为真体腔的一部分特化形成

（15）有关海鞘论述错误的是（　　　）。

A. 海鞘生活史中有变态现象

B. 海鞘鳃裂周围的咽壁上分布着丰富的毛细血管，当水流通过时进行气体交换，完成呼吸作用

C. 海鞘具有闭管式的血液循环，具有一种特殊的可逆式血液循环流向

D. 柄海鞘成体为固着生活，神经系统和感觉器官都很退化

（16）下列属于后口动物的是（　　　）。

A. 棘皮动物、毛颚动物、触手冠动物、半索动物、脊索动物

B. 触手冠动物、棘皮动物、半索动物、脊索动物

C. 节肢动物、触手冠动物、毛颚动物、半索动物、脊索动物

D. 棘皮动物、毛颚动物、半索动物、脊索动物

（17）有关鱼类排泄系统结构及渗透压调节论述错误的是（　　　）。

A. 软骨鱼排泄物以尿素为主，硬骨鱼以排氨盐为主

B. 海洋鱼类鳃上的泌氯腺能将体内多余的盐分排出

C. 有些淡水鱼类能通过食物或依靠鳃的泌氯腺从外界吸收盐分

D. 淡水鱼类肾脏内的肾小球数量明显少于海洋鱼类

（18）有关两栖类骨骼描述错误的是（　　　）。

A. 两栖类的脊柱由颈椎、躯干椎、荐椎和尾椎组成

B. 两栖类椎体均为双凹型

C. 头骨扁而宽，脑腔狭小

D. 枕骨具有2个枕髁

（19）有关文昌鱼论述错误的是（　　　）。

A. 文昌鱼终身具有发达的背神经管、咽鳃裂以及肛后尾等特征

B. 文昌鱼主要以纵贯全身的脊柱作为支持结构

C. 文昌鱼的循环系统属于闭管式

D. 文昌鱼无心脏，腹大动脉和和入鳃动脉基部具搏动能力

（20）有关鸟类呼吸系统论述错误的是（　　　）。

A. 鸟类呼吸系统非常特化，具有发达的气囊系统和肺气管相通

B. 鸟类具有独特的双重呼吸方式

C. 鸟类呼吸时气体交换是在微气管处进行的，微气管是鸟肺的功能单位

D. 鸟类呼气时，肺内含二氧化碳多的气体经由后气囊排出

**二、填空题**（答案填在"___"内；每空0.25分，总计30分）

（1）多细胞动物胚胎发育包括_____、_____、_____和_____等几个主要阶段。

（2）引起黑热病的是_____；引起昏睡病的是_____；引起赤潮的是_____。

（3）间日疟原虫有两个寄主：人和按蚊。在人体内进行_____生殖，在按蚊体内进行_____生殖和_____生殖；间日疟原虫在人体内的时期一般可分为_____、_____和_____。

（4）蛔虫具_____胚层，体壁由_____、_____、_____构成。

（5）珊瑚纲水螅型的生殖腺来自_____胚层，水螅纲水螅型的生殖腺来自_____胚层。

（6）轮虫的典型性结构有_____和_____。轮虫的生殖有周期性变化，在环境条件好时进行_____生殖，当环境条件不良时进行_____生殖。

（7）绦虫的附着器官有_____、_____。

（8）环毛蚓的雌性生殖系统包括_____、_____、_____、_____等器官。

（9）中国圆田螺循环系统由_____、_____和_____组成；神经系统由多对发达的神经节及其间的神经索组成，身体前端有4对主要的神经节，即_____、_____、_____和_____。

（10）大变形虫与摄食有关的结构是_____，与渗透调节有关的结构是_____。

（11）海绵的原始性特征包括_____、_____。

（12）河蚌神经系统包括_____、_____、_____等神经节。

（13）头足纲的感觉器官包括_____、_____、_____等。

（14）草履虫的运动胞器为_____；参与水分调节的胞器是_____。

（15）海绵原细胞的功能有_____、

_____、_____等。

（16）海绵体壁由_____层细胞组成；海绵骨针按照组成成分可分为_____、

_____及_____等几种。

（17）猪带绦虫摄取食物的方式为_____，其排泄器官属_____型。中间

寄主为_____。我们通常说的"米粒肉"是指_____。

（18）中国鲎身体分为_____和_____两部分，第一对附肢为_____，

第二对附肢称为_____。

（19）东亚飞蝗隶属于_____目，金星步甲隶属于_____目，家蝇隶属于

_____目，金凤蝶隶属于_____目，蜜蜂隶属于_____目。

（20）触手冠动物包括_____、_____和_____。

（21）半索动物身体分为_____、_____和_____三部分。

（22）脊椎动物出现了一些进步性特征，比如_____、_____、

_____、_____等。

（23）圆口类是现存脊椎动物中最原始的一类动物，其骨骼和肌肉系统的主要

特征表现在_____、_____、_____、_____等。

（24）澄江动物化石群发现证实了_____，

其意义在于_____。

（25）鲨鱼体表被有_____鳞，该鳞的外层为_____，内层为_____。

（26）爬行类的心脏由_____、_____、_____组成。

（27）鸟类的_____是复杂的本能活动及学习、认知和语言的中枢，主要由

_____和_____构成。

（28）中国的两栖类隶属于3个目_____、_____、_____。

（29）鸟类的综荐骨由_____、_____、_____以及_____组成。

（30）昆虫分类的生物学依据有_____、_____、_____等。

（31）羊膜卵包括_____、_____、_____等结构，在胚胎外具有两个

腔，即_____和_____。

（32）鸟类的正羽由_____和_____组成。

（33）两栖类的排泄物为_____，爬行类的排泄物为_____，鸟类的排泄

物为_____，哺乳类的排泄物为_____。

（34）现存鸟类可分为3个总目，即_____、_____和_____。

（35）原兽亚纲的代表动物有_____，后兽亚纲的代表动物有_____。

**三、是非题**（正确的写"√"，错误的写"×"。每小题0.5分，共5分）

（1）刺胞动物为辐射对称、具两胚层、有组织分化、有原始的消化腔及原始神经系统的低等后生动物。（　　）

（2）线虫的排泄器官和扁形动物的原肾管一样，具有纤毛及焰细胞等结构，是一种特殊的原肾管，可分为腺型和管型2种。（　　）

（3）鞭毛纲有些种类具有叶绿体，能进行光合作用制造食物，这种营养方式称为植物性营养。有的通过体表渗透吸收周围环境中的溶解态物质，称为渗透营养；还有的吞噬固体食物颗粒，称为吞噬性营养，也称自养。（　　）

（4）大多数多毛类为闭管式循环系统，也因种类不同而有变化，最原始的种类无循环系统，而由体腔液进行物质运输；也无呼吸器官，通过体表进行气体交换。大部分多毛类通过疣足或由疣足背须或背叶特化的鳃进行呼吸。（　　）

（5）扁形动物中胚层分化出了复杂的肌肉构造，如环肌、纵肌和斜肌，与外胚层形成的表皮相互紧贴而组成的体壁称为皮肤肌肉囊。在皮肌囊内为实质组织所充填，体内所有的器官都包埋于其中。（　　）

（6）中国对虾为链式神经系统，脑由前脑、中脑、后脑3对神经节合成，分别发出神经至复眼、触角等处。（　　）

（7）柱头虫具有鳃裂、脊索、前端有空腔的背神经索、真体腔等重要特征。（　　）

（8）触手冠动物既有原口动物的特征，又有后口动物的特征，是介于原口动物和后口动物之间的一个类群，是具有原口特征的后口动物。（　　）

（9）海胆多为雌雄异体，体外受精，个体发育中经海胆幼虫，后经变态发育为幼海胆。（　　）

（10）哺乳类左侧动脉弓消失，右侧动脉弓发达，将血液输送到全身。（　　）

**四、名词解释**（本大题共10小题，每题1.5分，共15分）

生物发生律；滋养体；水沟系；外套膜；真体腔；马氏管；迁徙；水管系；侧线；反刍胃。

**五、简答题**（每题2.5分，共10分）

（1）简述下列各结构的功能：疣足、芽球、贮精囊、纳精囊。

（2）原肾管型排泄系统与后肾管型排泄系统有何区别？

（3）简述各类型节肢动物的呼吸系统及排泄系统。

（4）哺乳动物的进步性特征有哪些？

## 六、论述题与看图分析题（每题5分，共20分）

（1）请论述节肢动物在地球上繁荣发展的重要因素。

（2）请论述脊椎动物心脏的演化（可图示）。

（3）下图中包括哪些动物类群，请选择某类动物类群分析其适应其生活环境的进步性特征。

（4）依图中脊椎动物脑容量的适应性进化分析其神经系统结构与功能的演化关系与意义。

（第3题图）　　　　　　　　　　　　　（第4题图）

## 七、比较题（本题10分）

（1）试比较家鸽与蝙蝠身体结构及功能在适应飞翔生活方式上的异同。

# 模拟试题（四）

**一、名词解释**（共5小题，每小题2分，共10分）

物种；原肠胚；马氏管；后口动物；胎盘。

**二、填空题**（共20个空，每空1分，共20分）

（1）_____是生物体结构和功能的基本单位。

（2）DNA双螺旋结构的提出标志着生物科学进入_____时代。

（3）布氏姜片虫的身体呈_____对称，第一中间寄主为_____，主要在人或猪的_____中寄生。

（4）昆虫的身体_____分节，分为头部、_____部和_____部，以_____作为高效而独特的呼吸器官。

（5）鱼类的尾分为_____尾、_____尾和歪尾三种类型。

（6）爬行纲、_____纲和_____纲动物统称为羊膜动物。

（7）_____动物门是最原始、最低等的动物类群，_____动物门是动物界最早出现专职呼吸器官的类群，_____动物门是最高等的无脊椎动物。

（8）今鸟亚纲分为企鹅总目、_____总目和_____总目。

（9）亚洲象属于_____亚纲，人的胎盘为蜕膜胎盘中的_____胎盘。

**三、单项选择题**（共20小题，每小题1分，共20分）

（1）生物多样性的三个层次不包括（　　　）。

A. 基因多样性　　　　　　　　　　B. 物种多样性

C. 生理多样性　　　　　　　　　　D. 生态系统多样性。

（2）下面哪一种生物入侵种在我国野外无分布（　　　）。

A. 牛蛙　　　　B. 红耳龟　　　　C. 甘蔗蟾蜍　　　　D. 克氏原螯虾

（3）大熊猫现在的濒危等级为（　　　）物种。

A. 濒危　　　　B. 易危　　　　C. 野外绝迹　　　　D. 稀有

（4）我国科学家屠呦呦获得了2015年诺贝尔生理学或医学奖，她所研究的疟原虫在人体内的生殖方式为（　　　）。

A. 配子生殖和孢子生殖　　　　　　B. 孢子生殖和裂体生殖

C. 裂体生殖和有性生殖的开始　　　D. 配子生殖和裂体生殖

（5）成体具有三胚层的动物为（　　　）。

A. 扁形动物　　　　　B. 刺胞动物　　　　　C. 多孔动物　　　　　D. 原生动物

（6）日本血吸虫的中间寄主为（　　　）。

A. 钉螺　　　　　　　B. 椎实螺　　　　　　C. 沼螺　　　　　　　D. 扁卷螺

（7）猪带绦虫的（　　　）具有横分裂的能力，能不断产生节片。

A. 颈　　　　　　　　B. 头节　　　　　　　C. 成熟节片　　　　　D. 妊娠节片

（8）患病后，使患者产生磨牙、夜惊等症状的原腔动物为（　　　）。

A. 丝虫　　　　　　　B. 人蛲虫　　　　　　C. 十二指肠钩虫　　　D. 间日疟原虫

（9）无齿蚌隶属于（　　　）。

A. 瓣鳃纲　　　　　　B. 腹足纲　　　　　　C. 头足纲　　　　　　D. 掘足纲

（10）关于无脊椎动物排泄器官的叙述，不正确的是（　　　）。

A. 扁形动物用原肾管排泄　　　　　　　　　B. 环节动物用后肾管排泄

C. 马氏管是排泄器官　　　　　　　　　　　D. 围心腔腺不是排泄器官

（11）环毛蚓的血液循环系统为（　　　）。

A. 单循环　　　　　　B. 开管式循环　　　　C. 闭管式循环　　　　D. 双循环

（12）环节动物的一对锥形盲肠位于第（　　　）节。

A. 24　　　　　　　　B. 25　　　　　　　　C. 26　　　　　　　　D. 27

（13）苍蝇具有（　　　）对翅，翅的质地为（　　　）翅。

A. 1、鳞　　　　　　B. 2、革质　　　　　　C. 2、异　　　　　　　D. 1、膜

（14）（　　　）为被囊动物。

A. 海鞘　　　　　　　B. 柱头虫　　　　　　C. 文昌鱼　　　　　　D. 七鳃鳗

（15）蜱、螨属于（　　　）。

A. 肢口纲　　　　　　B. 昆虫纲　　　　　　C. 蛛形纲　　　　　　D. 甲壳纲

（16）动物界中最高等的门类为（　　　）。

A. 环节动物门　　　　B. 棘皮动物门　　　　C. 半索动物门　　　　D. 脊索动物门

（17）呼吸器官和呼吸方式最为多样化的一类脊椎动物为（　　　）。

A. 爬行类　　　　　　B. 鸟类　　　　　　　C. 两栖类　　　　　　D. 兽类

（18）鳄类的牙齿为（　　　）。

A. 端生齿　　　　　　B. 槽生齿　　　　　　C. 侧生齿　　　　　　D. 异型齿

（19）两栖动物和哺乳动物的代谢废物分别为（　　　）和（　　　）。

A. 尿酸、尿素　　　　B. 氨盐、尿素　　　　C. 尿素、尿酸　　　　D. 尿素、尿素

（20）平常所说的青蛙是指（　　　　）。

A. 沼蛙、金线蛙和中国林蛙　　　　　　B. 黑斑蛙、金线蛙和中国林蛙

C. 泽蛙、金线蛙和中国林蛙　　　　　　D. 黑斑蛙、金线蛙和黑龙江林蛙

**四、判断题**（共20小题，每小题0.5分，共10分，正确的划"√"，错误的划"×"）

（1）个体发育可以简短而迅速地重演系统发展的过程，被称为生物发生律，提出者为梅契尼科夫。　　　　　　　　　　　　　　　　　　　　　　（　　　）

（2）骨骼肌和心肌都有横纹，平滑肌无横纹。　　　　　　　　　　　（　　　）

（3）原生动物都是由真核细胞构成的，营养方式多样，包括植物性营养、动物性营养和渗透性营养。　　　　　　　　　　　　　　　　　　　　　　（　　　）

（4）4核包囊是痢疾内变形虫的感染阶段，囊尾蚴是猪带绦虫的感染阶段。

（　　　）

（5）扁形动物的身体辐射对称，三胚层无体腔。　　　　　　　　　　（　　　）

（6）偕老同穴隶属于多孔动物门六放海绵纲，发育过程经历两囊幼虫阶段。

（　　　）

（7）人体5大寄生虫病指痢疾、黑热病、血吸虫病、钩虫病和丝虫病。（　　　）

（8）刺胞动物也被称为腔肠动物，是因其触手部位的内胚层含有较多数量的刺细胞。　　　　　　　　　　　　　　　　　　　　　　　　　　　　　　（　　　）

（9）七鳃鳗只有一个鼻孔，用鳃囊呼吸。　　　　　　　　　　　　　（　　　）

（10）鱼类是最原始、最低等的脊椎动物。　　　　　　　　　　　　　（　　　）

（11）鲨鱼的鳞片为楯鳞，鲤鱼的鳞片为骨鳞中的栉鳞。　　　　　　（　　　）

（12）鱼类的心脏由一心房一心室组成，两栖类为两心房两心室。　　（　　　）

（13）鲈形总目是鱼类中种类最多的总目。　　　　　　　　　　　　　（　　　）

（14）两栖动物的膀胱和输尿管都开口于直肠。　　　　　　　　　　　（　　　）

（15）鱼类为古脑皮，两栖类为原脑皮，爬行类为新脑皮。　　　　　　（　　　）

（16）青、草、鲢、鲫统称为"四大家鱼"。　　　　　　　　　　　　　（　　　）

（17）鸟类无牙齿和膀胱，被认为可减轻飞行时的体重。　　　　　　　（　　　）

（18）汗腺是一种管状腺，乳腺为管状腺和泡状腺组成的复合腺体。　（　　　）

（19）小脑的纹状体是鸟类复杂的本能活动和"学习"的中枢。　　　　（　　　）

（20）哺乳动物牙齿异型，颈椎通常为7枚。　　　　　　　　　　　　　（　　　）

## 五、简答题（共5小题，每小题4分，共20分）

（1）简述原生动物门的主要特征。

（2）举例说明刺胞动物门的分纲概况。

（3）举例说明昆虫口器的类型。

（4）举例说明我国爬行纲的分目概况。

（5）简述哺乳动物的先进性。

## 六、综合论述题（共2小题，每一小题10分，共20分）

（1）试比较论述假体腔动物与环节动物外部形态及各器官系统的不同之处。

（2）试比较论述脊椎动物各纲呼吸、循环器官的进化历程。

# 模拟试题（五）

**一、填空题**（将答案写在答题纸相应位置处。每空0.5分，共10分）

（1）魏泰克提出的五界系统包括＿＿＿＿＿＿、动物界、植物界、＿＿＿＿＿＿＿和
＿＿＿＿＿＿＿。

（2）心肌细胞连接的地方，细胞膜特化形成＿＿＿＿＿＿，对兴奋传导有重要作用。

（3）原生动物中的单细胞群体与多细胞生物的本质区别在于＿＿＿＿＿＿的不同。

（4）间日疟原虫有人和按蚊两个宿主，其在人体中的无性繁殖方式有＿＿＿＿＿＿，
在按蚊中的繁殖方式有＿＿＿＿＿＿和＿＿＿＿＿＿。

（5）水螅的外胚层细胞分化为＿＿＿＿＿＿、＿＿＿＿＿＿、＿＿＿＿＿＿、
＿＿＿＿＿＿和腺细胞。

（3）构成多孔动物胃层的主要细胞是＿＿＿＿＿＿。

（7）扁形动物的排泄系统为原肾管型，由＿＿＿＿＿＿、排泄管和＿＿＿＿＿＿组成。

（8）鱼体表覆盖鳞片，其鳞片有＿＿＿＿＿＿、＿＿＿＿＿＿、＿＿＿＿＿＿三种类型。

（9）两栖类无胸廓，因此肺的呼吸动作很特殊，为正压装置，呼吸方式为
＿＿＿＿＿＿。

**二、单项选择题**（从下列各题四个备选答案中选出一个正确答案，并将其代号写
在答题纸相应位置处。答案错选或未选者，该题不得分。每小题1分，共10分）

（1）区别蚯蚓背面和腹面的主要方法是（　　　　）。

A. 背面有生殖孔　　　　　　　　　B. 背面有刚毛

C. 腹面有附肢　　　　　　　　　　D. 背面颜色较深

（2）动物的肌肉是由（　　　）分化而来。

A. 外胚层　　　　　B. 中胚层　　　　　C. 内胚层　　　　　D. 中胶层

（3）螯虾小颚的主要作用是（　　　）。

A. 感觉和触觉　　　B. 协助运动　　　　C. 协助摄食　　　　D. 帮助呼吸

（4）苍蝇的口器是（　　　）。

A. 舐吸式　　　　　B. 刺吸式　　　　　C. 虹吸式　　　　　D. 嚼吸式

（5）七鳃鳗没有（　　　）。

A. 背神经　　　　　B. 脊索　　　　　　C. 成对附肢　　　　D. 鳃裂

（6）文昌鱼具有（　　　）。

A. 上下颌　　　　　　B. 头部　　　　　　C. 肾管　　　　　　D. 心脏

（7）首次出现于爬行动物的结构是（　　　）。

A. 中耳　　　　　　　B. 胸廓　　　　　　C. 气管　　　　　　D. 内鼻孔

（8）在鱼鳃的结构中与食性有关的是（　　　）。

A. 鳃弓　　　　　　　B. 鳃耙　　　　　　C. 鳃片　　　　　　D. 鳃丝

（9）两栖类的呼吸器官不包括下列哪一项（　　　）。

A. 气囊　　　　　　　B. 肺　　　　　　　C. 皮肤　　　　　　D. 鳃

（10）哺乳动物的体温调节中枢在（　　　）。

A. 大脑　　　　　　　B. 间脑　　　　　　C. 中脑　　　　　　D. 延脑

**三、判断改错题**（判断以下论述的正误，认为正确的就在答题相应位置划"√"，错误的划"×"。每小题1分，共10分）

（1）原生动物的细胞分化出许多器官执行各种生理活动。

（2）水母属于刺胞动物，常有世代交替。

（3）涡虫具有完全消化系统。

（4）沙蚕、蚯蚓和蚂蟥都属于环节动物，都具有发达的真体腔。

（5）所谓两侧对称，是指通过身体的中轴，有两个切面可以把身体分为相等的两部分。

（6）棘皮动物以伪足运动。

（7）除肾脏外，鱼的鳃也能排泄废物，是排泄的辅助器官。

（8）爬行动物具有口腔腺，其分泌物可消化食物。

（9）青蛙生殖时具"抱对"现象，为体内受精。

（10）鱼类心脏的血为缺氧血。

**四、名词解释**（每小题2分，共20分）

闭管式循环；生物发生律；物种；原口动物；齿舌；脊索；皮肤肌；后肾管排泄系统；胎盘；同律分节。

**五、简答题**（回答要点，并简明扼要作解释。每小题5分，共25分）

（1）说明日本血吸虫的生活史。

（2）节肢动物的外骨骼有什么功能？

（3）简述薮枝螅的生活史。

（4）简述羊膜卵出现的意义。

（5）简述鸟类消化系统的特征。

六、**论述题**（对论点进行具体分析。8＋10分，共18分）

（1）鱼类适应于水中生活的特征有哪些，试从形态结构上加以简要说明。（8分）

（2）论述脊椎动物脊柱的演化。（10分）

七、**填图题**（注明图中结构，将答案与标号对应写在答题纸相应位置处。7分）

右图为雌鲫鱼的内部结构图，请注明图中结构。

A _____

B _____

C _____

D _____

E _____

F _____

G _____

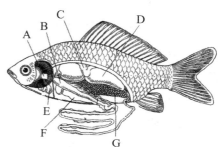

# 模拟试题参考答案

## 模拟试题（一）

### 一、选择题

（1）—（5）：CBDAB；（6）—（10）：DCDCC；（11）—（15）：CDCAB；
（16）—（20）：BADAC。

### 二、填空题

（1）达尔文；林奈。

（2）纵二分裂；配子结合；整个个体结合。

（3）夜光虫（或其他腰鞭毛虫）；利什曼原虫；锥虫；痢疾内变形虫。

（4）纤毛；伸缩泡。

（5）按蚊；人（脊椎动物）；（脊椎动物）人；按蚊（无脊椎动物）；红；肝；江静波；青蒿素；屠呦呦。

（6）太阳虫；聚缩虫；钟形虫；四膜虫；棘尾虫；游仆虫（其他的也可以，答对4种即可）。

（7）身体由多节片组成；前段由特化的头节，有吸盘；小钩等附着结构；感觉器官完全退化；消化系统全部消失；生殖系统高度发达（答对4项即可）。

（8）无板纲；单板纲；多板纲；腹足纲；掘足纲；双壳纲；头足纲。

（9）网；梯；链。

（10）扁动物形。

（11）三；角质膜；上皮层；肌肉层。

（12）脑神经节；足神经节；脏神经节；前闭壳肌下方；足前下方与内脏团交界处；后闭壳肌腹面（回答顺序与前面内容相对应）。

（13）精巢；精漏斗；贮精囊；输精管；卵巢；输卵管；纳精囊。

（14）减轻了内、外胚层的负担，引起了一系列组织、器官、系统的分化，为动物体结构的进一步复杂完善提供了必要的物质条件，使动物达到了器官系统水平；中胚层的形成，促进了新陈代谢的加强，中胚层形成复杂的肌肉层，增强了运动机能，使动物有可能在更大的范围内摄取食物，促进了新陈代谢机能的加强；促进了排泄系统的形成；动物运动机能的提高，促进了神经系统和感觉器官的进一步发展。（列举4点）。

（15）小触角；大触角；大颚；第一小颚和第二小颚。

（16）蛛形；甲壳。

（17）第5步足基部；第3步足基部。

（18）双翅；膜翅；脉翅；鳞翅；鞘翅（答对任意5个均可）。

（19）筛板；石管；环管；辐管；侧管；管足；壜。

（20）吻；领；躯干。

（21）静脉窦；心房；心室；动脉圆锥。

（22）颊窝；唇窝。

（23）大脑；大脑皮层；纹状体。

（24）龟鳖目；喙头目；有鳞目；鳄目。

（25）瘤胃；网胃；瓣胃；皱胃。

（26）原兽；后兽；真兽；鸭嘴兽（针鼹）；袋鼠（袋狼、袋鼯等）；狼（答对即可）。

27. 爬行；哺乳；爬行纲。

## 三、是非题

（1）—（5）：××√×√；（6）—（10）：√×√×√。

## 四、名词解释

真体腔：在肠壁和体壁上都有中胚层发育的肌肉层和体腔膜的体腔，由中胚层细胞形成，又叫次生体腔。

水沟系：是海绵动物特有的结构，分为单沟型、双沟型和复沟型，沟型由体壁不同程度地凹凸折叠而成，沟型越复杂，体内表面积越大，领细胞增多；水沟系利于海绵动物完成摄食、呼吸、排泄及其他生理功能。

后口动物：在胚胎发育中原肠胚的胚孔成为肛门或封闭而与之相对的部位形成口，由肠腔法形成中胚层和真体腔的一类动物。后口动物的胚胎发育是辐射不定型卵裂。半索动物门、毛颚动物门、棘皮动物门、脊索动物门动物均为后口动物。

接合生殖：有性生殖方式之一；某些绿藻和纤毛虫纲的原生动物行有性生殖时，两个配子或两个个体细胞互相靠拢形成接合部位，并发生原生质融合而生成接合子，由接合子发育成新个体，这样的生殖方式称为接合生殖。

原肾管型排泄系统：是由身体两侧外胚层陷入形成，具有许多分支的排泄管构成，有排泄孔通体外，分支末端由焰细胞（帽细胞和管细胞）组成盲管；它从扁形动物开始出现，体内封闭，体外开口；调节渗透压，排出多余的水分及一些代谢废物。

适应辐射：动物进化形式的一种，是发生于一个祖先种或线系在短时间内经过辐射扩展而侵占了许多的不同的生态位，从而发展出许多新的物种或新的分类阶元。

迁徙：一年中鸟类随着季节的变化，定期沿相对固定的路线，在繁殖地和越冬地（或新的觅食地）之间作远距离移动的过程。

胎盘：胚胎的绒毛膜、尿囊膜和母体子宫壁结合起来所形成的特殊器官。胚胎通过胎盘从母体获得氧气和养料并排出二氧化碳和代谢产物。

昆虫完全变态：昆虫变态形式的一种。由受精卵开始，要经过幼虫、蛹和成虫四个阶段，而且幼虫和成虫差别很明显，这样的变态发育称为完全变态。

羊膜动物：产羊膜卵的动物，包括爬行类、鸟类、哺乳类。胚胎发育过程中形成羊膜、绒毛膜、卵黄囊、尿囊等结构是羊膜动物的共同特征。

## 五、简答题

（1）轮虫可进行有性生殖与孤雌生殖。当环境适宜时，雌虫孤雌生殖，非需精卵，由此发育成新的非混交雌体（孤雌生殖）；当环境恶化时，非需精卵可发育成混交雌体。混交雌体经减数分裂产生需精卵（单倍体）。若需精卵不受精，则孵化出雄虫；若受精，则形成卵壳较厚的休眠卵。休眠卵可度过不良环境，一旦条件适宜，即可孵化形成非混交雌体。

（2）刺胞动物依据其主要特征而分成水螅纲、钵水母纲和珊瑚纲，虽然水螅纲里面也有水螅型发达、水母型不发达/消失，或者水母型发达水螅型不发达的种类，但其与钵水母纲或珊瑚纲类群有着明显的特征差异：钵水母一般为大型水母，而水螅水母为小型的；钵水母无缘膜，而水螅水母有缘膜；钵水母的感觉器官为触手囊，水螅水母为平衡囊；钵水母的结构较复杂，在胃囊内有胃丝，而水螅水母则无；钵水母的生殖腺来源于内胚层，水螅水母的生殖腺来源于外胚层。珊瑚纲只有水螅型，其构造比较复杂，有口道、口道沟、隔膜和隔膜丝。水螅纲的螅型体构造较简单，只有垂唇，无上述结构；珊瑚纲的螅型体的生殖腺来自内胚层，水螅纲螅型体的生殖腺来自外胚层。

（3）触手冠动物的共同特征：① 适应于固着生活，头部不明显，神经感官不发达，身体柔软，具外壳，起保护作用；② 身体前端都有由一圈触手构成的触手冠，称为总担；③ 触手冠是捕食和呼吸的器官；④ 消化管呈"U"形，肛门位于体前方；⑤ 具有真体腔和后肾管，后肾管兼有生殖导管作用。

（4）① 海生软骨鱼类：在血液中积累2%～2.5%的尿素，故血液渗透压高于海水，不会产生失水过多的现象，周围海水会通过鳃部和皮肤渗入体内，多余水分经肾脏排出，多余盐分经直肠背面的直肠腺排出；② 海洋硬骨鱼类体液浓度比海水略低，体内的水分会不断地从鳃和体表向外渗出；鱼类必须大量吞饮海水，体内过多的盐分通过位于鳃上皮的泌氯腺排出，使体液维持正常浓度。

## 六、论述题

（1）多细胞动物从受精卵开始，经卵裂、囊胚形成、原肠胚形成、中胚层及体腔形成（端细胞法和体腔囊法）、胚层分化等一系列过程到成体。

受精与受精卵：精卵细胞结合形成受精卵，是单细胞，是新个体的开始；

卵裂：受精卵经过多次连续迅速的细胞分裂，形成许多小细胞的发育过程。每次卵裂产生的子细胞称分裂球（blastomeres）。卵裂的方式分为完全卵裂和不完全卵裂。完全卵裂包括完全均等卵裂（如海星、文昌鱼等）和完全不均等卵裂（蛙）；不完全卵裂包括盘裂（如鸟类）和表面卵裂（如昆虫等）。

囊胚的形成：经过卵裂，受精卵被分割成很多小细胞，这些由小细胞组成的中空球形体称为囊胚（blastula）。囊胚的形成是卵裂的结果。囊胚中间的空腔称为囊胚腔，囊胚层细胞构成囊胚壁。

原肠胚的形成：由囊胚的一部分细胞通过不同的形式（内陷、内移、外包、分层、内转等）迁移到囊胚内部，形成两胚层的原肠胚，留在外面的称为外胚层，迁到内面的称为内胚层。

中胚层及体腔的形成：端细胞法（裂体腔法）和肠腔法（体腔囊法）。

胚层分化：外胚层形成皮肤上皮及其衍生物如指甲、羽毛等，神经组织、晶体、眼网膜、内耳上皮等；中胚层分化形成真皮、骨骼、肌肉、循环和排泄系统、脂肪组织、结缔组织、体腔膜和系膜等；内胚层形成消化道、呼吸道上皮、肺、肝等。

（2）软体动物有水生和陆生种类，水生种类用鳃呼吸，陆生种类以"肺"呼吸；鳃由外套膜内表皮伸展而成，分为栉鳃（梳状鳃）、楯鳃（羽状鳃或双栉鳃）、瓣鳃、丝鳃、次生鳃等。水生软体动物的鳃上皮内有血管，水循环的同时，完成气体交换。陆生软体动物的"肺"为其外套腔壁上形成的血管密集特殊区域，周围含有大量水分，直接与空气中的氧气进行气体交换。

（3）华支睾吸虫的受精卵由虫体排出后，进入到人（或猫或狗）的胆管或胆囊里，经总胆管进入小肠，然后随人的粪便排出体外。虫卵产出后就已成熟，里面含有毛蚴。虫卵一般情况下不能孵化，只能进入水中，被第一中间寄主（纹沼螺、中华沼螺）等吞食后，毛蚴在螺的消化道内从卵中逸出，穿过肠壁到达肝。在此移行中，一个毛蚴发育成为胞蚴，经过雷蚴，到尾蚴，尾蚴成熟后自螺体逸出，在水中活1～2天，游动时如果遇到第二中间寄主（某些淡水鱼或虾），则侵入体内。人吃了不熟的鱼或虾就会被感染。人是它的终寄主。

防治原则：切断华支睾吸虫生活史的各主要环节，由于华支睾吸虫是经口感染，囊蚴集中在鱼、虾体内，所以不要吃生的鱼虾，加强粪便管理，防止未经处理的新粪便落入水中，并且要管理猫、狗等动物。

（4）① 呼吸系统：水生节肢动物多以鳃或书鳃呼吸。陆生节肢动物以书肺或气管呼吸。② 排泄系统：水生节肢动物的排泄器官为基节腺、触角腺或下颚腺；陆栖种类主要为马氏管。

（5）五趾型附肢、上下颌、次生腭、膈肌、羊膜卵、恒温、胎生、哺乳。

意义：羊膜卵的出现，使动物可以在陆地上繁殖和发育（无需像两栖类那样在生殖时必须再回到水中），摆脱了脊椎动物个体发育对水的依赖，成为真正的陆生动物，使陆栖动物进行陆上繁殖成为可能。恒温的出现促进酶活力，大大提高了新陈代谢水平；使动物具有快速运动的能力，有利于捕食及避敌；减少了对环境的依赖性，扩大了生活和分布范围。胎生为发育的胚胎提供了保护、营养以及稳定的恒温发育条件，能保证代谢活动的正常进行，最大程度降低外界环境条件对胚胎发育的不利影响。以乳汁哺育幼兽，使后代在较优越的营养条件下迅速成长，以及哺乳类对幼儿具有各种保护行为，成活率高。

## 七、开放题

（1）水生生物可回答甲壳类、鱼类等。

鱼类身体分头、躯干、尾部，头与脊柱愈合，有利于水中游泳生活；体呈纺锤形，被鳞片，富有黏液，有利于减小水的阻力；出现了上、下颌，主动捕获食物，消化食物；适应攻击、防御等多种活动；在水体中用鳃呼吸、血液循环为单循环；有了成对的附肢（胸鳍和腹鳍），维持身体的平衡和改变运动的方向；加大了鱼类的游泳能力，并为陆生脊椎动物四肢的出现提供了先决条件；脊柱代替了脊索，成为支持身体和保护脊髓的主要结构，起到了支持、运动和保护的机能；脑和感觉器官更为发达，具有特殊的感觉器官——侧线，更能促进体内各部的协调和对外界环境的适应能力。

从水生开始向陆生过渡的中间类群为两栖类；

出现了强有力的五趾型附肢，在陆地支持体重并完成运动，脊椎分化为颈椎、躯椎、荐椎和尾椎4部分，在陆地上可以更加灵活地运动；两栖类以肺呼吸，并将皮肤作为辅助呼吸的器官，解决了陆地上呼吸的问题；表皮开始角质化，并主要生活于潮湿的环境，一定程度上防止体内水分过度蒸发；循环系统由单循环转变为不完全的双循环，心脏由一心房一心室转变为两心房一心室；大脑半球已完全分开，大脑顶部也有了神经细胞，为原脑皮；两栖类上陆后听觉器官发生深刻变化，出现了中耳——鼓膜及听小骨；部分类群可以陆地上繁殖，但繁殖还离不开水，幼体需要在水里生活；以休眠模式适应温度的变化。

陆生动物可回答爬行类、鸟类、哺乳类。

羊膜卵的出现，使动物可以在陆地上繁殖和发育（无需像两栖类那样在生殖时必须再回到水中），摆脱了脊椎动物个体发育对水的依赖，成为真正的陆生动物。陆生动物结构的不断完善，使其能更好地适应陆生生活，例如皮肤角质化程度增加，五趾型附肢出现，骨骼骨化程度不断提升，循环与排泄及神经和肌肉系统不断完善、横纹肌增加、脑容量不断增加、恒温与哺乳出现等等。

# 模拟试题（二）

## 一、填空题

（1）原口动物；后口动物。

（2）裂体腔（端细胞）。

（3）尾索动物亚门；头索动物亚门；脊椎动物（可互换）。

（4）原尾型；正尾型；歪尾型（可互换）。

（5）担轮幼虫；面盘幼虫；钩介幼虫。

（6）摄食；生殖。

（7）异凹型（马鞍型）；双平型。

（8）卵；幼虫；蛹；成虫。

## 二、单项选择题

（1）—（5）：BBDBD；（6）—（10）：ADBBA。

## 三、判断题

（1）—（5）：√×××√；（6）—（10）：×√√××。

## 四、名词解释

**世代交替**：在刺胞动物中存在的一种现象。水螅型个体通过无性生殖产生水母型个体，而水母型个体通过有性生殖产生水螅型个体，这种现象称为世代交替。

**双名法**：任何一种动物的学名由两个拉丁字或拉丁化的文字所组成，前面一个字是动物的属名，为主格单数名词，第一个字母大写；后面的一个字是动物的种本名，为形容词或名词，第一个字母不大写。国际上统一使用。

**异律分节**：在节肢动物中，机能和结构比较相似的体节愈合成部，不同部分执行不同的功能，这种分节不同于同律分节，称为异律分节。

**洄游**：一些鱼类在其生命过程中的一定时期会沿一定路线进行集群的迁移活动，以寻求对某种生理活动的特殊要求，并避开不利的环境，根据不同的目的一般分为生殖洄游、索饵洄游和越冬洄游。

**双重呼吸**：在鸟肺中，无论在呼气时或吸气时均有新鲜空气通过微支气管并进行气体交换。

**真体腔**：由中胚层裂开形成，既有体壁肌肉层，又有脏壁肌肉层。

**马氏管**：是发生在中肠和后肠交界处的单层细胞的盲管，是节肢动物昆虫纲、多足纲中存在的排泄器官。

**不完全双循环**：两栖类和爬行类有体循环和肺循环，但由于它们的心室没有分隔成两室，多氧血和缺氧血在心室中有混合现象，使得肺循环和体循环不能完全分开，称为不完全双循环。

**侧线**：是沟状或管状的皮肤感受器，为鱼类和水生两栖类所特有，能感知水流和低频振动。

**羊膜动物**：指在胚胎发育过程中具备羊膜的脊椎动物，包括爬行纲、鸟纲和哺乳纲。

## 五、简答题

（1）海绵动物在胚胎发育过程中有胚层逆转现象（3分），构造上有领细胞、水沟系、骨针等特殊结构（2分），因此认为它们在动物进化上为侧生动物，是很早由陨石群体鞭毛虫发展来的一个侧枝，不再进化为其他类群的多细胞动物。

（2）两侧对称体制（左右对称）通过身体的中轴，只有一个切面可以把身体分成相等的两部分（2分）。两侧对称使动物有了前后、左右、上下的区别，使其能对外界环境的反应更迅速、更准确，所以对动物的进化具有重要意义（2分）；是动物由水生发展到陆生的重要条件（1分）。

（3）外套膜是软体动物特有的结构，（1分）是动物身体背侧的皮肤褶襞向下延伸包裹着整个内脏团的皮膜。（1分）外套膜由内、外表皮和其间的结缔组织构成，（1分）外层表皮分泌的贝壳可起到保护的作用。（1分）外套膜与内脏团之间空腔中的水流流动可帮助完成呼吸、摄食的功能。陆生种类的外套膜可形成专职呼吸器官。（1分）

（4）① 消化管壁有肌肉层，增强了蠕动，提高了消化机能（2分）；② 促进了循环系统、排泄系统、生殖系统等器官的形成和发展，使动物体的结构进一步复杂，各种机能进一步完善（3分）。

（5）① 具有脊索，是位于消化管和神经管之间的一条棒状结构（1分）；② 具有背神经管，位于脊索背面的中空管状的中枢神经系统（1分）；③ 具鳃裂，低等脊索动物及鱼类的鳃裂终生存在，其他脊椎动物仅在胚胎期有鳃裂（1分）；④ 肛后尾、闭管式循环，心脏位于消化管腹面，后口（2分）。

## 六、论述题（对论点进行具体分析。8＋10分，共18分）

（1）（8分）① 坚厚的外骨骼：防止体内水分蒸发、保护作用（2分）；② 身体分部和附肢分节：实现运动和支持作用（1分）；③ 强健的横纹肌：加强运动的机能（1分）；④ 发达的神经系统和感觉器官：对陆地多变的环境条件作出反应（1分）；⑤ 高效的呼吸和排泄：气管呼吸，有效地利用空气中的氧气；高效的马氏管，及时有效地排出废物（2分）；⑥ 开管式循环系统（1分）。

（2）（10分）① 体表被羽，羽毛薄而轻（1分），前翅特化为翼，其上有大羽片的飞羽，使体形呈流线型，减轻体重并适于飞翔（1分）；② 具有轻而薄的气质骨（1分）；③ 中轴骨多处愈合形成坚固支架，头骨骨片愈合，轻而坚固，肋骨均为硬骨，肋骨之间具钩状突，可增加胸廓的坚固性，与飞翔相适应（1分）；④ 具龙骨突和发达的胸肌，增加飞翔的力量（1分）；⑤ 颈部长且高度灵活，使鸟类在飞翔时能快速收集周围信息，与飞翔相适应（1分）；⑥ 具有弹性的V型锁骨，避免鸟类在剧烈飞翔时左右乌喙骨的碰撞；后肢骨片愈合、简化并加长，有利于鸟类的起飞弹跳（1分）；⑦ 具有独特的双重呼吸系统，以满足鸟类飞翔时的耗氧量和代谢水平；具气囊，可减轻体重（1分）；⑧ 食量大，消化能力强，消化速度快，与高代谢水平和飞翔中消耗大量能量相适应（1分）；⑨ 直肠短，无膀胱，不会储存粪便和尿液，减轻飞翔时体重（1分）。

## 七、填图题

A脂肪体；B精巢；C肾脏；D肾上腺；E输精管；F泄殖腔；G膀胱

# 模拟试题（三）

## 一、选择题

（1）—（5）：BADDA；（6）—（10）：ACDCC；（11）—（15）：DADCC；
（16）—（20）：DDBBD。

## 二、填空题

（1）受精；卵裂；囊胚的形成；原肠胚的形成；中胚层及体腔的形成；胚层的分化。

（2）杜氏利什曼原虫；锥虫；夜光虫等植鞭毛虫。

（3）无性；配子；孢子；红细胞前期；红细胞外期；红细胞内期。

（4）三；角质膜；上皮层；肌肉层。

（5）外；内。

（6）轮器；咀嚼囊；无性；有性。

（7）钩；吸盘。

（8）卵巢；卵漏斗；输卵管；纳精囊。

（9）心脏；血管；血窦；脑神经节；足神经节；脏神经节；侧神经节。

（10）伪足；伸缩泡。

（11）体型多数不对称；没有器官系统和明确的组织。

（12）脑神经节；足神经节；脏神经节。

（13）眼；平衡囊；化学感受器。

（14）纤毛；伸缩泡。

（15）分化成其他类型的细胞；吞噬食物颗粒并消化食物；形成卵和精子。

（16）2；钙质；硅质；海绵丝。

（17）通过皮层直接吸收食物；原肾管；猪；含囊尾蚴的肉。

（18）头胸部（前体）；腹部（后体）；螯肢；须肢。

（19）直翅；鞘翅；双翅；鳞翅；膜翅。

（20）苔藓动物门；腕足动物门；帚虫动物门。

（21）吻；领；躯干。

（22）羊膜卵；五趾型附肢；上下颌；次生腭；恒温；胎生；哺乳（答对4项即可）等。

（23）无上下颌；无成对的偶鳍；终身保留脊索；脑颅不完整；肌肉保留原始肌节状态；脑不发达；内耳半规管少于3个（以上任选4点即可，顺序可颠倒）。

（24）5.3亿年前的寒武纪生命大爆发；为生物进化尤其是脊索动物的起源进化提供了证据。

（25）盾、釉质；由表皮形成、齿质；由真皮形成。

（26）2心房；1心室；静脉窦。

（27）大脑；大脑皮层；纹状体。

（28）蚓螈目；蝾螈目；无足目。

（29）胸椎；腰椎；荐椎；部分尾椎。

（30）触角类型；口器类型；足的类型。

（31）绒毛膜；尿囊膜；卵黄囊；羊膜腔；胚外体腔。

（32）飞羽；覆羽和尾羽。

（33）尿素；尿酸；尿酸；尿素。

（34）平胸总目；企鹅总目；突胸总目。

（35）鸭嘴兽；袋鼠。

## 三、是非题

（1）—（5）：√××√√；（6）—（10）：√××√×。

## 四、名词解释

生物发生律：也叫重演律（Recapitulation law），1866年德国人赫克尔（E. Haeckel）在《普通形态学》中提出"生物发展史可以分为两个相互密切联系的部分，即个体发育和系统发展，也就是个体的发育历史和由同一起源所产生的生物群的发展历史，个体发育史是系统发展史的简单而迅速的重演"。

滋养体：一般指原生动物摄取营养阶段，能活动、摄取养料、生长和繁殖，是寄生原虫的寄生阶段。在寄生虫的原虫中，该阶段通常与致病作用有关。

水沟系：水沟系是海绵动物特有的结构，对适应水中固着生活有重要意义。海绵动物缺乏运动能力，它的摄食、呼吸、排泄和有性生殖等生理机能都是靠水在体内不断流动来完成。而水沟系就是使水在其体内不断流动的结构。基本类型分为单沟型、双沟型和复沟型。

外套膜：外套膜（mantle）是软体动物、腕足动物以及尾索动物覆盖体外的膜状物。其中软体动物的外套膜背缘与内脏团背面的上皮组织相连，由内外两侧表皮和中央的结缔组织以及少数的肌纤维所构成。外套膜一般包裹着内脏团和鳃，部分种类连足也包在里面。辅助摄食、呼吸、生殖等功能。

真体腔：真体腔亦称真正体腔、次生体腔、后体腔，是动物体腔之中在原肠胚期以后所形成的与囊胚腔（卵裂泡、卵裂腔）完全不同的腔，它的外围由中胚层形成的体腔膜所包围，在肠壁和体壁上，都有肌肉层和体腔膜。

马氏管：一些节肢动物的主要排泄器官，位于消化道中后肠交界处，为细长之管状物，由一层细胞组成；其基端开口于中肠和后肠的交界处，盲端封闭游离于血腔内的血淋巴中。

迁徙：某些鸟类每年春季和秋季，有规律地、沿相对固定的路线、定时地在繁殖地区和越冬地区之间进行长距离往返移居的行为现象称为迁徙。

水管系统：海盘车体腔发达，形成水管系统（步管系统），包括筛板、石管、环水管（上有帖氏体）、辐水管、管足、吸盘、坛囊等。管足可以伸缩，末端有吸盘，有运动功能。

侧线：是由许多单独侧线器官组成的一条管状结构。侧线器官在鳞片上以小孔向外开口，基部与感觉神经相连，能感受水的低频振动，以此来判断水流方向、水波动态及周围环境的变化。

反刍胃：为哺乳动物食草类具有的复杂的消化器官。它包括瘤胃（最大）、网胃、瓣胃、皱胃，其中前3个胃室为食道的变形，皱胃为胃本体，具有腺上皮，能分泌胃液。反刍胃在食物消化中有个反刍过程，促进食物的充分分解。

## 五、简答题

（1）疣足：是体壁外凸形成的中空的结构，具有运动、呼吸等功能，存在于环节动物的多毛纲动物中。

芽球：是海绵动物进行无性生殖的一种方式——形成芽球。所有的淡水海绵和部分海产种类都能形成芽球。芽球游离于水中，可形成新海绵体。

垂唇：亦称口丘、围口部。系刺胞动物水螅型在口盘中央包围开口的部分，呈锥形隆起。其表层（外胚层）的刺细胞显著多于水螅体的其他部分，生活时大多呈现白色。由于上皮肌细胞很发达，所以摄食时伸缩自如，垂唇显著突出的部分称为吻。利于摄食与感觉。

贮精囊：其在环节动物、头足类、某些昆虫中是输精管的一部分，是将成熟精子贮存至射精时的囊，在寡毛类中，精子以未成熟的精细胞块离开精巢，在贮精囊内成熟，毛颚动物也大致相同，贮精囊在海中破裂放出精子，精子附着于其他个体，使该个体受精。

（2）来源不同：原肾：外胚层；后肾：外胚层与中胚层共同发生。

结构各有特点：原肾：一端开口（以肾孔开口于体壁，另一端为盲管）；后肾：两端开口。以肾孔开口于体壁，另一端为以肾口开口于体内。

作用不同：原肾：调节渗透压为主，排泄代谢废物为次；后肾：排泄代谢废物为主，调节渗透压为次。

（3）① 呼吸系统：水生节肢动物多以鳃或书鳃呼吸；陆生的节肢动物以书肺或气管呼吸；② 排泄系统：水生节肢动物的排泄器官为基节腺、触角腺，或下颚腺；陆栖种类主要为马氏管。

（4）① 高度发达的神经系统和感觉器官，协调复杂的机能活动和适应多变的环境条件；② 出现口腔咀嚼和消化，大大提高了对能量的摄取；③ 具有高而恒定的体温（25℃～37℃），减少对环境的依赖性；④ 具有在陆上快速运动的能力；⑤ 胎生、哺乳，保证了后代有较高的成活率。

## 六、论述题与看图分析题

（1）① 拥有一个坚实的外骨骼；表皮构造复杂，能保持动物固定的外形，抵抗机械和化学损伤，使附肢具有支撑能力；表皮还能防止水分散失，为节肢动物在陆地生活创造了条件；② 异律分节的发展，使身体各部分有所分工；此分工和该部分附肢的形态功能变化密切相关，分节的附肢为这种变化提供了多种可能，并使节肢动物的运动快速而灵活；③ 陆栖节肢动物的气管系统由表皮内陷形成，可以减少因呼吸所致的水分流失，而且可将氧气直接送到各组织和细胞，二氧化碳也可以通过气管直接排出体外，当剧烈运动时，代谢率得以迅速升高；④ 节肢动物具变态现象，在很大程度上减少了物种内部幼体和成体之间的竞争；⑤ 复杂的神经系统和发达的感觉器官，使节肢动物比其他无脊椎动物有更复杂的行为；⑥ 形态结构的多种变化和生理功能的发展，加上微小的身体，使节肢动物更能适应多种变化的环境。

（2）圆口纲：一心房、一心室、一静脉窦，无动脉圆锥；

鱼纲：静脉窦、一心房、一心室、动脉圆锥（动脉球）组成，血液循环方式为单循环；

两栖纲：心脏由静脉窦、二心房、一心室和动脉圆锥组成，不完全的双循环和体动脉内含有混合血液；

爬行纲：2心房和2心室，心室已有隔膜（不完全的分隔），动脉圆锥消失，静脉窦退化缩小；

鸟纲：完全的双循环（心脏四腔，具右体动脉弓），动静脉血完全分开，心脏容量大，心跳频率快，动脉压高，血液循环迅速；

哺乳纲：二心房、二心室，完全双循环，动、静脉血完全分离，心脏血管内具瓣膜，能防止血液逆流，保证血液沿一个方向流动。

（3）图中有鱼类、两栖类、爬行类和鸟类。鱼类的进步性特征：① 出现了上、下颌：主动捕获食物，消化食物；适应攻击、防御等多种活动（如求偶、育雏等），并带动动物体制结构的全面发展和提高。② 有了成对的附肢（胸鳍和腹鳍）：维持身体的平衡和改变运动的方向；加大了鱼类的游泳能力，并为陆生脊椎动物四肢的出现提供了先决条件。体分头、躯干、尾部，头与脊柱愈合有利于水中游泳生活。体呈纺锤形，被鳞片，富有黏液，有利于减小水的阻力。③ 脊柱代替了脊索：成为支持身体和保护脊髓的主要结构，起到了支持、运动和保护的机能。用鳃呼吸，血液循环为单循环。④ 脑和感觉器官更为发达：脑分5部分，有一对鼻孔和三个半规管的内耳，更能促进体内各部的协调和对外界环境的适应能力。具有特殊的感觉器官——侧线。

所有的两栖类、爬行类、鸟类、哺乳类（包括我们人类）都有四肢，所以它们被统称为四足动物。四足动物是动物界最高等的类群，它们都有脊椎骨，也都有盆骨连接在脊椎上，用来支撑体重，同样都有胸廓，用来保护心脏和肺。四足动物通过鼻孔呼吸空气。

两栖类的进步性特征：两栖动物是首次登陆的脊椎动物，出现了五趾型附肢，在陆地支持体重并完成运动；成体以肺和皮肤进行呼吸，幼体以鳃进行呼吸；具有重吸收水分功能，可防止体内水分过分蒸发；适应陆地温度变化而进行冬眠和夏眠；进化出现了适应陆生的感觉器官和完善的神经系统。

爬行类的进步性特征：① 皮肤干燥，缺少腺体，表皮角质化：外被角质鳞片或盾片；② 五趾型附肢及带骨进一步发达和完善，指趾端具角质爪；③ 骨骼骨化程度较高，硬骨的比重增大；头骨具单一枕髁，有颞窝形成；脊柱分化明显；④ 肺呼吸进一步完善；⑤ 两心房、一心室；心室具隔膜，属变温动物；⑥ 成体以后肾执行泌尿功能，以尿酸排出；⑦ 体内受精，发育无变态，产羊膜卵。

鸟类的进步性特征：① 具有高而恒定的体温，减少了对外界温度条件的依赖；恒温的出现标志着动物的结构与功能已进入更高级的水平，可以减少动物对外界环境温度条件的依赖性，扩大了动物的地理分布，从而使动物在生存竞争中处于优势地位；② 心脏二心房二心室，完全的双循环：血液循环为多氧血与缺氧血完全分开，再加上呼吸系统完善化，保证了鸟类维持高和恒定体温所要求的较高代谢水平所需的氧；③ 具发达的神经系统和感觉器官与此相联系的各种复杂行为；④ 具有营巢、孵卵和育雏等完善的生殖行为，提高了子代的成活率。

（4）图中展示了脊椎动物中从鱼类到哺乳动物的神经系统演化情况。① 鱼类的脑分为五部分：端（大）脑、间脑、中脑、小脑、延脑；端脑：嗅叶发达，大脑主要是纹状体；小脑：发达，协调肌肉运动，与鱼类在水中灵活运动相适应；② 两栖动物与鱼类相比，其大脑顶部有神经细胞，分布零散，只与嗅觉有关，称原脑皮；大脑分化较鱼类明显；小脑不发达，与运动方式简单相联系；中脑视叶发达；由于出现四肢，脊神经形成臂神经丛和腰荐神经丛；有发达的交感神经干，首次出现了发自脊髓荐部的副交感神经；③ 爬行类的神经系统进一步发展，出现了新皮层（大脑皮层），新增了新纹状体，出现了脑弯曲、颈弯曲，脑神经为12对；④ 相比于爬行类，鸟类的神经系统进一步发展，大脑两半球很发达，具原脑皮；小脑发达；视叶发达；嗅觉退化。脑神经12对，大脑（丘状体）是"本能""智慧"中枢，间脑（下丘脑）进行体温调节、体液调节中枢，中脑（视叶）是视觉中枢，小脑是协调和平衡中枢，延脑是生命中枢；⑤ 哺乳动物的脑容量明显增加，特别是新脑皮高度发达，神经系统主要表现在大脑和小脑体积增大、神经细胞所聚集的皮层加厚和表面出现了皱褶（沟和回），大脑皮层发达，由发达的新脑皮构成，具有与行为、记忆、学习等活动有关的高级机能；沟回的形成增加了大脑皮层的面积；左右大脑半球间，由神经纤维所构成的通路称胼胝体，是哺乳类特有的结构；纹状体已显著退化。古脑皮层称梨状叶，为嗅觉中枢；原脑皮层萎缩，称为海马，为嗅觉中枢。

## 七、比较题

（1）鸟类：纺锤形体型，胸肌发达，体外被覆羽毛并着生在体表的一定区域内，有利于飞行与保温，具有流线型的外廓，从而减小了飞行中的阻力；前肢特化成翼；骨骼轻、多愈合，为气质骨。眼大并具眼睑及瞬膜，飞行时可保护眼球；耳孔略凹陷，周围着生耳羽，有助于收集声波；颈长而灵活，尾退化、躯干紧密坚实、后肢强大，与飞行生活密切相关；具独特的气囊，产生与之相适应的双重呼吸，飞行时辅助呼吸、减轻身体比重、减少肌肉间及内脏间的摩擦、降低体温；直肠极短，不贮存粪便，且具有吸收水分的作用，有助于减少失水以及飞行时的负荷。

蝙蝠：蝙蝠有适于飞行的双翼，前肢十分发达，上臂、前臂、掌骨、指骨都特别长，从指骨末端至肱骨、体侧、后肢及尾巴之间的柔软而坚韧的皮膜，加长的指骨适于支持皮膜，形成蝙蝠独特的飞行器官——翼手，适于空中灵活飞行。蝙蝠的骨很轻，胸骨具有与鸟龙骨突类似的突起，着生有牵动两翼活动的发达肌肉。蝙蝠可依靠地球的磁极罗盘进行导航定向，并能发出超声波，利用"回声定位"来躲避障碍和捕食。

# 模拟试题（四）

## 一、名词解释

物种：物种简称为种，是分类的基本单位，是生物界发展的连续性和间断性相统一的基本间断形式；在有性生物，物种呈现为统一的繁殖群体，由占有一定空间，具有实际或潜在繁殖能力的种群所组成，而且与其他这样的群体在生殖上是隔离的。

原肠胚：由囊胚植物极细胞向内陷入，最后形成2层细胞，在外面的细胞层为外胚层，向内陷入的一层为内胚层。内胚层包围形成空腔，将形成动物的肠腔称原肠腔，原肠腔与外界相通的孔为原口或胚孔。

马氏管：昆虫纲和蛛形纲的排泄器官，这类动物从中肠和后肠之间发出多数细盲管，直接浸浴在血腔的血淋巴中吸收代谢废物，从后肠与食物残渣一起由肛门排出体外。

后口动物：棘皮动物在胚胎发育中的原肠胚期，其原口（胚孔）形成动物的肛门，而与原口相对的一端，另形成一新口，成为后口。以这种方式形成口的动物，称为后口动物。

胎盘：胎盘是由子体的尿囊膜、绒毛膜和母体的子宫壁共同构成的连接体，可为胚胎提供营养、排出废物、制造激素及具有免疫功能。

## 二、填空题

（1）细胞。

（2）分子生物学。

（3）两侧或左右；扁卷螺；小肠。

（4）异律；胸；腹；气管。

（5）原；正。

（6）鸟；哺乳。

（7）原生；软体；棘皮。

（8）平胸；突胸。

（9）真兽；盘状。

### 三、单项选择题

（1）—（5）：CCBCA；（6）—（10）：AABAD；（11）—（15）：CCDAC；
（16）—（20）：DCBDB。

### 四、判断题

（1）—（5）：×√√√×；（6）—（10）：×××√×；
（11）—（15）：××√√√；（16）—（20）：×√√×√。

### 五、简答题

（1）① 单细胞生物，少数为多细胞组成的群体，但至多只有体细胞和生殖细胞的分化；② 个体微小，一般在10～200微米之间，大部分个体在显微镜下才能被观察到；③ 伪足、鞭毛和纤毛为运动胞器；④ 营养方式多样化：自养（植物性营养）、异养（吞噬营养，渗透营养/腐生营养）；⑤ 生殖方式多样化；⑥ 协调与应激性；⑦ 大多数个体在环境恶劣的条件下能形成包囊；⑧ 栖息地类型多样，分布广泛。

（2）① 水螅纲：如僧帽水母、筒螅、水螅和桃花水母等；② 钵水母纲：如海月水母、海蜇和霞水母等；③ 珊瑚纲：如海葵、珊瑚和海仙人掌等。

（3）① 飞蝗为原始的咀嚼式口器；② 蝇类为舐吸式口器；③ 蚊类、蝉类为刺吸式口器；④ 蝶、蛾类为虹吸式口器；⑤ 蜂类为嚼吸式口器。

（4）① 龟鳖目：乌龟等；② 蛇目：王锦蛇等；③ 蜥蜴目：蓝尾石龙子等；④ 鳄目：扬子鳄等。

（5）① 神经系统和感觉器官高度发达；② 出现了口腔咀嚼和消化；③ 陆上快速运动；④ 胎生和哺乳。

### 六、综合论述题

（1）① 假体腔动物呈圆筒状，不分节；环节动物同律分节（2分）；② 假体腔动物体壁无体腔膜，环节动物体壁具体腔膜；③ 假体腔动物体壁和消化道之间具有原体腔（假体腔，初生体腔），环节动物为真体腔；④ 假体腔动物具有发育完善的消化道，有口有肛门，肠壁无肌肉层和肠系膜；环节动物肠壁有肌肉层和肠系膜；⑤ 假体腔动物为原肾管型排泄系统，呈管型或腺型；环节动物为后肾管；⑥ 假体腔动物神经系统呈筒状，环节动物呈链索状；⑦ 假体腔动物大多数雌雄异形、异体，环节动物由体腔膜形成生殖系统。

（2）① 圆口纲，鳃囊呼吸，心脏一心房一心室，单循环；鱼纲，鳃呼吸，心脏一心房一心室，单循环；③ 两栖纲，幼体鳃呼吸，成体肺呼吸，心脏两心房一心室，不完全双循环；④ 爬行纲，肺呼吸，心脏两心房一心室，心室间有隔膜或潘氏孔，从不完全双循环向完全双循环的中间过渡类型；⑤鸟纲，肺呼吸，气囊辅助呼吸，心脏两心房两心室，完全双循环；⑥哺乳纲，肺呼吸，具肺泡，心脏两心房两心室，完全双循环。

# 模拟试题（五）

## 一、填空题

（1）原生生物界；原核生物界；真菌界（可互换顺序）。

（2）闰盘。

（3）分化程度。

（4）裂体生殖；配子生殖；孢子生殖。

（5）皮肌细胞；神经细胞；间细胞；刺细胞；感觉细胞。

（6）领鞭毛细胞。

（7）焰细胞；排泄孔。

（8）楯鳞；硬鳞；骨鳞。

（9）咽式呼吸。

## 二、单项选择题

（1）—（5）：DBCAC；（6）—（10）：CBBAB。

## 三、判断改错题

（1）×　原生动物的细胞分化出许多胞器执行各种生理活动。

（2）√

（3）×　涡虫具有不完全消化系统。

（4）×　沙蚕、蚯蚓和蚂蟥都属于环节动物，但蚂蟥真体腔退化。

（5）×　所谓两侧对称，是指通过身体的中轴，有一个切面可以把身体分为相等的两部分。

（6）×　棘皮动物以管足运动。

（7）√

（8）×　爬行动物具有口腔腺，其分泌物可湿润食物，帮助吞咽。

（9）×　青蛙生殖时具"抱对"现象，但为体外受精。

（10）√

## 四、名词解释

闭管式循环：指血液自始至终在密闭的血管中流动，没有进入到组织的间隙中去，可以提高营养物质和代谢产物的输送，如环节动物的循环系统即是闭管式循环。

生物发生律：又称重演律，是指动物的个体发育是系统发育简短而迅速的重演。由德国学者赫克尔提出的，对于研究动物的起源与系统演化有重要意义。

物种：物种是互交繁殖的自然群体，与其他群体在生殖上互相隔离，并在自然界占据一个特殊的生态位。

原口动物：胚胎发育中的胚孔（原口）形成后来成体动物的口，称为原口，以这种方式形成口的动物称为原口动物。

齿舌：齿舌是软体动物特有的器官，为口腔底部的舌突起表面，由有规律排列的交织齿片组合而成，似锉刀状。

脊索：位于消化管和神经管之间的一条棒状结构，具支持功能。

皮肤肌：与皮肤相连使皮肤抖动的肌肉，起于皮肤或肌肉，止于皮肤。

后肾管型排泄系统：多数环节动物的排泄系统为后肾型，即两端开口的管状结构，一端开口在体腔内，称为肾口，另一端开口在下一节的体壁，称肾孔，每个体节都有很多小肾管。

胎盘：胎盘是哺乳动物妊娠期间由胚胎的胚膜和母体子宫内膜联合长成的母子间交换物质的器官，是由绒毛膜和尿囊与母体子宫内膜结合而形成的。

同律分节：从环节动物开始出现了身体分节现象。即除动物头部外，身体其他部分的体节的形态和功能基本相似，这种分节方式为同律分节，如蚯蚓。

## 五、简答题

（1）成虫寄生于人肝门静脉，交配产卵，卵随粪便排出，入水，孵化为毛蚴，遇钉螺，进入其体内，进行幼体生殖，形成母胞蚴和许多子胞蚴，子胞蚴形成尾蚴进入水中，尾蚴通过接触经皮肤感染人。

（2）保护——防病、防机械损伤、保水。

运动——供肌肉着生，为运动杠杆。

（3）薮枝螅生活史有世代更替现象。薮枝螅以出芽生殖，形成水母芽，水母芽脱离母体形成水母型个体，这个过程为无性生殖；水母个体有性别的分化，精卵结合进行有性生殖，发育成浮浪幼虫，随后固着形成水螅型个体。

（4）羊膜卵指具有羊膜结构的卵，是爬行类、鸟类、卵生哺乳动物所产的卵。

羊膜卵的出现，使动物能够在陆地上孵化，而不必像两栖动物那样，生殖时还必须回到水中；羊膜卵外包一层卵壳，可防止卵内水分蒸发，避免机械或细菌的伤害；羊膜卵的出现是脊椎动物进化史上的一个飞跃，使陆生脊椎动物在个体发育中完全摆脱了对水的依赖，为登陆的动物征服陆地向各种不同的栖居地纵深分布提供了机会。

（5）鸟类消化系统的结构完善，消化功能强。

消化道包括：角质喙、口、食道、嗉囊、腺胃、肌胃、小肠、大肠、盲肠。

口腔内无牙齿，其功能由角质喙和肌胃完成，小肠极发达，直肠短。

消化腺发达，包括肝脏、胰腺和胆囊。

## 六、论述题

（1）① 体表呈纺锤形，体表被鳞；皮肤富含黏液腺，分泌黏液到体表——减小水中游泳的阻力；② 鳃呼吸，鳃气体交换表面积大，鳃内有丰富的毛细血管，壁薄，气体交换—逆流交换 ——适于与水中的氧气进行气体交换；③ 适用于鳃呼吸，心脏为单泵式，血液为单循环；④ 有适应于水中生活的特殊结构。

鳍——游泳器官。奇鳍中的背鳍和臀鳍能维持平衡，帮助游泳；尾鳍控制游泳方向，推动鱼体前进；偶鳍（胸鳍、腹鳍）维持平衡，改变运动方向。

鳔——鱼体比重调节器官，使鱼能在不同水层中游泳。

侧线器官—感受低频振动，可判断水波动态、水流方向、周围物体动态等。

（2）圆口纲——脊索终生保留。只有神经弧的雏形。

鱼纲——脊柱分化为体椎和尾椎；椎体双凹型。

两栖纲——脊柱分化为颈椎、躯干椎、荐椎和尾椎，但颈椎只有1枚；椎体前凹或后凹型。

爬行纲——脊柱分化为颈椎、胸椎、腰椎、荐椎和尾椎，颈椎多枚；椎体前凹或后凹型。

鸟纲——颈椎多枚，椎体为异凹型（或马鞍型）；有愈合的综荐骨和尾综骨。

哺乳纲——颈椎7枚，脊椎骨分化明显，椎体为双平型。

## 七、填图题

A. 鳃；B. 肠（或前肠）；C. 肾脏；D. 鳔；E. 心脏；F. 肝胰脏；G. 卵巢

# 全国部分高校和科研院所考研真题

## 北京师范大学
## 2014年全国硕士研究生招生考试

**一、名词解释（每个5分，共50分）**

动物区系；围心腔；鸣管；颊窝；泄殖腔；肩带；担轮幼虫；后口动物；

焰细胞；胎盘。

**二、问答题：**

（1）简述动物分类的原理和方法？（20分）

（2）简述轮虫的生活史特征？（15分）

（3）指出始祖鸟化石似爬行类与似鸟类的特征。（15分）

（4）列举5种在细胞、发育、遗传等研究中发挥了重要作用的模型动物，并指出其作为模型动物的特点。（20分）

（5）简述动物神经系统的演化。（15分）

（6）详述陆生脊椎动物附肢的演化。（15分）

## 青岛农业大学
## 2014年硕士学位研究生招生考试试题

（科目代码：810　科目名称：普通动物学与普通生态学）

**注意事项：** 1. 答题前，考生须在答题纸填写考生姓名、报考专业和考生编号。

2. 答案必须书写在答题纸上，写在该试题或草稿纸上均无效。

3. 答题必须用黑色或蓝色笔迹的钢笔或签字笔，其他无效。

4. 考试结束后，将答题纸和试题一并装入试题袋中。

### 第一部分　普通动物学（75分）

**一、选择题**（10分，每空1分，选出每小题的正确答案）

（1）沙隐虫是哪类动物的幼虫（　　　）。

　　A. 七鳃鳗　　　　　　B. 沙蚕　　　　　　C. 乌贼　　　　　　D. 海绵

（2）对虾的循环方式为（　　　）。

　　A. 开管式　　　　　　B. 闭管式　　　　　C. 逆行式　　　　　D. 混合式

（3）下列哪种动物具有原肾管？（　　　）

　　A. 蚯蚓　　　　　　　B. 涡虫　　　　　　C. 海鞘　　　　　　D. 蝗虫

（4）下列哪种动物为原口动物？（　　　）

　　A. 海参　　　　　　　B. 柱头虫　　　　　C. 三角涡虫　　　　D. 文昌鱼

（5）下列动物属于节肢动物的是（　　　）。

　　A. 海葵　　　　　　　B. 沙蚕　　　　　　C. 扇贝　　　　　　D. 水母

（6）下面具有很强再生能力的动物是（　　　）。

　　A. 蟾蜍　　　　　　　B. 人　　　　　　　C. 鲨鱼　　　　　　D. 海绵

（7）热能感受器唇窝，见于哪类爬行动物？（　　　）

　　A. 鳄鱼　　　　　　　B. 蟒蛇　　　　　　C. 犀牛　　　　　　D. 蝙蝠

（8）海星具有排泄和呼吸功能的结构是（　　　）。

　　A. 叉棘　　　　　　　B. 肛门　　　　　　C. 皮鳃　　　　　　D. 筛板

（9）鱼的循环系统是（　　　）。

　　A. 不完全双循环　　　B. 开管式循环　　　C. 单循环　　　　　D. 完全双循环

（10）对鲨鱼调节鱼体密度有重要作用的器官是（　　　）。

A. 鳔　　　　　　　B. 鳃　　　　　　　C. 心脏　　　　　　　D. 肝脏

## 二、填空题（15分，每空0.5分）

（1）_____细胞是刺胞动物的特有细胞。

（2）鱼类洄游有_____、_____和_____三种类型。

（3）原生动物的运动类器官主要有_____、_____和_____。

（4）脊索动物的三大主要特征是：具有_____、_____和_____。

（5）脊椎动物盲肠是从_____纲动物开始出现的，其主要功能是_____。

（6）鳃囊是_____纲动物特有的结构、齿舌是_____门动物特有的结构和、腔上囊是_____纲动物所特有的结构。

（7）轮虫的体腔是_____，蚯蚓的体腔是_____，蝗虫的体腔是_____。

（8）间日疟原虫的中间寄主和终末寄主分别是_____和_____。

（9）软骨鱼用_____排盐，海生硬骨鱼用_____排盐。

（10）动物的四类基本组织分别是_____、_____、_____和_____。

（11）扁形动物的排泄器官是_____，其分支的末端是_____细胞。

（12）脊椎动物中_____纲和_____纲是恒温动物。

## 三、判断题（10分，每小题1分，正确划"√"，错误划"×"）

（1）硬骨鱼的鳞片是表皮衍生物。　　　　　　　　　　　　　　　（　　　）

（2）间日疟原虫是原生动物。　　　　　　　　　　　　　　　　　（　　　）

（3）三角涡虫营体内寄生生活。　　　　　　　　　　　　　　　　（　　　）

（4）医蛭为节肢动物。　　　　　　　　　　　　　　　　　　　　（　　　）

（5）鳔是鱼的主要排泄器官。　　　　　　　　　　　　　　　　　（　　　）

（6）蛔虫是扁形动物门的代表动物。　　　　　　　　　　　　　　（　　　）

（7）爬行动物皮肤含有单胞腺体。　　　　　　　　　　　　　　　（　　　）

（8）柱头虫表皮由单层细胞组成。　　　　　　　　　　　　　　　（　　　）

（9）七鳃鳗头和躯干部的皮肤上存在侧线。　　　　　　　　　　　（　　　）

（10）对虾的口器是由特化的附肢组成的。　　　　　　　　　　　（　　　）

## 四、名词解释（20分，每小题2分）

生物发生律；早成雏；物种；马氏管；原体腔；原口动物；双重呼吸；洄游；卵生；接合生殖。

五、简答题（20分，每小题5分）

（1）鸟类与爬行动物相比有哪些进步性的特征？

（2）什么是羊膜卵，简述其脊椎动物演化史上的意义？

（3）羽衣（羽毛）的主要功能是什么？

（4）中胚层是在哪个门的动物中首次出现的，这类动物的主要特征有哪些？

### 广东海洋大学2017年攻读硕士学位研究生入学考试
### 《动物学》（809）试卷

（请将答案写在答题纸上，写在试卷上不给分。本科目满分150分）

**一、名词解释**（并举例说明，每题3分，其中解释2分，举例1分，共30分，请将正确答案按序写在答题纸上）

双名法；包囊的形成；颚舟片；逆转；双重调节；同功器官；孤雌生殖；两侧对称；真体腔；肾单位。

**二、填空题**（每空0.5分，60个空，共30分，请将正确答案按序写在答题纸上）

（1）海鞘的成体包被在一种称为_____的结构，因而这类动物称为_____，又因为_____，_____只局限在尾部，所以又被称为_____。

（2）哺乳类肩带由_____骨、_____骨和_____骨。

（3）草履虫的体内有两个核，一个形状呈_____形，称_____核，功能为_____，另一个形状呈_____形，称_____核，功能为_____。

（4）哺乳类皮肤腺的类型有_____，_____，_____，_____四种。

（5）脊索来源于胚胎期的_____，有支持身体的作用。在高等脊索动物只在_____期间出现脊索，成体由分节的_____所代替。

（6）线形动物的排泄器官可分_____型和_____型。

（7）蚯蚓的运动器官主要是_____，沙蚕的动物器官主要是_____。

（8）节肢动物的呼吸器官有_____，_____，_____和_____四种类型，其小型的种类还用_____进行气体交换。

（9）动物胚胎发育过程中中胚层形成的两种主要方式为_____和_____。

（10）触手冠动物这一类群包括_____门、_____和_____门。

（11）脊椎动物的颈椎的数目是：鱼类_____枚，两栖类_____枚，哺乳类_____枚。

（12）爬行类的呼吸方式具有两种_____和_____。

（13）鸟类的羽毛可分为_____，_____，_____三种。

（14）脊椎动物咽颅与脑颅连接的方式有_____，_____和双接式。

（15）鱼类内耳的功能是_____，它由_____，_____，_____，

_____组成的。

（16）胸骨从_____动物开始出现；盲肠从_____动物开始出现，这_____与_____有关。

（17）海绵动物的体壁最外层称_____层，主要由_____细胞和_____细胞组成，内层称_____层，由_____细胞组成。

（18）生殖系统最早出现于_____动物门，它是来源于_____胚层的。

## 三、单项选择题（每小题1分，共10分，请将所选项前的序号写在答题纸上）

（1）海洋涡虫的发育需经历（　　　）。

A. 浮浪幼虫　　　　B. 牟勒氏幼虫　　　C. 担轮幼虫　　　D. 六沟幼虫

（2）绦虫成虫体内完全退化的是（　　　）系统的器官。

A. 神经　　　　　　B. 排泄　　　　　　C. 生殖　　　　　D. 消化

（3）属于表皮衍生物的是（　　　）。

A. 汗腺与鹿角　　　B. 硬鳞与蹄　　　　C. 乳腺与指甲　　D. 盾鳞与羽毛

（4）具有闭锁式骨盆的动物有（　　　）。

A. 哺乳类　　　　　B. 鸟类　　　　　　C. 爬行类　　　　D. 哺乳类和爬行类

（5）只能进行细胞内消化的生物是（　　　）。

A. 水螅　　　　　　B. 涡虫　　　　　　C. 团藻　　　　　D. 河蚌

（6）间日疟原虫的中间寄主为（　　　）。

A. 钉螺　　　　　　B. 沼螺　　　　　　C. 按蚊　　　　　D. 伊蚊

（7）水螅的生殖腺来源于（　　　）。

A. 内胚层　　　　　B. 外胚层　　　　　C. 中胚层　　　　D. 内皮肌细胞

（8）依靠镰状突来调节视力的动物是（　　　）。

A. 哺乳类　　　　　B. 两栖类　　　　　C. 爬行类　　　　D. 硬骨鱼类

（9）下列属于同源器官的是（　　　）。

A. 盾鳞与牙齿　　　B. 盾鳞与骨鳞　　　C. 骨鳞与皮肤腺　　D. 皮肤腺与牙齿

（10）下列哪种动物是国家一级保护动物（　　　）。

A. 乌贼　　　　　　B. 亚洲象　　　　　C. 扇贝　　　　　D. 有孔虫

## 四、是非题（请用"√"表示正确，用"×"表示错误。每小题1分，共10分，请将正确答案按序写在答题纸上）

（1）闭管式循环系统的循环路线是心脏——动脉——血窦——静脉——心脏。

（　　　）

（2）脊索动物门又分为原索动物亚门、头索动物亚门和脊椎动物亚门。（　　）

（3）次生腭首先在爬行纲，在其中的鳄类最为发达。（　　）

（4）爬行类和鸟类的尿大多是由尿酸组成，而不是哺乳类的尿素组成。（　　）

（5）涡虫纲分为无肠目、单肠目和多肠目。（　　）

（6）中国鲎的呼吸器官是皮鳃，海参的呼吸器官是呼吸树。（　　）

（7）环节动物分节现象的产生和中胚层的形成，可以说是高等无脊椎动物的开始。（　　）

（8）大脑半球的背壁神经组织较发达，从爬行动物起，形成了大脑皮层。（　　）

（9）原生动物有单细胞个体和有若干个体聚合形成的群体两种方式。（　　）

（10）达尔文总结自然选择系统的两个主要因素是人工选择和马尔萨斯的人口论。（　　）

**五、　简答题**（每题5分，5题，共25分，请将正确答案按序写在答题纸上）

（1）写出蚯蚓和蛔虫的体壁和皮肤肌肉囊的结构和区别。（5分）

（2）棘皮动物门分哪几个纲，每纲列举1种代表动物。（5分）

（3）简述颌的出现在脊椎动物进化史上的意义。（5分）

（4）简述鸟类肌肉系统与飞翔生活相适应的特点。（5分）

（5）原肾管与后肾管的差异是什么？（5分）

**六、论述题**（45分，请将正确答案按序写在答题纸上）

（1）试述扁形动物门的主要特征。（10分）

（2）试述两栖类对陆生生活的初步适应和对适应陆地生活的不完善性表现。（10分）

（3）论述软体动物门的主要特征。（10分）

（4）比较鱼类、两栖类、爬行类、鸟类和哺乳类循环系统的结构特点和进化趋势。（15分）

## 中国科学院水生动物研究所
## 2018年博士研究生入学考试试题（自命题）

**一、名词解释**（每题2分，共20分）

浮浪幼虫（planula）；外套膜（mantle）；生殖隔离（reproductive isolation）；胸腹式呼吸（thoracoabdominal breathing）；圆鳞（cycloid scale）与栉鳞（ctenoid scale）；幼态成熟（neoteny）；包囊（cyst）；两侧对称（bilateral symmetry）；群落（community）；生物圈（biosphere）。

**二、填空题**（每空1分，共20分）

（1）最早出现中胚层的是_____门，最早出现次生体腔的是_____门，最早出现异律分节的是_____门。

（2）哺乳动物的皮肤腺特别发达，主要有四种类型，即皮脂腺、_____、_____和_____。

（3）原生动物的运动器官主要有_____、_____和_____，原生动物的呼吸和排泄主要通过_____进行。

（4）多细胞动物的组织一般分为四大类，即_____组织、_____组织、_____组织和_____组织。

（5）华支睾吸虫的生活史为卵、毛蚴、_____、_____、_____和_____。

（6）软体动物和环节动物有一些相同的特征：次生体腔、_____、螺旋式卵裂、个体发育经过_____阶段等。

**三、问答题**（每题10分，共60分）

（1）多细胞动物起源于单细胞动物的证据有哪些？

（2）试述刺胞动物门的主要特征。如何确定刺胞动物的进化地位？

（3）试述寄生虫更换寄主的生物学意义。

（4）简述哺乳类完成呼吸运动的过程。

（5）简述分子进化的中性学说。

（6）试述环毛蚓与土壤穴居生活相适应的结构特点。

## 南京师范大学
## 2018年硕士研究生入学考试初试试题（A卷）

**一、名词解释**（每小题4分，共32分）

裂体腔法；双沟型水沟系；假体腔；完全变态；后口动物；羊膜卵；
愈合荐椎；胎盘。

**二、填空题**（每空1分，共28分）

（1）引起黑热病的是_____，导致象皮病的是_____。

（2）间日疟原虫生活史有世代交替现象，无性世代在_____体内，有性世代在_____体内。

（3）多细胞动物胚胎发育的重要阶段有_____、_____、_____、_____、_____、_____。

（4）从扁形动物开始出现了_____型的排泄系统，其中的焰细胞由_____和_____组成。

（5）水生节肢动物的排泄器官为_____、_____或_____；陆生节肢动物的排泄器官主要为_____。

（6）触手冠动物包括_____门、_____门和_____门。

（7）柱头虫身体分为_____、_____和_____三部分。

（8）两栖类的脊柱由_____、_____、_____、_____和_____组成。

**三、辨析题**（正确填"√"，错误填"×"。）

（1）薮枝螅的生活史经过两个阶段。水螅型群体以无性出芽的方法产生单体的水母型，水母型又以有性生殖方法产生水螅型群体，这两个阶段互相交替。（　　　）

（2）原肾管的功能是调节水分的渗透压，并不能排出代谢废物；而后肾管不仅可以调节水分和离子平衡，而且可以有效地排出代谢废物。（　　　）

（3）软体动物中乌贼的循环系统最发达，没有血窦，故为闭管式。（　　　）

（4）爬行动物皮肤干燥，没有腺体，具有来源于表皮的角质鳞片或兼有来源于真皮的骨板。（　　　）

（5）两栖类、爬行类、鸟类、哺乳类均为羊膜动物。（　　　）

**四、简答题**（每题10分，共50分）

（1）日本血吸虫的生活史（可图示）。

（2）鱼类消化系统的结构与其食性有密切的相关性。请回答肉食性鱼类和植食性鱼类消化系统（如口腔和消化道等）对其食性的适应。

（3）节肢动物呼吸器官的种类及结构。

（4）为什么说爬行动物比两栖动物更适合于在陆地生活？

（5）哺乳类皮肤的特点。

**五、论述题**（每题15分，共30分）

（1）论述脊椎动物神经系统的演化。

（2）请论述鸟类身体外形及呼吸、肌肉骨骼、生殖等系统的结构对飞翔生活方式的适应。

## 中国海洋大学
## 2018年全国硕士研究生招生考试

### 普通动物学（共75分）

**一、选择题**（单选，每小题1分，共15分）

（1）两栖类最高级的脑整合中枢部位为（　　　）。

A. 间脑　　　　　　B. 中脑　　　　　　C. 小脑　　　　　　D. 大脑

（2）支气管的分化是从（　　　）开始的。

A. 哺乳类　　　　　B. 两栖类　　　　　C. 爬行类　　　　　D. 鸟类

（3）哺乳动物中最为原始的子宫类型为（　　　）。

A. 双体子宫　　　　B. 单子宫　　　　　C. 双角子宫　　　　D. 分隔子宫

（4）没有泄殖腔的动物是（　　　）。

A. 硬骨鱼类　　　　B. 软骨鱼类　　　　C. 两栖类　　　　　D. 鸭嘴兽

（5）终生具有脊索的动物是（　　　）。

A. 扬子鳄　　　　　B. 柄海鞘　　　　　C. 白氏文昌鱼　　　D. 真鲷

（6）绝大多数鸟类具有（　　　）动脉弓。

A. 左体　　　　　　B. 右体　　　　　　C. 左体和右体　　　D. 无正确答案

（7）下列动物中属于单孔类的是（　　　）。

A. 鸭嘴兽　　　　　B. 袋鼠　　　　　　C. 盲鳗　　　　　　D. 鳗鲡

（8）槽齿蜥和鸽类的颅骨为典型的（　　　）。

A. 无颞孔类　　　　B. 上颞孔类　　　　C. 合颞孔类　　　　D. 双颞孔类

（9）下列关于刺胞动物的描述，正确的是（　　　）。

A. 无胚层分化　　　B. 单胚层动物　　　C. 二胚层动物　　　D. 三胚层动物

（10）对于双沟系海绵动物，其身体表面对外开口的若干小孔通常是（　　　）。

A. 前幽门孔　　　　　　　　　　　B. 孔细胞之孔

C. 后幽门孔　　　　　　　　　　　D. 流入孔（皮孔）

（11）对虾的第五对和第十一对附肢分别是（　　　）。

A. 第二小颚和第三步足　　　　　　B. 第一颚足和第二步足

C. 大颚和第一步足　　　　　　　　D. 第一颚足和第四步足

（12）下列哪种无脊椎动物不属于我国的五大寄生虫（　　　）。

A. 疟原虫　　　　　B. 锥虫　　　　　C. 钩虫　　　　　D. 丝虫

（13）下列什么动物属于蜕皮动物Ecdysozoa（　　　）。

A. 海盘车　　　　　B. 沙蚕　　　　　C. 钩虫　　　　　D. 臂尾轮虫

（14）单巢类轮虫（如臂尾轮虫）的生殖方式包括（　　　）。

A. 产雌孤雌生殖和两性生殖

B. 产雌孤雌生殖和产雄孤雌生殖

C. 产雌孤雌生殖、严雄孤雌笠殖和两性生殖

D. 产雄孤雌生殖和两性生殖

（15）下列什么动物具有双肢型步足（　　　）。

A. 蜘蛛　　　　　B. 对虾　　　　　C. 飞蝗　　　　　D. 海蜘蛛

## 二、填空题（每空0.5分，共15分）

（1）哺乳类的脑和脊髓外面包有三层膜，从外向内分别是_____、_____和_____。其中后者有丰富的毛细血管。

（2）鱼类的发光器能发出不同颜色的冷光，用于照明、_____和_____。

（3）拉马克—达尔文进化学说问世后，又产生了一些新的学派，包括_____、_____和_____等。

（4）鸸鹋属于_____纲、_____目动物。麋鹿属于_____纲动物。

（5）根据鸟类羽毛的构造和功能，可以分为正羽、_____和_____。

（6）后生动物个体发育过程中，中胚层形成的方式主要有_____法和_____法。

（7）昆虫纲的排泄器官为_____，蛛形纲的排泄器官有_____和_____。

（8）完全变态昆虫一个生命周期所经历的四个时期分别为_____、_____、_____和_____。

（9）半索动物如柱头虫的身体由_____、_____和躯干三部分组成。

（10）扇贝胚后发育出现的第一个幼虫为_____幼虫；对虾胚后发育出现的第一个幼虫为_____幼虫；海月水母的初孵幼虫称为_____幼虫。

（11）蝗虫的口器类型为_____式，其后翅（类型）为_____翅。

（12）网状神经系统见于_____动物门，梯形神经系统见于_____动物门。

## 三、名词解释（每小题2分，共10分）

不定数产卵；逆行变态；自接型；滞育（diapause）；世代交替（举例）。

**四、简答题/论述题**（共35分）

（1）羊膜动物包括哪些类群？叙述羊膜卵的出现在动物演化史上的意义。（5分）

（2）比较鱼类、两栖类、鸟类和哺乳类循环系统的差异。（5分）

（3）说明圆口类原始性的特点。（5分）

（4）简述原生动物生殖方式之多样性。（6分）

（5）列简表比较扁形动物和线虫的体壁、体腔、运动器官。（6分）

（6）一般认为，环节动物和软体动物具有相对较近的系统发育关系，从这两类动物的主要特征看它们之间的主要异同特征有哪些？（6分）

# 南京师范大学
# 2019年硕士研究生入学考试初试试题（A卷）

**一、名词解释**（每小题4分，共40分）

齿舌式；疣足；次生体腔；后口动物；异律分节；闭管式循环；完全变态；胎盘；双重呼吸；迁徙。

**二、填空题**（每空1分，共25分）

（1）腔肠动物为_____神经系统，扁形动物为_____神经系统，环节动物为_____神经系统。

（2）动物五大寄生虫为_____、_____、_____、_____、_____。

（3）间日疟原虫有两个寄主：_____和_____，在_____体内进行_____生殖，在_____体内进行_____生殖和_____生殖。

（4）棘皮动物管足功能主要有_____、_____运_____和_____等。

（5）脊索动物门共有的三个典型特征分别为_____、_____和_____。

（6）哺乳类的皮肤衍生物主要有_____、_____、_____等。

**三、辨析题**（正确填"√"，错误填"×"。每小题2分，共10分）

（1）原生动物运动胞器主要有纤毛、鞭毛和伪足。　　　　（　　）

（2）沙蚕雌雄异体，没有固定的生殖腺和生殖导管，卵在海水中受精。（　　）

（3）外套膜是软体动物独有的结构特征。　　　　　　　　（　　）

（4）马氏管为陆生节肢动物的排泄器官。　　　　　　　　（　　）

（5）企鹅适应寒冷和水下生活的主要特征有骨骼沉重、前翼披鳞、皮下脂肪厚等。　　　　　　　　　　　　　　　　　　　　　　　　（　　）

**四、简答题**（每题10分，共30分）

（1）简述三胚层结构及其进化意义。

（2）水螅、轮虫、枝角类任选一种，简述其世代交替过程。

（3）以鸽子为例简述鸟类适应飞翔的机制。

**五、论述题**（每题15分，共45分）

（1）爬行类的身体结构及功能是如何比两栖类更能适应陆地生活的。

（2）请从身体结构和功能两方面论述为何节肢动物是动物界分布最广、种类数量最多的类群。

（3）论述胎生和哺乳的重要意义。

# 中国科学院大学
# 2020年招收硕士学位研究生入学统一考试试题

科目名称：动物学

**考生须知：**

1. 本试卷满分为150分，全部考试时间总计180分钟。

2. 所有答案必须写在答题纸上，写在试题纸上或草稿纸上一律无效。

**一、填空题**（共30个空，30分。每空1分）

（1）海绵动物特有的水沟系可分为_____型、双沟型和_____型三种类型。

（2）由于腔肠动物的个体都具有_____，它们又被称为_____动物。

（3）齿舌是_____动物特有的器官。齿舌上小齿的_____和_____，是分类的重要特征之一。

（4）节肢动物门螯肢亚门的身体分_____和_____，通常不分节；具有_____附肢：第一对为_____，第二对为_____，其余为_____，无触角和大颚。螯肢亚门分为3个纲，分别为：_____、_____和海蛛纲。

（5）现存鱼类可分为_____和_____两大类，电鳐属于前者，非洲肺鱼属于后者。

（6）在人们食用的海产品中，对虾属于_____动物门；海蜇属于_____动物门；海参属于_____动物门；柔鱼属于_____动物门；带鱼_____动物门。

（7）所有的生态系统一般包括了_____、_____、_____和_____4个基本组成部分。

（8）动物演变途径遵循着一定的进化型式。一般的进化型式有线系进化、_____、_____、停滞进化以及_____与_____。

**二、名词解释**（共10题，40分。每题4分）

赤潮；假体腔；复翅；书肺；有头类；后口动物；尿囊；再出齿；信息素；中性突变。

**三、简答题**（共4题，40分。每题10分）

（1）简述原生动物群体与多细胞动物之间的差异。

（2）为什么说环节动物门是高等无脊椎动物的开始？

（3）简述昆虫的变态类型。

（4）简述鱼鳔和鸟气囊的功能。

## 四、论述题（共2题，40分。每题20分）

（1）试述世界陆地动物地理分区及各界动物区系的主要特点。

（2）论述寄生虫更换寄主的生物学意义。

## 中国海洋大学
## 2020年全国硕士研究生招生考试试题

科目代码：816　科目名称：普通动物学与普通生态学A

### 普通动物学（共75分）

**一、选择题**（每小题1分，共10分）

（1）在分类学实践中，对血缘关系最为重视的分类学派是（　　　　）。

A. 传统分类学派　　　　　　　　　B. 数值分类学派

C. 支序分类学派　　　　　　　　　D. 进化分类学派

（2）绿眼虫无性生殖的主要方式是（　　　　）。

A. 裂体生殖　　　B. 纵二分裂　　　C. 出芽生殖　　　D. 质裂

（3）下列哪个词语最好地描述了海绵动物中央腔的主要功能（　　　　）。

A. 消化　　　　B. 循环　　　　C. 流水　　　　D. 生殖

（4）下列哪种细胞不为刺胞动物所具有（　　　　）。

A. 间细胞　　　B. 孔细胞　　　C. 刺细胞　　　D. 内皮肌细胞

（5）如果将一只杜氏涡虫（三角涡虫）与一条颤蚓（小型寡毛类）放养在同一个8 cm的培养皿中，每天换水一次，但不投任何饵料，10天后你最可能观察到的结果是（已排除A～D选项外的其他可能性）（　　　　）。

A. 涡虫被饿死　　　　　　　　　　B. 颤蚓被饿死

C. 颤蚓被涡虫捕食　　　　　　　　D. 涡虫被颤蚓捕食

（6）青蛙的耳柱骨来源于（　　　　）。

A. 方骨　　　　B. 齿骨　　　　C. 舌颌骨　　　　D. 角舌骨

（7）下列属于同源器官的是（　　　　）。

A. 盾鳞与骨鳞　　B. 皮肤腺与牙齿　　C. 盾鳞与牙齿　　D. 骨鳞与皮肤腺

（8）具有一个枕骨髁的动物是（　　　　）。

A. 两栖类和爬行类　　　　　　　　B. 鸟类和爬行类

C. 鸟类和哺乳类　　　　　　　　　D. 两栖类和哺乳类

（9）鸟类本能活动和"学习"的中枢是（　　　　）。

A. 大脑顶壁　　　　B. 纹状体　　　　C. 丘脑下部　　　　D. 中脑

（10）含氮废物以尿素形式排出的动物是（　　　）。

A. 两栖类和爬行类　　　　　　　　B. 爬行类和鸟类

C. 鸟类和哺乳类　　　　　　　　　D. 两栖类和哺乳类

**二、判断题**（叙述正确的答"√"，叙述错误的答"×"，每小题1分，共10分）

（1）薮枝螅水母具缘膜，海月水母为无缘膜水母。（　　　）

（2）线虫是三胚层、不分节、具假体腔和完全消化管的蠕虫状无脊椎动物。
（　　　）

（3）马氏管是一种排泄器官，基节腺的主要功能是内分泌。（　　　）

（4）扁形动物一般雌雄同体，体内受精。（　　　）

（5）动物分类的各个阶元中，物种是客观存在的；在分类实践中，属、科、目
等阶元的确定存在很大的主观性。（　　　）

（6）软体动物的文蛤、环节动物的沙蚕和环毛蚓的初孵个体均称为担轮幼虫。
（　　　）

（7）华支睾吸虫的毛蚴和尾蚴主要生活于水中，其雷蚴和胞蚴生活于淡水螺的
体内。（　　　）

（8）轮虫消化道前段具有咀嚼器，其结构和功能与软体动物的齿舌相似。
（　　　）

（9）文昌鱼终生具有脊索动物的三大特征。（　　　）

（10）鸟类不具肾门静脉。（　　　）

**三、填空题**（每空0.5分，共15分）

（1）草履虫的营养细胞器包括口沟、＿＿＿＿＿、＿＿＿＿＿、＿＿＿＿＿和
＿＿＿＿＿。

（2）蜡虫的口器类型为＿＿＿＿＿，其后翅类型为＿＿＿＿＿。

（3）蛔虫感染人体后，可出现在人体的＿＿＿＿＿、＿＿＿＿＿和＿＿＿＿＿系统内。

（4）肢口纲的呼吸器官有＿＿＿＿＿；蛛形纲的呼吸器官有＿＿＿＿＿和＿＿＿＿＿。

（5）腹足类、双壳类软体动物中枢神经系统主要的四种神经节分别是脑神经
节、＿＿＿＿＿、＿＿＿＿＿和＿＿＿＿＿。

（6）虎纹蛙属于＿＿＿＿＿纲＿＿＿＿＿目的动物。玳瑁属于＿＿＿＿＿纲＿＿＿＿＿
目的动物。

（7）鱼类的洄游主要包括＿＿＿＿＿、＿＿＿＿＿和＿＿＿＿＿三类。

（8）胚胎发育过程中，发生＿＿＿＿＿、＿＿＿＿＿和＿＿＿＿＿等一系列胚膜是

羊膜动物共有的特性，也是保证羊膜动物能在陆地上完成发育的重要适应。

（9）七鳃鳗的生殖方式为雌雄_____，盲鳗生殖方式为雌雄_____。

（10）柄海鞘经过变态，失去了一些重要的构造，形体变得更为简单，这种变态称为_____。

（11）哺乳类的口腔内有三对唾液腺，即_____、_____和舌下腺。

## 四、名词解释（每小题2分，共10分）

接合生殖（举例）；链式神经系统；进化不可逆律；颞孔；无蜕膜胎盘。

## 五、问答题（每小题5分，共30分）

（1）简述原生动物与人类的关系（对人类的益害）。

（2）简述节肢动物附肢的功能。

（3）环节动物和棘皮动物的运动器官有何不同？

（4）在动物进化史上，脊索出现有什么重要意义？

（5）脊椎动物中，上下颌的出现有什么重要意义？

（6）叙述鸟类的骨骼系统、消化系统和呼吸系统适应飞翔的特点。

# 参考文献

［1］刘凌云，郑光美.普通动物学［M］.第4版.北京：高等教育出版社，2009.

［2］吴志新.普通动物学［M］.第3版.北京：中国农业出版社，2015.

［3］吴跃峰，刘敬泽.动物学考研精解［M］.北京：科学出版社，2008.

［4］王国秀.动物学辅导与习题解答［M］.武汉：华中科技大学出版社，2009.

［5］Stephen A. Miller，John P. Harley. Zoology［M］. Tenth Edition. New York：McGraw-Hill Education，2016.

［6］Hickman C.P. Integrated Principles of Zoology［M］. Eighteenth Edition. New York：McGraw-Hill Education，2018.